金属有機構造体(MOF)研究の動向と用途展開

Trends and Applications of Metal-Organic Frameworks (MOFs)

シーエムシー出版

刊行にあたって

　当書籍は金属有機構造体（Metal-organic framework；MOF）に関する最近の研究動向をまとめたものである。

　MOF は金属イオンと有機物から構成される，結晶性の多孔質材料であり，その特異かつ規則的な細孔に様々な物質を吸着させることができる。その研究は 1990 年代後半から活発化し，初期の研究では，MOF の合成方法や物性の基本的な理解が主な焦点であったが，その後，MOF の応用可能性が広く認識され，近年ではガス吸着や分離，医薬品の貯蔵といった分野での応用研究が行われている。

　最近の研究動向としては以下のようなテーマが注目されている：

　1．ガスの吸着と分離：CO_2 の吸着・分離や水素貯蔵など，環境関連の課題に対する応用研究が進んでいる。

　2．触媒：MOF を触媒として活用する研究が増加しており，有機合成やエネルギー変換などの分野で注目されている。

　3．光触媒：光を利用した触媒反応において MOF の応用が期待される。

　4．バイオ医薬品：DDS キャリアとして医薬品の貯蔵や放出に関する研究が行われており，バイオ医薬品への応用も期待される。

　これらの応用研究に加えて，MOF の合成法や安定性向上，応用性能の向上など様々な面での研究がさらに進むことが予想される。MOF は環境に優しい材料としても注目されており，持続可能なエネルギーや環境技術において，今後重要な役割を果たすことも期待される。

　本書では，近年の MOF 研究とその用途展開について，第一線でご活躍の先生方にご執筆いただいている。第 1 編では MOF の合成と設計についてご解説いただき，第 2 編では MOF を用いたガスの吸着・分離・回収に関する研究動向をご紹介いただいた。第 3 編では触媒としての MOF の機能と用途についてご執筆いただき，最後に第 4 編では MOF の実用化に向けた用途展開についてご提示いただいている。

　本書が，MOF の研究開発に携わる企業・大学・研究所の技術者・研究者の皆さまにとって，少しでもお役立ていただけましたら幸甚に存じます。

　2025 年 4 月

㈱シーエムシー出版　編集部

執筆者一覧 （執筆順）

田 中 大 輔　関西学院大学　理学部　化学科　教授

稲 田 飛 鳥　宮崎大学　工学教育研究部　工学科　応用物質化学プログラム担当
　　　　　　助教

山 内 朗 生　九州大学　大学院工学府　応用化学専攻

楊 井 伸 浩　東京大学　大学院理学系研究科　化学専攻　教授

永 井 杏 奈　熊本大学　大学院先端科学研究部（工学系）　助教

草 壁 克 己　崇城大学　工学部　ナノサイエンス学科　教授

宮 嵜 伊 弦　㈱豊田中央研究所　省エネルギープロセス研究領域　研究員

木 下 健太郎　東京理科大学　先進工学部　物理工学科　教授

鄭 　 雨 萌　東京理科大学　先進工学部　物理工学科　助教

原 口 知 之　東京理科大学　理学部第二部　化学科　講師

久 保 　 優　広島大学　大学院先進理工系科学研究科　化学工学プログラム
　　　　　　准教授

田 中 俊 輔　関西大学　環境都市工学部　エネルギー環境・化学工学科　教授

上 代 　 洋　日本製鉄㈱　先端技術研究所　環境基盤研究部　CCUS技術研究室
　　　　　　上席主幹研究員

堀 　 彰 宏　SyncMOF㈱　取締役

酒 井 　 求　早稲田大学　先進理工学部　応用化学科　講師

宮 川 雅 矢　工学院大学　先進工学部　環境化学科　助教

樋 口 隼 人　工学院大学　先進工学部　環境化学科　助手

高 羽 洋 充　工学院大学　先進工学部　環境化学科　教授

澤 野 卓 大　島根大学　材料エネルギー学部　材料エネルギー学科　准教授

堀　内　　悠　大阪公立大学　大学院工学研究科　物質化学生命系専攻
　　　　　　　応用化学分野　准教授
松　岡　雅　也　大阪公立大学　大学院工学研究科　物質化学生命系専攻
　　　　　　　応用化学分野　教授
近　藤　吉　史　大阪大学　産業科学研究所　助教
関　野　　徹　大阪大学　産業科学研究所　教授
山　下　弘　巳　大阪大学　大学院工学研究科　マテリアル生産科学専攻　教授
小　林　浩　和　九州大学　ネガティブエミッションテクノロジー研究センター
　　　　　　　准教授
曲　　　　琛　東北大学　材料科学高等研究所（AIMR）　特任准教授
森　　　良　平　GS アライアンス㈱（冨士色素㈱グループ）　研究部／代表取締役
髙　橋　雅　英　大阪公立大学　大学院工学研究科　物質化学生命系専攻
　　　　　　　マテリアル工学分野　教授
佐々木　由　比　東京大学　先端科学技術研究センター　講師
南　　　　豪　東京大学　生産技術研究所　准教授
月　精　智　子　(地独)東京都立産業技術研究センター　バイオ技術グループ
　　　　　　　主任研究員
大　崎　修　司　大阪公立大学　大学院工学研究科　物質化学生命系専攻
　　　　　　　化学工学分野　准教授
植　村　卓　史　東京大学　大学院工学系研究科　応用化学専攻　教授
細　野　暢　彦　東京大学　大学院工学系研究科　応用化学専攻　准教授
今　野　大　輝　東邦大学　理学部　生命圏環境科学科　准教授

目　　次

【第1編：MOFの合成と設計】

第1章　機械学習を用いた金属－有機構造体の合成探索　　田中大輔

1　はじめに …………………………………… 1
2　新規含硫黄半導体配位高分子の合成研究 ……………………………………… 2
3　クラスタリング解析によるPXRDパターンの自動分類 ………………… 3
4　決定木による114実験の解析 ………… 4
5　決定木による326実験の解析 ………… 5
6　決定木の結果から導かれる仮説とその検証 ……………………………………… 7
7　まとめ ……………………………………… 8

第2章　金属ペプチド構造体（MPF）の開発とその応用・可能性　　稲田飛鳥

1　はじめに …………………………………… 9
2　MPFの研究動向 ………………………… 10
3　MPFの合成 ……………………………… 10
4　MPFの配位子の特徴と設計 ………… 13
5　MPFの応用例 …………………………… 14
6　おわりに ………………………………… 16

第3章　量子センシングに向けたMOF材料の開発　　山内朗生，楊井伸浩

1　はじめに ………………………………… 18
2　量子センシングプラットフォームとしてのMOF ………………………………… 19
3　MOFを用いた量子センシングの実例と課題 ……………………………………… 20
4　多様なゲストに対する応答性の付与 …… 21
5　長い緩和時間を持つMOF材料の開発とそのセンシングに向けた応用 ………… 22
6　室温下での量子もつれの利用 ………… 24
7　おわりに ………………………………… 26

第4章　シクロデキストリン系MOFへの分子の導入とナノリアクターとしての機能　　永井杏奈，草壁克己

1　はじめに ………………………………… 29
2　CD-MOFの合成と細孔構造 ………… 29
3　CD-MOFの応用 ………………………… 30
　3.1　吸着・分離への応用 ……………… 30
　3.2　混合マトリックス膜への応用 …… 31
　3.3　ドラッグキャリアへの応用 ……… 31
　3.4　反応場への応用 …………………… 32
4　CD-MOFへの分子導入とナノ反応場と

I

しての機能 ……………………32
　　4.1　疎水性分子と親水性分子の同時導入
　　　………………………………32
　　4.2　触媒分子の導入と分子反応性 ………33

4.3　疎水性分子の共結晶化法 …………35
4.4　CD-MOF への種々の分子の導入
　　………………………………36
5　おわりに ………………………………37

第5章　金属有機構造体の活用に向けたゲル形成条件の解明　　宮嵜伊弦

1　はじめに …………………………………39
　　1.1　粉末形状の問題点 ………………39
　　1.2　バルク化に関する先行研究 ………39
2　金属有機構造体ゲル ……………………39
　　2.1　ゲルの定義 ………………………39
　　2.2　金属有機構造体ゲルの長所 …………40
　　2.3　ゾル－ゲルを介したモノリシック

　　MOF の形成メカニズム …………40
3　金属有機構造体ゲルの形成メカニズム
　　………………………………41
4　ハイスループット実験を用いた金属有機
　　構造体ゲルの形成およびメカニズムの要
　　因分析 ………………………………43
5　結論 ………………………………45

第6章　イオン液体の導入による金属有機構造体の物性制御
木下健太郎，鄭　雨萌

1　はじめに …………………………………47
2　MOF への IL 充填効果 …………………47
3　IL@MOF の電子デバイス応用に向けた
　　取り組み ………………………………48
4　微細加工技術の確立に向けた取り組み

　　………………………………52
5　MOF への IL 導入によるエッチング耐性
　　の向上 ………………………………52
6　まとめ ………………………………57

第7章　Layer-by-Layer 法による MOF ナノ薄膜の構築および特異な構造と物性の発現　　原口知之

はじめに……………………………………58
1　MOF および MOF 薄膜について ………58
2　三次元ホフマン型 MOF のナノ薄膜化に
　　よる構造変化およびガス分子吸着特性の
　　変化 ………………………………60
　　2.1　三次元ホフマン型 MOF の逐次構築
　　　および構造解析 …………………60
　　2.2　MOF ナノ薄膜の構造変化およびガ

　　ス分子吸着特性 …………………62
3　二次元層状ホフマン型 MOF のナノ薄膜
　　化によるガス分子吸着特性の発現 ………63
　　3.1　結晶配向 MOF ナノ薄膜の構築と構
　　　造解析 …………………………63
　　3.2　MOF ナノ薄膜のガス分子吸着特性
　　　および構造変化 …………………64
4　ホフマン型 MOF のヘテロ接合膜の作製

およびスピン転移の制御 ……………66
4.1 LbL 法によるヘテロ接合膜の作製
…………………………………66
4.2 ヘテロ接合膜のスピン転移の検討
………………………………………67
おわりに…………………………………68

第8章 噴霧合成法を用いた金属有機構造体の連続合成および形態制御
久保 優

1 はじめに ……………………………71
2 噴霧合成法による MOF の連続合成 ……71
3 噴霧合成法による MOF の形態制御 ……74
3.1 複合 MOF の合成 ………………74
3.2 MOF 薄膜の作製 ………………75
3.3 階層型細孔を有する MOF の合成
………………………………………77
4 おわりに……………………………78

【第2編：MOF によるガスの吸着・分離・回収】

第9章 金属有機構造体（MOF）分離膜の作製とガス分離への応用
田中俊輔

はじめに…………………………………81
1 MOF の特徴 …………………………81
2 MOF の薄膜化 ………………………83
2.1 MOF 多結晶膜 …………………83
2.2 MOF 膜の作製法と留意点 ……84
3 MOF 膜の分離性能 …………………86
3.1 オレフィン／パラフィン分離 ………86
3.2 その他の炭化水素分離 …………89
3.3 H_2 精製，CO_2 回収 …………90
4 展望と課題 …………………………92
おわりに…………………………………94

第10章 PCP，MOF による省エネルギー型ガス分離技術の進展と今後の展望
上代 洋

1 CO_2 分離技術開発の課題 ……………97
2 CO_2 分離の様式と分離材料 …………97
3 多孔体を利用した CO_2 分離の効率の考え方 ………………………………98
4 CO_2 親和性と CO_2 吸着量，回収量 ………98
5 ゲート型 PCP/MOF を利用した高効率な CO_2 分離 ……………………… 101
6 PCP/MOF の CO_2 選択性 ……………… 104
7 ゲート型 PCP の実用化検討 …………… 106

第11章　MOFを基盤とした省エネルギーCO₂回収システム

堀　彰宏

1　人類は空を見上げる時代へ ……………… 108
2　新しいナノポーラス材料・MOFによる
　気体の分離・回収・貯蔵の挑戦 ……… 109
3　高機能ナノポーラス材料の開発を目的と
　した最先端物性測定技術 …………… 111
　3.1　MOFとガス分離濃縮技術の進化
　　……………………………………… 112
　3.2　高機能MOF材料のナノ空間設計

………………………………………… 113
　3.3　高機能MOF分離膜 …………… 114
4　加速するMOFの社会実装 …………… 114
　4.1　MOFを活用した新しいガス輸送イ
　　ンフラ …………………………… 115
　4.2　MOFを利用した工場排気・大気中
　　のCO₂直接回収装置と新しい金融
　　商品 ……………………………… 116

第12章　直接転換法によるMOFモノリス合成方法

酒井　求

1　MOF賦形化技術の背景 …………… 122
2　既存のMOF賦形化技術 …………… 122
　2.1　有機高分子複合型 …………… 123
　2.2　無機複合型 …………………… 123
　2.3　MOF単体型 ………………… 123
3　直接転換法によるMOFモノリス合成

……………………………………… 124
　3.1　概要 ………………………… 124
　3.2　方法 ………………………… 124
　3.3　結果と考察 ………………… 125
4　直接転換法のまとめと展望 ……… 129

第13章　DACへの応用を目的としたSIFSIX金属有機構造体への CO₂吸着機構の解明

宮川雅矢，樋口隼人，高羽洋充

1　はじめに …………………………… 131
2　混合ガスからのCO₂の分離 ……… 131
3　SIFSIXによるCO₂吸着と課題 …… 132
4　量子化学計算による吸着特性の探究 … 133

5　拡散障壁エネルギーによるH₂O, CO₂の
　細孔内拡散の評価 ………………… 135
6　NbOFFIVEの構造多様性と吸着特性と
　の関係 ……………………………… 136

【第3編：MOFの触媒としての機能と用途】

第14章　MOFの特徴を活かした触媒利用

澤野卓大

1　はじめに …………………………… 139
2　MOFの触媒利用 ………………… 139

3　BINAPを基盤としたMOF触媒……… 140
4　有機リンカーの混合によるMOF空間の

拡張 ················· 141
5 光学活性なジエン MOF 触媒 ·········· 142
6 単座ホスフィン MOF ················ 143

7 Ce-MOF の SBU を利用した触媒 ······ 145
8 Metal-Organic Layer（MOL）触媒 ··· 146
9 まとめ ··························· 147

第 15 章　可視光応答型 MOF 光触媒の開発と水分解系および光分子変換への応用

堀内　悠，松岡雅也

1 はじめに ·························· 149
2 有機配位子の光吸収を利用する MOF 光触媒 ·························· 150
3 金属酸化物クラスターの光吸収を利用す

る MOF 光触媒 ···················· 152
4 LCCT 遷移に基づく光吸収を利用する MOF 光触媒 ······················ 155
5 おわりに ·························· 159

第 16 章　過酸化水素製造を指向した MOF 光触媒の開発

近藤吉史，関野　徹，山下弘巳

1 はじめに ·························· 161
2 有機リンカーをチューニングした MOF 光触媒による H_2O_2 生成 ············· 162
3 リンカー欠陥を導入した MOF 光触媒による H_2O_2 生成 ················ 164

4 アルミニウム含有 MOF 光触媒による H_2O_2 生成 ······················ 166
5 疎水性 MOF 光触媒を用いた二相反応場での H_2O_2 生成 ················ 167
6 おわりに ·························· 170

第 17 章　金属ナノ粒子と多孔性金属錯体が一体化した高機能触媒の開発

小林浩和

1 はじめに ·························· 172
2 金属ナノ粒子と MOF の複合化手法 ··· 173
3 MOF 被覆による Pt ナノ結晶の CO 酸化活性制御と耐久性向上 ·········· 174
　3.1 MOF 被覆による Pt ナノ粒子の CO 酸化活性制御 ·················· 174
　3.2 MOF 被覆による Pt ナノ粒子のシン

タリング抑制 ·················· 176
　3.3 Pt ナノ粒子の水性ガスシフト反応における UiO-66 の被覆効果 ······ 176
4 金属/MOF 複合触媒の開発と CO_2 の水素化によるメタノール合成 ·········· 179
5 まとめ ··························· 182

第18章　MOF 触媒によるバイオマスの変換に関する研究進展

曲　琛

1	はじめに　……………………… 183		の変換　………………………… 185
2	バイオマスの化学成分およびその変換	4	MOF 固定化酵素によるリグノセルロー
	………………………………… 183		ス系バイオマスの変換　………… 188
3	Pristine MOF 触媒を用いたバイオマス	5	おわりに　……………………… 191

【第4編：MOF の実用化に向けた用途展開】

第19章　MOF の電池などの電気化学産業への応用　　森　良平

1	はじめに　……………………… 193	2.3	MOF のキャパシタへの応用　…… 196
2	MOF の応用例　………………… 193	2.4	MOF のリチウム空気電池への応用
2.1	二次電池，燃料電池などのエネル		………………………………… 198
	ギーデバイスへの応用　………… 193	2.5	MOF の燃料電池への応用　……… 200
2.2	MOF のリチウムイオン電池への応	3	おわりに　……………………… 202
	用　……………………………… 194		

第20章　金属水酸化物を前駆体とした MOF 配向薄膜の作製と応用

髙橋雅英

1	はじめに　……………………… 205	4	データマイニングによる MOF エピタキ
2	MOF 膜の前駆体としての金属水酸化物		シャル薄膜形成系の探索　……… 212
	………………………………… 206	5	MOF-on-MOF 薄膜　…………… 213
3	金属水酸化物表面における MOF のヘテ	6	構造評価　……………………… 215
	ロエピタキシャル成長　………… 208	7	まとめ　………………………… 218

第21章　多種アミンガスの同時分析を指向した
　　　　導電性 MOF 薄膜デバイスの開発　　佐々木由比，南　豪

1	緒言　…………………………… 221	3	導電性 MOF 薄膜デバイスによるアミン
2	超分子的アプローチに基づくガスセンサ		類の定性・定量分析　…………… 223
	デバイスの設計指針とパターン認識を活	4	結言　…………………………… 227
	用した多成分分析　……………… 222		

VI

第22章　MOFを利用した酵素固定化技術の紹介　　月精智子

1　はじめに ……………………………… 229
2　酵素固定化材料としてのMOFの利用
　 ……………………………………… 229
　2.1　MOF表面への固定化 …………… 230
　2.2　MOF細孔への拡散 ……………… 231
　2.3　MOF合成時のカプセル化 ……… 232

2.4　酵素固定化MOFの合成例 ……… 233
3　酵素固定化MOFの応用例 ………… 234
　3.1　バイオリアクターとしての利用例
　 …………………………………… 234
　3.2　バイオセンサとしての利用例 … 235
4　おわりに ……………………………… 235

第23章　MOF粒子への薬物包摂機構の解明　　大崎修司

1　はじめに ……………………………… 237
2　MOFへの液相薬物吸着における溶媒の
　 影響 ………………………………… 237
　2.1　実験手法 ………………………… 238
　2.2　結果と考察 ……………………… 238
　2.3　まとめ …………………………… 240

3　両媒性細孔MOFへの複数薬物包摂 … 241
　3.1　実験・シミュレーション手法 … 241
　3.2　結果と考察 ……………………… 242
　3.3　まとめ …………………………… 245
4　おわりに ……………………………… 245

第24章　MOFを利用した機能性高分子の創製　　植村卓史

1　はじめに ……………………………… 246
2　重合反応場としてのMOFの設計 …… 246
　2.1　高い規則性 ……………………… 247
　2.2　細孔サイズ・形状の設計性 …… 247
　2.3　活性サイト・相互作用サイトの導入
　 …………………………………… 247
　2.4　動的特性 ………………………… 247
3　MOFを使った重合制御 …………… 248

　3.1　反応性・分子量制御 …………… 248
　3.2　立体規則性制御 ………………… 249
　3.3　共重合におけるシークエンス制御
　 …………………………………… 249
　3.4　反応サイト制御 ………………… 250
　3.5　高分子鎖の集積・配向・相溶化制御
　 …………………………………… 252
4　おわりに ……………………………… 255

第25章　MOFによる高分子の構造認識および分離　　細野暢彦

1　はじめに ……………………………… 257
2　MOFへの高分子の導入 …………… 258
　2.1　ナノ細孔への高分子の導入 …… 258
　2.2　溶液からのナノ細孔への高分子吸着

　 …………………………………… 259
3　MOFカラムクロマトグラフィー …… 261
4　高分子の構造認識と分離 ………… 262
　4.1　末端基構造の識別 ……………… 262

4.2 高分子の形の識別 …………………… 263
4.3 高分子の微細な構造変異の識別 … 264
4.4 高分子のモノマー配列の識別 …… 265
4.5 タンパク質の高次構造の識別 …… 267
5 おわりに ……………………………… 268

第 26 章 意図的な欠損をもたせた MOF の PFAS 吸着特性 今野大輝

1 はじめに ……………………………… 270
2 UiO-66 合成の方法 ………………… 271
3 PFAS 吸着実験の方法 ……………… 272
4 合成した UiO-66 の材料特性評価 …… 272
5 合成した UiO-66 の PFAS 吸着特性評価
………………………………………… 274
6 まとめと展望 ………………………… 278

【第 1 編：MOF の合成と設計】

第 1 章　機械学習を用いた金属－有機構造体の合成探索

田中大輔*

1　はじめに

　金属イオンと架橋有機配位子から形成される配位高分子（Coordination Polymers：CPs）は結晶性の有機無機ハイブリッド材料であり，特に細孔構造を有する物質は多孔性配位高分子（Porous Coordination Polymers：PCPs）や，金属-有機構造体（Metal Organic Frameworks：MOFs）の名で広く知られている[1]。これらの物質は，その特異な細孔構造から新しいガス貯蔵材料や分離材料，触媒などへの応用が期待され，世界中で盛んに研究がなされており，一説では，既に 10 万種類以上の配位高分子が合成されていると言われている。膨大な種類の MOFs を開発するうえで，有機分子と金属イオンの無数の組み合わせの中から，狙ったフレームワーク構造を合成するための指針として，二次構造単位（Secondary Building Units：SBUs）というコンセプトが広く受け入れられてきた[2]。図 1 に示すように，MOFs の結晶構造の節は，単核の金属錯体ではなく，複数の金属イオンからなるクラスターであることが一般的である。特に，多くの MOFs の構造中のこのようなクラスターはカルボン酸配位子からなるクラスターであることが知られている。このクラスターを MOFs の構造を規定する構造ユニット，つまり SBUs とみなし，SBUs に接続されるカルボン酸の数と有機配位子の構造から，形成される MOFs のトポロジーを予測するというのが，SBUs に基づく MOFs の設計コンセプトである。紙面の都合上ここでは，SBUs の考え方の詳細を述べることは控えるが，このような設計戦略は大きな成功をおさ

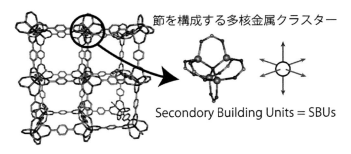

図 1　代表的な MOFs である，MOF-5 の結晶構造
ジャングルジム構造の節は単核金属イオンではなく多核金属錯体（クラスター）から構成されている。

　＊　Daisuke TANAKA　関西学院大学　理学部　化学科　教授

め，カルボン酸を架橋配位子として用いた多くのMOFsの結晶構造が報告されている。

　一方で，このようなカルボン酸架橋配位子を用いた新規MOFsの合成研究はすでに成熟期を越えている感がある。実際，MOFsの年間報告論文数は未だ増え続けているのに対し，新規MOFsの報告数は2016年ごろを境に減少に転じている[3]。これをもって新規MOFsの合成研究はやりつくされてMOFsの研究の主な対象は，新規化合物の合成から，開発されたMOFsの応用展開へ移っている，とみることもできるかもしれない。しかし，現状は「簡単に作れるMOFs」の合成研究がやりつくされただけなのではないかと筆者は考えている。新規MOFsの合成研究では，金属イオンと架橋配位子を様々な条件で混合し，水熱反応などで結晶化させることが一般的であるが，溶媒や濃度，反応温度などのパラメーターの無限の組み合わせを試みる結晶化条件の探索は，いまだに勘と経験に基づいた非効率な試行錯誤が必要であり，特に結晶化の難しい金属イオンと配位子の組み合わせでは，膨大な数の実験条件検討が必要になる。これまでに合成が達成されなかったMOFsの多くは，従来の方法論では合成条件を見出すことが難しいものに限られてきており，そのような結晶化困難なMOFsの合成を実現するするためには，より効率的な全く新しい合成条件探索法の開発が必要となってくる。

　本章では，結晶化が困難なMOFsの合成を可能にする新しい合成条件探索の手法として，筆者らが提案したハイスループット合成と機械学習の手法を組み合わせた方法論を紹介する。ハイスループット合成によって得られた雑多な実験データをデータ科学に基づく手法で解析することで，人間では気付くことができない情報を抽出し，合成実験を劇的に効率化することが可能であることをお示ししたい。

2　新規含硫黄半導体配位高分子の合成研究

　前述の通り既に知られているMOFsの多くでは，テレフタル酸に代表されるカルボン酸配位子が用いられている。一方，チオール基が配位サイトとして働く含硫黄MOFsは，カルボキシレート錯体では発現しない，優れた電荷輸送特性や可視光吸収特性を示すため，近年新しい半導体材料として注目を集めている。我々はこれまでに，含硫黄MOFsが示す優れた光触媒特性や光伝導特性を報告してきた[4]。一方で，チオールを架橋配位子として用いたMOFsの報告例は限られており，新たな含硫黄MOFsの開発は十分に行われていない。この理由として，含硫黄MOFsの結晶性が一般的に低く，結晶合成が極めて困難であることが挙げられる[5]。結晶性の高いMOFsを合成するためには，結晶化反応中に配位結合の生成と解離を繰り返しながら，自己修復的に格子欠陥が修復される必要がある。このためには，金属イオンと配位子の間の相互作用が適度に弱く，配位結合の解離が十分な速度で起きなくてはならない。しかし，チオールと金属イオンの配位結合は多くの場合共有結合性の高い強固なものであるために，結合の解離が十分に起きず，結果として速度論的な生成物であるアモルファス固体が生成してしまう。

　このような課題を克服するために，我々はハイスループット合成の結果を機械学習に基づく手

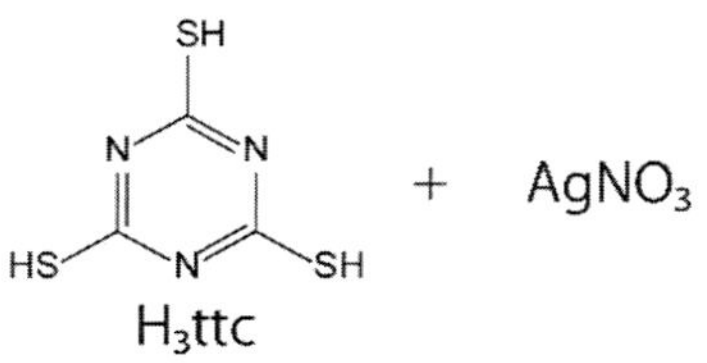

第1章　機械学習を用いた金属－有機構造体の合成探索

図2　H₃ttc の分子構造

法で解析する，効率的な合成条件探索手法を用いた新規含硫黄 MOFs の開発研究を行っている。具体的な例として，銀イオンと含硫黄配位子であるトリチオシアヌル酸（H₃ttc）からなる新規 MOFs の開発研究を紹介する[6]。この研究ではまず，様々な溶媒や温度，濃度条件で H₃ttc と硝酸銀を密閉容器中で反応させて，新規含硫黄 MOFs の合成を試みた（図2）。最終的に 114 条件での合成実験を行ったが，単結晶を合成する条件を見つけることができず，すべての条件で粉末状の固体沈殿しか得ることができなかった。新規 MOFs の合成実験では，原則として単結晶を得ることができないと構造決定ができないため，この段階では得られた固体粉末がどのような物質なのかを知る手掛かりがほとんどなかった。すべての固体粉末について粉末X線回折（PXRD）測定を行ったが，複雑な混合物に由来する回折パターンが得られただけであった。

3　クラスタリング解析による PXRD パターンの自動分類

　ここまでの結果では，114 条件の実験は単なる失敗実験であり，これらの実験からは何も得ることができていない。しかしながら，我々はこの失敗実験の結果をデータ科学に基づく手法で解析することで，有用な情報を抽出することができるのではないかと考えた。つまり，この実験データは，114 種類の解釈が困難な PXRD パターンと，そのパターンに紐づいた実験条件のデータセットと見ることができる。そこで，①クラスタリング解析による PXRD パターンの自動分類を行い，②その分類結果を目的変数として決定木学習などの解釈性の高い機械学習を行うことで，生成物の選択性を支配する因子の抽出を試みた。以下，この手法について説明する。

　クラスタリング解析は，いわゆる教師なし学習の一種であり，類似したデータを自動的にグループ化する手法の総称である。本研究では，114 種類の PXRD パターンをクラスタリング解析により分析することで，主に4種類のグループに自動的に分類することに成功した（図3）。一つは硫化鉛が主成分として生成している PXRD パターンで 114 種類中 27 の PXRD パターンがここに分類された。硫化銀は配位子の H₂ttc が反応容器内で分解して銀と反応してしまったために生じた副生成物であると考えられた。また，56 の PXRD パターンが結晶性の低い低結晶性相として分類された。これら2種類のグループは目的とする新規 MOFs が生成していない，本当の失敗実験であった。一方で，残りの2種類の PXRD パターンは，23 パターンのグループ1と7パターンのグループ2に分類され，いずれも既知物質の回折パターンとは一致しない，未知

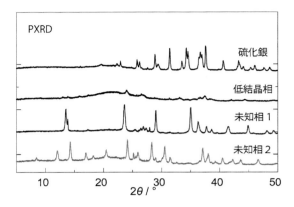

図3 クラスタリング解析の結果分類された4種類の
PXRDパターンの代表例

相の回折パターンを主成分としたものであり，これらの実験条件では新規のMOFsが合成されていることが示唆された。以下ではこれらの新規相をそれぞれ未知相1，未知相2と呼ぶことにする。

4 決定木による114実験の解析

次に，実験結果を支配する重要な実験パラメーターは，どのようなものだったのかを明らかにするために，決定木学習を行った。決定木学習は条件分岐によって分類問題を解く古典的な教師あり学習の手法であり，予測精度は高くないが解釈性が高いという特性を持った解析法である。今回，温度や濃度，溶媒，反応時間などの合成条件を説明変数として，クラスタリング解析によるPXRDの分類結果を目的変数として解析を行ったところ，図4に示すような樹状のグラフを得ることができた。

決定木では，分岐部分に対応する説明変数が一つ割り当てられている。この決定木では，最初の分岐で温度が割り当てられ，120℃以上の反応条件では明らかに硫化銀が主に得られていることが見て取れる。さらに細かく合成条件を見ると，120℃以上の反応温度で行った実験ではほとんどの場合に水が使われていた。今回の実験で硫化銀が生成したということは，配位子が分解して硫黄源となっていることが予想されるが，水存在下高温では配位子が分解するという決定木の結果は，化学者にとって示唆に富んだものであると言える。すなわち，この決定木は配位子が加水分解反応によって分解していることを示しているものと考えられた。実際に，H_3ttcの加水分解反応を調べてみると，1950年代の古い文献で，水存在下で加熱することでH_3ttcは硫化水素を発生するという記載を見つけることができた[7]。このような加水分解反応が水熱合成条件下で進行するということは，実験時には特に予想をしていなかったのだが，決定木による解析が見事に副反応の存在を指示してくれたと言えよう。また，次の分岐では溶媒に水を含んでいるかいない

第1章　機械学習を用いた金属−有機構造体の合成探索

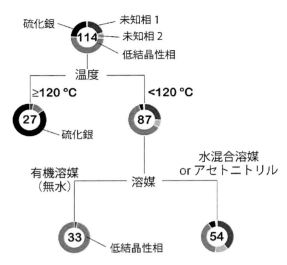

図4　114通りの実験結果の決定木。各円グラフの数字はそれぞれのデータ数を示す

かによって生成物が大きく変わっていることを示していた。合成溶媒に水を含まない場合，低結晶性のアモルファスが主に生成してしまうことが明らかとなった。これらの結果は，生成物の選択的な合成には，濃度や有機溶媒の種類は大きな影響を及ぼさず，水の存在と温度が重要であることを示している。また，水が存在しないと結晶性の物質を得ることはできないが，水存在下で加熱をしすぎると加水分解反応が進行してしまうため，今回の新規MOFsの合成には適切な温度条件下で水を含んだ溶媒を用いることが重要であることが示唆された。

5　決定木による326実験の解析

　これらの結果を踏まえて，さらにさまざまな条件で合成実験を追加で行った。先の114条件も併せて，最終的に合計326条件での合成実験を行った。特に，銀イオン源として硝酸銀に加えてトリフルオロ酢酸銀を用いた実験やH_3ttcのナトリウム塩であるNa_3ttcを用いた実験も追加で行った。また，結晶性の向上を目的として，カルボン酸誘導体やアミンなどの単座配位子を添加した合成実験も複数行った（図5）。MOFsの合成時に添加されるこのような単座配位子はモジュレーターと呼ばれ，配位結合の解離を促進することで結晶性を向上させる役割が期待され，頻繁に用いられている。

　しかしながら，これらの条件でも新規MOFsの単結晶を得ることはできなかった。一方で，追加で行った実験でも，すべての条件で粉末固体を得ることができたので，これらのPXRDパターンを加えてクラスタリング解析と決定木学習を用いた同様の解析を実施した。クラスタリング解析の結果から，114条件の解析と同様に326条件の解析でも主に4種類のPXRDパターン

にグループ分けをすることができた。このクラスタリング解析の結果を目的変数として作成した決定木を図6に示す。

　最初の2つの分岐では，114条件の解析結果と同様に温度と溶媒が支配因子として割り当てられており，加水分解反応の抑制と水の添加が新規結晶の合成に重要であることが確認された。興味深いことに，追加の実験では加水分解反応を抑制するために120℃よりも低温で主に実験を

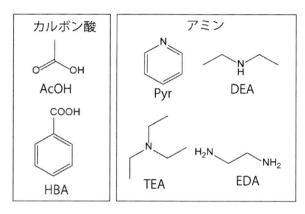

図5　本研究で用いたモジュレーター分子

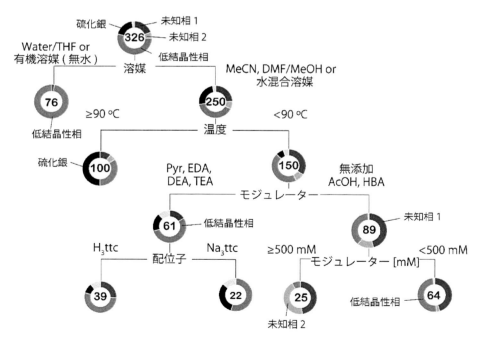

図6　326通りの実験結果の決定木
各円グラフの数字はそれぞれのデータ数を示す。

第1章　機械学習を用いた金属－有機構造体の合成探索

行ったため，硫化銀が生成する条件の温度が90℃に低下していた。言い換えると，追加の学習データのおかげで，より正確な最適温度が抽出されたと考えることができる。また，さらなる分岐で支配因子として割り当てられた実験条件は，添加したモジュレーターの種類に関するものであった。詳細を確認すると，アミン類を添加したときには比較的アモルファス相が生成する左側に分岐しているのに対して，何も添加しない場合やカルボン酸を添加した場合は未知相が主に生成していることが確認された。ここで注意するべきなのは，今回の解析ではモジュレーターの化学的な情報は一切用いておらず，モジュレーターの名称のみを目的変数として用いたにもかかわらず，アミンとカルボン酸という化学的に意味を持った分岐が自動的に現れた点である。これは，生成物の選択的な合成に酸と塩基の存在が重要であることを示唆していると考えるのが自然であろう。さらに右側の続く分岐では，カルボン酸の濃度が高いときは未知相2が主に生成していることも確認され，この結果からもプロトン濃度が選択的な合成に重要であることが見て取れる。

6　決定木の結果から導かれる仮説とその検証

　決定木の結果をまとめると，以下のように言うことができる。①高温かつ水が存在する条件では配位子の分解反応が起こってしまう。②水が存在しない時，もしくは塩基条件では結晶性の低い固体が生成する。③プロトン濃度が高いときは未知相2が，④中程度のプロトン濃度では未知相1が生成する傾向がある。これらの結果は，選択的な合成にはプロトン濃度が重要であるということを極めて強く示唆している。

　それでは，なぜプロトン濃度が生成物の選択性にこれほど強い影響を及ぼしたのであろうか？この疑問の答えは，最終的にこれらの未知相の結晶構造解析に成功した結果，明らかとなった。未知相1は配位子1分子当たりプロトンを1個含んだ［$Ag_2H(ttc)$］の組成を持ち，未知相2は配位子1分子当たりプロトンを2個含んだ［$AgH_2(ttc)$］の組成を有していることが単結晶X線回折測定から明らかとなった。さらに，［$Ag_3(ttc)$］の組成を持つ新規相3の構造決定にも成功した。この新規相3の回折パターンは，低結晶相に分類されていた比較的弱い回折パターンを示す物質のPXRDパターンと極めてよく似たものであった。このことから，塩基条件（低いプロトン濃度条件）で得られた低結晶性相の中にはプロトンが含まれていないことが明らかとなった。これらの組成は，決定木が示めした合成条件と良い整合性を示している（表1）。すなわち，構造中にプロトンを多く含む未知相2は，高濃度のプロトンが存在する条件で生成し，プロトン

表1　決定木の結果と新規相の組成の比較

	未知相1	未知相2	低結晶性相
プロトン濃度	中間	高い	低い
組成	[Ag_2Httc]	[AgH_2ttc]	[Ag_3ttc]

を含まない低結晶相は塩基条件や無水条件で得られるという結果は，選択的合成にプロトン濃度が重要という仮説の正しさを立証したものだといえるであろう。

7　まとめ

　銀と H_3ttc からなる MOFs の合成を例に，ハイスループット合成と機械学習を統合した合成条件探索実験の例を紹介した。クラスタリング解析と決定木による解析の結果は，プロトン濃度が生成物の選択的合成の支配因子であることを強く示唆しており，その仮説は得られた生成物の組成と良い整合性を示していた。また，これらの手法を活用した希土類 MOFs の合成条件最適化の研究も別に報告している[8~10]。これまでの研究では失敗実験とみなされていた実験結果を学習データとして活用することで，合成条件を支配する重要な因子を抽出することができることを実証した本研究は，新規 MOFs の合成条件探索実験を劇的に効率化するための新しい手法を開発する重要な知見となるものと期待している。

文　　　献

1)　S. Kitagawa *et al.*, *Angew. Chem. Int. Ed.*, **43**, 2334（2004）
2)　O. M. Yaghi *et al.*, "Introduction to Reticular Chemistry", Willey（2019）
3)　R. Freund *et al.*, *Angew. Chem., Int, Ed.*, **60**, 23946（2021）
4)　Y. Kamakura *et al.*, *J. Am. Chem. Soc.*, **142**, 27（2020）
5)　Y. Kamakura & D. Tanaka, *Chem. Lett.*, **50**, 523（2021）
6)　T. Wakiya *et al.*, *Angew. Chem. Int. Ed.*, **60**, 23217（2021）
7)　E. M. Smolin & L. Rapoport, "Chemistry of Heterocyclic Compounds:s-Triazines and Derivatives", Interscience Publishers（1959）
8)　Y. Kitamura *et al.*, *Chem. Eur. J.*, **27**, 16347（2021）
9)　Y. Kitamura *et al.*, *Chem. Commun.*, **58**, 11426（2022）
10)　Y. Kitamura *et al.*, *Mol. Syst. Des. Eng.*, **8**, 431（2023）

第2章　金属ペプチド構造体（MPF）の開発とその応用・可能性

稲田飛鳥＊

1　はじめに

　これまで，金属有機構造体（Metal organic framework；MOF）は様々な金属源，有機配位子を用いて合成される多孔性金属錯体であり，分子設計性が非常に高い材料で知られる。本章では，一般的な MOF に関する内容については割愛し，特にペプチドを配位子に用いた MOF（Metal peptide framework；MPF（図1））の研究動向や合成方法，特性，応用例についてこれまで報告されている事例を挙げて紹介する。ペプチドはいくつものアミノ酸同士がペプチド結合（アミド結合）を介して連結した材料であり，生体内において様々な重要な役割を果たしている。ペプチド配列は構成されるアミノ酸残基の種類（キラリティを含む），順序，連結数などで決定されるため，ペプチドは非常に多様な構造を有し，かつそれらの性質も独特なものとなる。したがって，金属源の多様性はさることながら，配位子の多様性も相まって，すべての組み合わせで MPF が合成できると仮定すると，その物質群は莫大な数となる。しかしながら，現時点での論文等で報告されている MPF の数はそれほど多くない。なかでも，MPF に使用される配位子ペ

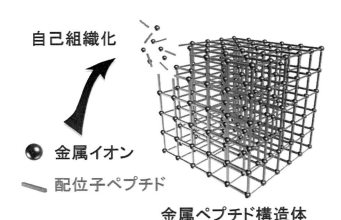

図1　金属ペプチド構造体の構造概念図

＊　Asuka INADA　宮崎大学　工学教育研究部　工学科　応用物質化学プログラム担当　助教

プチドはアミノ酸残基数 2 のジペプチドがほとんどであり，トリペプチド以上の報告例は非常に少ない。配位子ペプチドのもつ柔軟性やキラリティが MPF の特徴を決定付け，従来の MOF には見られない非常にユニークな性質をもつ。

2 MPF の研究動向

ここでは，特にトリペプチド以上の鎖長のペプチドを配位子とした MPF に焦点をあて，現時点における著者が調べた限りの報告例を下記の表 1 にまとめた。ただし，ジペプチドを配位子とした一部の MPF についても，論文内に応用例が示されているものは記載している。表 1 に記載していないジペプチドを配位子とした MPF に関する報告例は少なくないが，そのほとんどが X 線回折法（XRD）による結晶構造解析に関する内容の論文である。

表 1 から見て取れるように，ペプチド鎖長が 3 を超える MPF の報告例は世界的にも少なく，材料自体が非常に珍しい。そのため，MPF をうまく合成でき，結晶構造を解析したところまでの内容でまとめた論文が多く，応用例まで示しているものは少ない。一部の MPF の応用例でキラル認識ができるのは，ペプチドのもつキラリティ特性に由来するものであり，有用性が高い。金属源は亜鉛，銅，銀，カドミウムがほとんどであり，配位子となるペプチドにはその配位能を高めるためにピリジンやテレフタル酸等が化学修飾されているものも多い。なかでも，亜鉛と銅を金属源とする MPF にはほとんどの場合，配位子ペプチド配列内にヒスチジン残基が含まれている。これは，ヒスチジン残基の側鎖のイミダゾールがこれらの金属源と容易に配位する性質を利用しているものと考えられる。

3 MPF の合成

表 1 で報告されている MPF の合成方法は，一般的な MOF とそれほど大きな違いはなく，ソルボサーマル法，水熱合成法，貧溶媒添加法が用いられている。ただし，配位子がペプチドであるという観点から，水系やその他の極性溶媒中，かつ反応温度は 100℃ 以下の条件で合成されることがほとんどである。例えば，ジペプチドである Carnosine（β-Ala-His）と亜鉛（II）からなる ZnCar は無色の針状結晶であり，$Zn(NO_3)_2$ 水溶液と Carnosine 水溶液を混合したのち，水/DMF 混合溶媒中で 100℃，12 時間の条件で得られる[1]。Zn（GGH）の場合，配位子はトリペプチドである Gly-Gly-His であり，金属源は亜鉛（II）で，無色透明の MPF である[10]。これらは水熱合成法やソルボサーマル法で合成され，水，あるいは水と DMSO，DMF，水，メタノール，ギ酸などの混合溶媒中で，90℃，48 時間という条件下で得られる。一方，類似した配列の Gly-His-Gly と銅（II）から形成される Cu（GHG）は次のように合成される。著者らは MPF を形成可能な配位子ペプチドの配列探索をするための基準の MPF として，Cu（GHG）の合成を文献の方法[6]を参考に図 2 のようにして行った。

第2章　金属ペプチド構造体（MPF）の開発とその応用・可能性

表1　現時点における主にトリペプチド以上の鎖長をもつペプチドを配位子としたMPFの報告例

MPF	配位子ペプチド	末端修飾	ペプチド鎖長	金属源	配位部位	応用例
ZnCar[1]	carnosine (β-Ala-His)	Free	2	Zn^{2+}	C末端, N末端, His (imida)	CO_2, CH_4吸着
Car_Zn[2]	carnosine (β-Ala-His)	Free	2	Zn^{2+}	C末端, N末端, His (imida)	圧電素子
Co-L-GG[3]	Gly-Glu	Free	2	Co^{2+}	C末端, N末端, Glu (carboxy)	キラル認識
n/a[4]	Py-Leu-γ-Phe-Leu-Py	3-ピリジン (両端)	3	Ag^+	3-ピリジン (C, N末端修飾)	–
n/a[5]	Py-Aib-Pro-Pro-Py	3-ピリジン (両端)	3	Ag^+	3-ピリジン (C, N末端修飾)	キラル認識
Cu(GHG)[6]	Gly-His-Gly	Free	3	Cu^{2+}	C末端, N末端, N_{amide}, His (imida)	キラル認識
Cu(GHK)[7]	Gly-His-Lys	Free	3	Cu^{2+}	C末端, N末端, N_{amide}, His (imida)	CO_2, CH_4吸着
Cu(GHK)[8]	Gly-His-Lys	Free	3	Cu^{2+}	C末端, N末端, N_{amide}, His (imida)	反応触媒
n/a[9]	Z-Val-Val-Glu	Z (Cbz) (N末)	3	Cu^{2+}, Ca^{2+}	C末端, N末端, Glu (carboxy)	–
ZnGGH[10]	Gly-Gly-His	Free	3	Zn^{2+}	C末端, N末端, His (imida)	–
Cd(Gly$_3$)$_2$・H_2O[11]	Gly-Gly-Gly	Free	3	Cd^{2+}	C末端, N末端	–
Cd(Ala$_3$)$_2$[11]	Ala-Ala-Ala	Free	3	Cd^{2+}	C末端, N末端	–
n/a[12]	trans-ACPC	4-ピリジン (両端)	3, 4, 5, 6	Ag^+	4-ピリジン (C, N末端修飾)	–
MODL[13]	NH_2-Glu-pCO$_2$Phe-pCO$_2$Phe-Ala-Gly	NH_2 (N末)	5	Cd^{2+}	C末端, pCO$_2$Phe	–
OPM-1, OPM-2[14]	Ter-Pro-Pro-Pro-Pro-Pro	テレフタル酸 (N末)	6	Zn^{2+}	テレフタル酸	–
n/a[15]	UIC-1	BPH, BPE (両端)	9	Ag^+	BPH, BPE	有機物吸着

n/a：文献中に名前が記載されていないMPF。

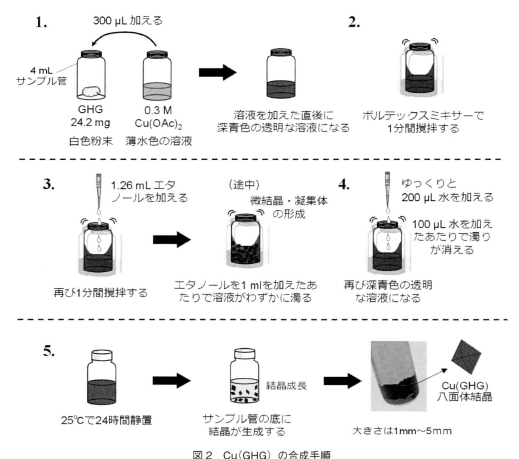

図2　Cu(GHG)の合成手順

　Cu(GHG)はこのようにして室温で容易に合成することができる。図2の手順は貧溶媒添加法の一種であり、エタノールを貧溶媒としてGHGと銅(II)の錯体水溶液に加えることによって、凝集体あるいは粗結晶として一度析出させ、その後再び少量の水を加えることによって、過飽和状態を作り出している。この過飽和状態から数時間から数日経つと結晶は徐々に成長し、最終的には深青色の八面体形状の結晶となり、大きさは数ミリメートル程度にまで成長する。Gly-His-Lysと銅(II)から形成されるCu(GHK)も同様の手法で合成されるが、アミノ酸配列のわずかな違いでも配位子の性質は大きく変わるため、添加するエタノール量や静置時間が大きく異なるうえ、得られる平均結晶サイズも500 μm程度である[7,8]。現時点で、これらの結晶サイズの制御についての論文は見当たらない。

第2章 金属ペプチド構造体（MPF）の開発とその応用・可能性

4 MPFの配位子の特徴と設計

　一般的なMOFの配位子はテレフタル酸や4,4'-ビピリジンなど，剛直な構造を有するものが多い（図3）。また，これらは分子の端が金属へ配位部位となるように設計されていることが多く，形成されるMOFの構造は予測しやすい。一方で，ペプチドは主鎖の一部の結合（α炭素の両側の結合）が立体的な制約があるものの回転できるため，柔軟な構造をもつ（図4）。さらに，未修飾のペプチドを配位子とした場合の配位部位は主にC末端のカルボキシ基，N末端のアミノ基，配位性側鎖官能基（例えばヒスチジンのイミダゾールやアスパラギン酸のカルボキシ基など）である。配位子ペプチドの親・疎水性や配位部位を制御する際には，ペプチド配列の検討以外に，C, N末端の保護基による保護や，配位能を高めるための置換基が修飾されることも多い（図5）。このため，形成されるMPFの構造は複雑な構造であることが多く，予測するのは難しい。

　例えば，Zn(GGH)の結晶構造は，配位子ペプチドがフレキシブルな構造であるがゆえ，合成時に用いる溶媒（水，DMSO，DMFなど）の種類によって，形成されるMPFの結晶構造は異なることが報告されている[10]。結晶の細孔内部にはそれらの溶媒が格納されており，配位子ペプチドの回転角によって，MPFの取り得る構造は支配されている。例えば，ZSM-5のようなゼオライトは非常にリジッドなフレーム構造をもつが，それに対してヘモグロビンのような分子は

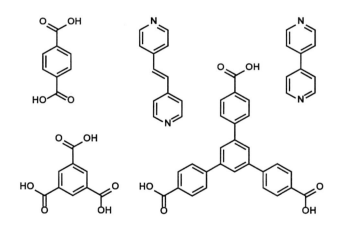

図3　一般的なMOFの配位子の構造例

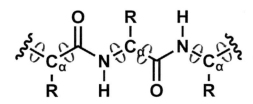

図4　ペプチドのα炭素の回転

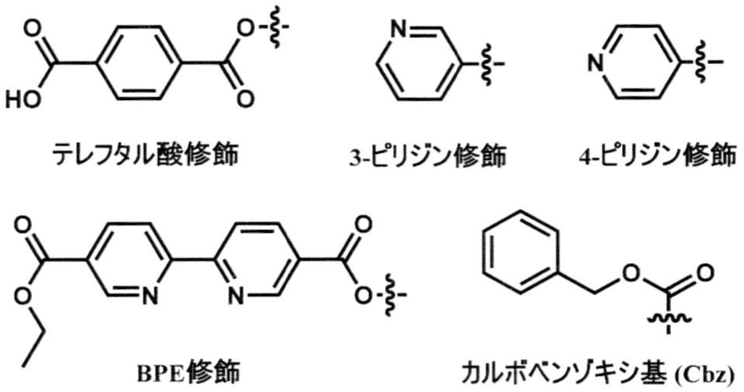

金属有機構造体（MOF）研究の動向と用途展開

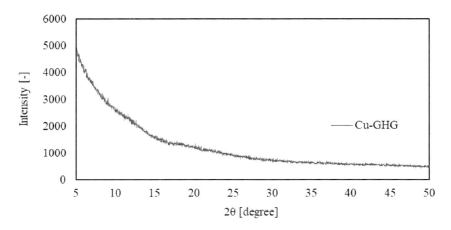

図5 ペプチドに修飾される置換基の例

図6 著者らが合成したCu(GHG)の母液から取り出して5分後に測定したXRDパターン

非常にフレキシブルな構造をもつ。MPFはその中間の性質で，リジッドでありつつも，フレキシブルという非常に興味深い特徴がある。Cu(GHG)やCu(GHK)は，内部に溶媒分子（水分子）を取り込んでおり，その溶媒が抜けると，MPFは瞬時にアモルファス状態へと変化することが報告されている[6,7]。実際に，著者らで合成したCu(GHG)も，図6のように，合成時の母液から取り出して，数分後に粉末X線を測定すると，すべてのピークが消失し，アモルファス状態に変化していることがわかる。しかしながら，再び水蒸気にさらすと，MPFは元の結晶構造に戻り，その構造が非常に柔軟であることが報告されている。

5　MPFの応用例

例えば，MPFは配位子ペプチドのキラリティを活かした不斉選択的な細孔を利用した，キラル分離材として応用できることが報告されている[6]。Cu(GHG)は薬物の一種である図7の構造

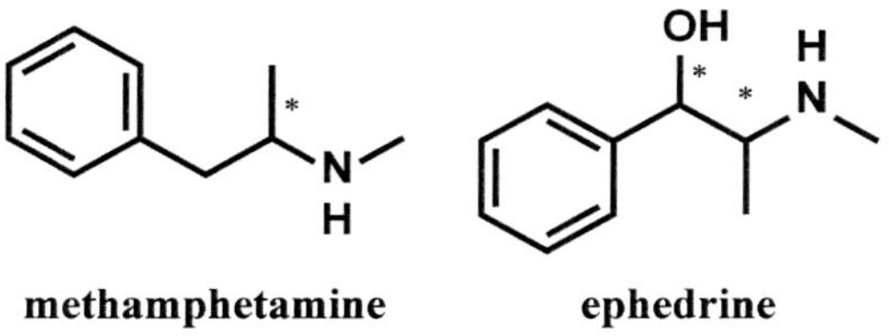

第 2 章　金属ペプチド構造体（MPF）の開発とその応用・可能性

methamphetamine　**ephedrine**

図 7　メタンフェタミンとエフェドリンの構造．アスタリスク（＊）
は不斉炭素原子を示している

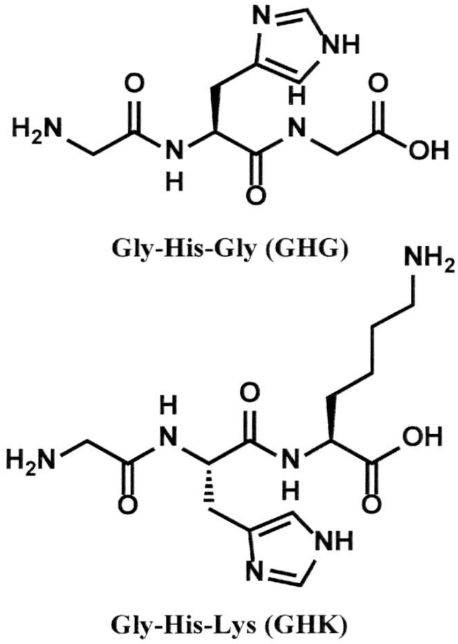

Gly-His-Gly (GHG)

Gly-His-Lys (GHK)

図 8　GHG と GHK の構造．GHK は C 末端が
リシン残基であり，その側鎖にフリーな
アミノ基をもつ

をもつ（±）-メタンフェタミンや（±）-エフェドリンのキラリティを認識でき，（＋）-メタンフェ
タミンと（＋）-エフェドリンをバッチ法による試験では，4 時間および 2 時間でそれぞれ約
30％，37％選択的に吸着することができ，その際に（−）-メタンフェタミンと（−）-エフェドリ
ンの吸着量はほぼ無視できるレベルであることが報告されている。また，Cu(GHG) はキラル固
相抽出剤（SPE）としての利用も検討されており，SPE カートリッジに詰められた Cu(GHG) は，
（±）-エフェドリンのラセミ体混合物から，（＋）-エフェドリンのみを選択的に 54％吸着するこ
とを示しており，MPF が SPE として利用できる可能性を報告している。

　その他，MPF は結合に使用されていないアミノ酸残基の側鎖によって，反応触媒としても応
用できることが報告されている[8]。Cu(GHK) の配位子となる GHK はペプチド配列中にリシン

15

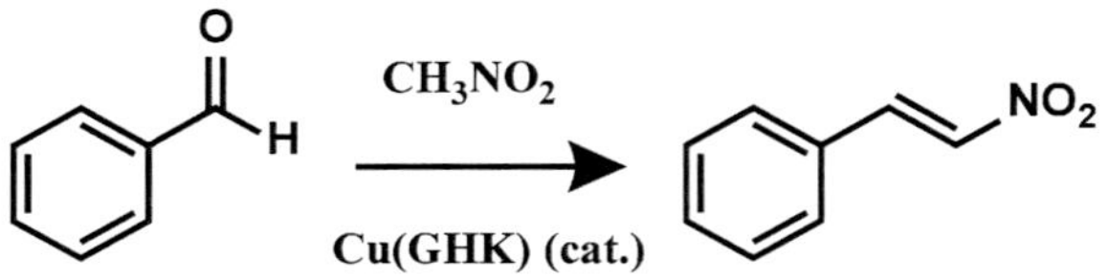

金属有機構造体（MOF）研究の動向と用途展開

図9　Cu（GHK）によって触媒される反応

残基（K）を含み，MPF を形成した際にもそれらの結合には使用されない側鎖のアミノ基をもつ（図8）。このアミノ基と，ヒスチジン残基のイミダゾールがいわゆる酵素反応のような結合ポケットとして作用し，Cu（GHK）は図9の反応（Henry 反応の一種）を触媒することが報告されている。なお，反応過程においてベンズアルデヒドが Cu（GHK）に結合した際に，Cu（GHK）の結晶の色は深青色から深緑色に変化する。

6　おわりに

　本章では，MOF の配位子にペプチドを用いた金属ペプチド構造体 MPF について紹介した。特に，トリペプチド以上の鎖長のペプチドを配位子とした MPF は世界的にも研究例が少なく，構造が柔軟であり，キラル分離，反応触媒などに応用できる非常にユニークな材料である。また，MPF は配位子ペプチドの柔軟な構造が MPF 全体の構造に反映され，様々なゲスト分子の存在下で構造適応性を示す点も非常に興味深い。しかしながら，配位子ペプチドによる配列と金属源の多様性の掛け算による膨大な組み合わせがあるにもかかわらず，現時点において，MPF はごく一部の配位子ペプチド配列と金属源の組み合わせでしか報告されていない。この背景には，配位子ペプチドが多種多様ではあるが，合成コスト・購入コストが高いことや，MPF の合成手法がペプチドの配列によってケースバイケースで確立されていないこと，結晶構造の同定が難しいことなどが推察される。著者らはこの唯一無二ともいえる MPF の研究領域のさらなる開拓を目指し，様々な用途へと展開すべく，今後も研究を続けていく。

文　　　献

1)　A. P. Katsoulidis *et al., Angew. Chem. Int. Ed.,* **53** (1), 193-198 (2014)

2)　Y. Chen *et al., J. Am. Chem. Soc.,* **144** (8), 3468-3476 (2022)

3)　L. Li *et al., Chem. Res. Chin. Univ.,* **33** (1), 24-30 (2017)

4)　S. Dey *et al., Angew. Chem. Int. Ed.,* **60** (18), 9863-9868 (2021)

5)　A. Saito *et al., Angew. Chem. Int. Ed.,* **59** (46), 20367-20370 (2020)

第 2 章　金属ペプチド構造体（MPF）の開発とその応用・可能性

6)　J. Navarro-Sánchez *et al., J. Am. Chem. Soc.,* **139** (12), 4294-4297 (2017)

7)　C. Martí-Gastaldo *et al., Chem. Eur. J.,* **21** (45), 16027-16034 (2015)

8)　F. G. Cirujano *et al., Catal. Sci. Technol.,* **11** (18), 6035-6057 (2021)

9)　A. Mantion *et al., J. Am. Chem. Soc.,* **130** (8), 2517-2526 (2008)

10)　A. P. Katsoulidis *et al., Nature,* **565** (7738), 213-217 (2019)

11)　H. Y Lee *et al., Cryst. Growth Des.,* **8** (1), 296-303 (2008)

12)　S. Jeong *et al., Angew. Chem. Int. Ed.,* **61** (1), e202108364 (2022)

13)　D. Peri *et al., Inorg. Chem.,* **52** (24), 13818-13820 (2013)

14)　T. Schnitzer *et al., J. Am. Chem. Soc.,* **143** (2), 644-648 (2021)

15)　S. L. Heinz-Kunert *et al., J. Am. Chem. Soc.,* **144** (15), 7001-7009 (2022)

第3章　量子センシングに向けたMOF材料の開発

山内朗生[*1]，楊井伸浩[*2]

1　はじめに

近年，量子コンピューティングや量子通信といった量子技術の研究が盛んに行われている。量子技術を支える基礎となる概念が量子ビットである。これは0と1からなるビットの概念をスピンのような2準位の量子系へと拡張したものである。量子ビットは古典的なビットとは異なり，0と1の2状態だけでなく，その重ね合わせ状態を取ることが可能であり，これは量子コヒーレンスと呼ばれる。量子技術の1つである量子センシングは，量子ビットの量子コヒーレンスのような量子的特性を用いて，従来のセンシングの感度や空間分解能の向上を試みる技術である。量子ビットの重ね合わせ状態は非常に繊細で僅かな刺激でも変化してしまうが，一方でこの繊細さをセンシングへと応用することで，微弱な信号にも応答可能なセンサーの実現が期待できる[1~6]。

Degenらによると[2]，量子センシングは以下の3つの定義で表される。

(1)量子化されたエネルギー準位を用いて物理量を測定するもの。

(2)量子コヒーレンスを用いて物理量を測定するもの。

(3)量子もつれ（量子ビット以上の間で相関した量子状態）を用いて古典的限界を超えた感度や精度を達成するもの。

このうち1つ目の定義は蛍光によるセンシングなど必ずしも量子的でないものも含まれるため，狭義の定義では3つ目の量子もつれを用いるもののみを量子センシングとするが，3つ目の要件を満たす量子センサーは少数であるため，一般には上記のうちいずれか1つを満たすものを量子センシングとして扱う。

量子センシングにおいて重要なパラメータとなるのがコヒーレンス時間（T_m）であり，これは重ね合わせ状態をどの程度維持できるかの指標となる。電子スピンの場合，これはスピン-スピン緩和時間（T_2）に相当する[7,8]。量子ビットの情報が読みだされるまでの間にその重ね合わせ状態は環境の擾乱によって失われうるため，高い感度を得るためには長いコヒーレンス時間が重要となる。通常，コヒーレンス時間が短くなると感度は指数関数的に減少する[2]。

＊1　Akio YAMAUCHI　九州大学　大学院工学府　応用化学専攻

＊2　Nobuhiro YANAI　東京大学　大学院理学系研究科　化学専攻　教授

第 3 章 量子センシングに向けた MOF 材料の開発

2 量子センシングプラットフォームとしての MOF

　分子中の電子スピンを用いた分子性量子ビットは近年盛んに研究されている量子ビットの 1 つである[9~27]。分子性量子ビットは高い構造の自由度と均一性を有し，検出対象とする化学種と直接相互作用することも可能である。化学修飾により，分子性量子ビットのコヒーレンス時間を延長した例も複数報告されている[18~21]。分子性量子ビットの例としては常磁性スピンを有する金属錯体[17,18]や有機ラジカル[21,25]，光励起により生じる常磁性スピン[15,19,24]などが挙げられる。特に重原子を含まない有機スピン系はスピン-軌道相互作用による緩和の影響が小さく，量子コヒーレンスを室温下で観測可能なものも多い[21,24~27]。

　分子性量子ビットは主に結晶や低温ガラス中などバルク系[15,19,22]で評価がなされてきたが，これらの系は標的とする化学種と量子ビット間の相互作用が弱く，化学種のセンシングには不向きである。これらの系に代わり，近年 MOF のような多孔性材料を用いた系の研究が進められている[18,25,28,29]。MOF は剛直な構造を持つ多孔性材料であり，量子ビットの位置や標的との相互作用を制御することが可能である。MOF の細孔径や構造を制御することにより，特定の分子のみを選択的に吸着する標的選択性も獲得可能であり，センシングデバイスに有用と期待される。

　分子性量子ビットを MOF に導入する手法はいくつか存在しており，最も標準的な方法は量子ビットに金属クラスターと配位しうる置換基を修飾し，配位子として組み込むことである[11~14,25,30]。この手法は金属錯体や有機ラジカル，光励起有機分子といった多くの量子ビットに適用可能である。また，銅のようなスピンを持つ金属がクラスターに用いられている場合，それをそのまま量子ビットとして用いることも可能である[29]。加えて，量子ビットとなる分子をゲストとして MOF に導入することもできる[10]。スピン間の相互作用は後述するスピンの緩和を誘発し量子ビットの性能の劣化の原因となるため，MOF 骨格は可能な限りスピンを持たない物質から構成される必要がある。また，量子ビット自体もスピンを持つため，量子ビットの濃度も十分低濃度であることが望ましい。

　MOF と分子性量子ビットを用いた系で化学種のセンシングを行う方法の 1 つとして，スピン間の相互作用を利用することが挙げられる。検出対象とする物質の核スピンと量子ビットの電子スピンとの間の磁気的相互作用（超微細相互作用）は，スピンの緩和を引き起こすため，T_2 の変化から検出が可能である[24,25,29]。超微細相互作用により引き起こされる電子スピンエコーエンベロープ変調（ESEEM）と呼ばれる現象からも同様に検出可能である[31~35]。また，T_2 は超微細相互作用以外にも様々な相互作用の影響を受けるため，それらもセンシングに利用可能である。例えば，三重項状態のように分子内に電子スピンが複数存在する場合，分子内での電子スピン間の磁気的相互作用（ゼロ磁場分裂）が生じる[7,8]。加えて，室温のような分子運動の影響が大きい状態においては，量子ビット分子の運動や周囲の核スピンの運動による相互作用の揺らぎも生じる。これらの揺らぎも緩和時間に影響を及ぼすため，これらの影響を加味した系の設計がセンシングに重要である。スピン分布が熱平衡状態に戻るまでの時間であるスピン-格子緩和時間

19

（T_1）も T_2 に影響を及ぼしうるが，T_1 は T_2 に対して十分長いことが多いため，多くの場合無視できる。

3　MOF を用いた量子センシングの実例と課題

　MOF を用いた初めての量子センシングは Kultaeva らによって報告された[29]。彼らは量子ビットとして Cu^{2+} イオンを金属クラスターにドープした HKUST-1 を用い，7 K の極低温条件でブタン分子の ^1H 核スピンの量子センシングを達成した。超微細相互作用の異方性を分析することにより，MOF 中の水素原子の空間分布を明らかにしている。しかしながら，金属イオンを量子センサーとして用いる場合，スピン-軌道相互作用がスピンの緩和を引き起こすため，量子コヒーレンスの維持には極低温条件が必要となる。金属イオンに代わり，有機ラジカルを用いた室温での量子センシングが Sun らによって報告されている[25]。彼らは MOF 中の有機配位子を酸化しラジカル化し，それを量子ビットとして用いている。MOF を Li^+ イオンが含まれる溶液に浸漬し，ラジカル電子スピンとの超微細相互作用を T_1，T_2，ESEEM から評価することで，Li^+ イオンの定量を行っている。

　スピン分布が特定の準位に偏った，スピン偏極状態は純粋な重ね合わせ状態を作る上で不可欠である。しかしながら，上に述べた系はスピンが偏極していない熱平衡状態のスピンが利用されている。電子スピンの副準位間のエネルギー差は GHz 程度と室温の熱エネルギー（～THz）に比べ非常に小さいため，熱平衡状態では多くのスピンが利用不可能である。具体的には 298 K，300 mT（～9 GHz）の熱平衡状態において，利用可能なスピンはわずか 0.01％ となる。

　スピン偏極を室温で生成する手法の1つは，系間交差などの光励起過程で生じる電子スピンを用いることである（図1）。これらの電子スピンは偏極しているだけでなく，電子スピン共鳴（ESR）を用いたマイクロ波による検出に加え，光検出磁気共鳴（ODMR）による検出に対応しているという利点を有している[36]。可視光はマイクロ波に比べ短波長であるため，感度や空間分解能の向上が期待できる。

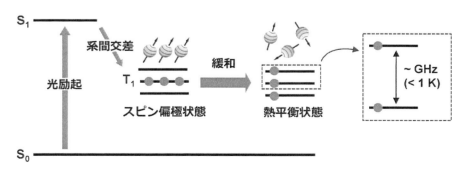

図1　スピン偏極の生成とその緩和

第3章 量子センシングに向けた MOF 材料の開発

近年,筆者らはスピン偏極した電子スピンと MOF を組み合わせ,量子センシングの応用に向けた様々な系を開発している[9~14]。以下,それらの研究を紹介させていただく。

4　多様なゲストに対する応答性の付与

量子ビットの運動はスピンの緩和をもたらすため,この運動の抑制は不可欠と考えられている。これに対し筆者らは,量子ビットの運動を外部刺激に応答するパラメータとして利用することに成功した[10]。筆者らはゲスト導入で構造が変化する柔軟な MOF である MIL-53 を用い[37,38],ゲスト導入により量子ビットの運動性が効果的に変化する系を構築した。スピン偏極を示す量子ビットとして三重項状態のジアザテトラセン（DAT）[39,40]を,重水素化した MIL-53（D-MIL-53）にゲストとして少量（<1 wt%）加え,さらにそこに 11 種類のゲスト分子を検出対象として導入した（図 2a, b）。

様々なゲストを導入した際の DAT のコヒーレンス時間はスピンエコー法を用いてパルス ESR により室温で測定した。DAT 以外のゲストが存在しない場合,DAT の T_2 は 0.1 μs 程度であったが,ゲストの導入に伴い T_2 が変化し,トルエン（h-Tol）などの場合は T_2 が測定限界よりもおそらく短くなったためエコー信号が得られなかった。ゲストの ^{1}H 核スピンは超微細相互作用により緩和を促進するため[7],これは一般的な挙動である。一方で,フルオロウラシル（FU）やベンゾキノン（BQ）を導入した際は T_2 がむしろ増加し,室温で 1 μs 程度の長い値を示した。

この挙動について明らかにするため,熱質量分析により得られたゲスト導入量から DAT 周辺の密度を評価した。これを T_2 に対してプロットしたところ（図 2c）,ゲストの体積占有率が高いほど T_2 が長くなる傾向が得られた。この挙動は,スピン緩和の要因の 1 つである DAT の運

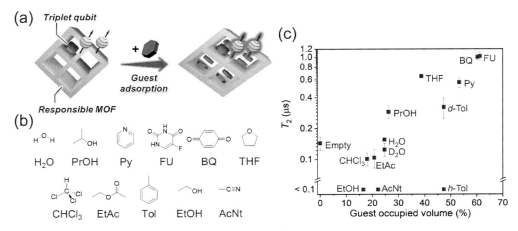

図2　(a)ゲスト導入による MOF 構造の変化に対する三重項スピン量子ビットの応答,(b)本研究に用いたゲスト分子,(c)細孔中のゲストの体積占有率に対する T_2 のプロット

動はゲスト密度が高いほど抑制されやすくなるためだと考えられる。また，超微細相互作用の増加や静電的な相互作用の効果についても評価したが，T_2 との有意な関連性は見られなかった。以上のように，本研究では分子運動の変化を緩和時間から評価する新しいセンシングの提案に成功している。

5 長い緩和時間を持つ MOF 材料の開発とそのセンシングに向けた応用

量子ビットを MOF に特定の位置・濃度で配置したい場合，量子ビットを配位子として導入するのが効果的である。筆者らは，DAT ユニットにピリジル基を修飾した 6,11-di(pyridine-4-yl)benzo[b]phenazine（DPyDAT）を架橋配位子として MOF に集積することに成功した（DAT-MOF-1, -2, -3, 図3)[11,12]。時間分解 ESR 測定の結果，この MOF は偏極した三重項電子スピンだけでなく，偏極したラジカル電子スピンも生成していることが明らかとなった。ラジカル信号の立ち上がりの時定数は三重項信号の減衰と一致していたことから，三重項のスピン偏極はラジカルへと転写されたと考えられる。ラジカルの信号強度は光照射に伴い増加し続け，その信号は

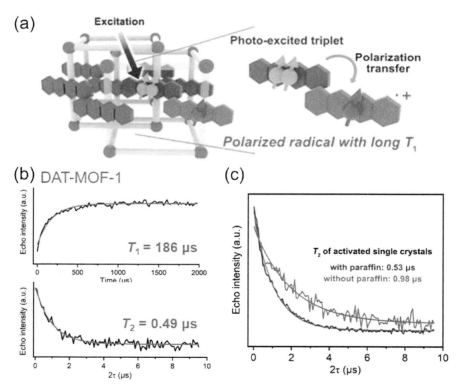

図3 (a)スピン偏極したラジカル量子ビットの形成，(b) DAT-MOF-1 の T_1 および T_2，(c)パラフィンによる DAT-MOF-1 の T_2 変化

第3章　量子センシングに向けた MOF 材料の開発

光照射を止めた後も 90 分以上の間残り続けていた。得られたラジカルの g 値や光照射後の可視光吸収帯の変化は DAT のカチオンラジカルに由来するものであったことから，このラジカルは光照射後の電荷分離[41,42]により得られたと示唆された。

パラフィンに分散させた DAT-MOF-1, -2, -3 中のラジカルは室温で極めて長い T_1 と比較的長めの T_2 を示した。T_1 はそれぞれ 186, 179, 155 μs, T_2 は 0.49, 0.23, 0.26 μs であった。これらの緩和時間の違いは，DAT-MOF-2 や -3 において DAT-MOF-1 に比べ DAT 周囲の自由空間が大きく DAT の運動性が高いためだと考えられる。また，DAT-MOF-1 において，パラフィンを分散剤に用いなかった場合 T_2 は 0.98 μs となり，ゲスト分子の導入がラジカルのコヒーレンス時間に影響を与えると示唆された。しかし，MOF 構造の安定性が低く，様々なゲスト分子に対する応答を確認することは困難だった。

そこで安定な MOF 構造を得るため，DAT に 2 つのカルボキシ基を付与した配位子として 4,4'-(benzo[b]phenazine-6,11-diyl)-dibenzoic acid（DATDBA）を Zr クラスターに配位させ，UiO-68 と同様のトポロジーを持つ DAT-MOF-4 を合成した（図 4）[13]。DAT-MOF-4 は他の DAT-MOF と異なり，光照射の有無にかかわらずラジカルの生成が見られた。昇華生成した DAT 単結晶においても同様のラジカル由来の ESR 信号が報告されている[43]ことから，ラジカルは DAT 由来と考えられるが，ラジカル生成機構については未解明である。様々なゲストを導入し T_2 測定を行ったところ，ヘキサンやトルエン，水のようなゲストでは超微細相互作用の影響により T_2 が短くなった。一方，重水素化したゲストを導入した場合は T_2 が増加した。これは DAT の運動がゲストの立体障害により抑制されたためと考えられる。このように，三重項だけでなくラジカル電子スピンを量子ビットとして用いる場合でも，量子ビットの運動性が重要であると示唆された。

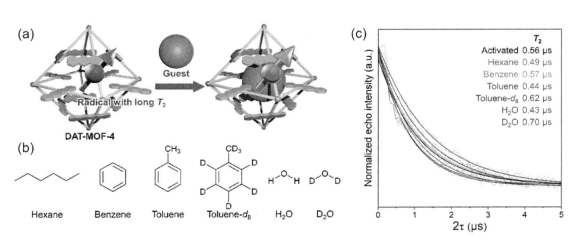

図 4　(a)ラジカル量子ビットを用いたゲスト応答挙動の評価，(b)本研究に用いたゲスト分子

6　室温下での量子もつれの利用

　四重項状態（$S=3/2$）[23, 26]や五重項状態（$S=2$）[14, 19, 44, 45]は複数のスピンから構成されているため，2つの量子ビットを同時に操作する CNOT ゲートなどの高度なスピン操作において有用である。また，これらの状態は量子もつれと呼ばれる量子ビット同士が相関した状態を形成することが可能である[22]。量子センシングの感度は量子もつれにより向上することが知られており，Ramsey 干渉と呼ばれる手法を例にとると，量子もつれ状態にある N 量子ビット系は相関のない系に比べて感度が $\sqrt{N}$ 倍となる[2]。このような多重項状態を形成可能な光物理過程の1つが一重項分裂（SF）である[14, 19, 44, 45]。これは色素1分子の一重項状態から色素2分子の三重項状態を生成する現象であり，その過程で五重項性の三重項対（^{5}TT）が形成される。また，SF の逆過程である三重項-三重項消滅[46]を利用することにより，^{5}TT の情報を蛍光として ODMR により検出可能である。

　しかしながら，室温下で五重項状態の量子コヒーレンスはこれまで観測されていなかった。SF において，S_1 からまず一重項性の三重項対（^{1}TT）が形成され，その後 ^{5}TT へと変換される。^{1}TT の形成直後は ^{1}TT と ^{5}TT のエネルギー差が大きく，2状態の混合は起こらない[45, 47]。このエネルギー差は色素間の交換相互作用により決定されるため，色素の運動などで軌道の重なりが変化すると，^{1}TT と ^{5}TT がエネルギー的に近接する。このように色素の運動が ^{5}TT の形成に重要であるにも関わらず，激しい運動はゼロ磁場分裂の揺らぎを引き起こすため，量子コヒーレンスの緩和を招くというジレンマがあった。

　筆者らはこれまでの研究で得た MOF 中での分子運動に関する知見を利用し，SF 色素を配位子として MOF 構造中に高密度に配置することで，^{5}TT を形成するための最小限の運動性を維持しつつ，緩和を引き起こす運動を極力抑制するという戦略を考案した（図5）[14]。SF を起こす代表的な色素であるペンタセンを誘導体とした 4,4'-(pentacene-6,13-diyl)dibenzoic acid（PDBA）[48, 49]を Zr クラスターに配位させ，UiO 型[50]の構造を持つ Pn-MOF を合成した。UiO 型の構造によりペンタセン同士の π スタックを抑制し ^{1}TT と ^{5}TT の変換に十分な運動性を持たせつつ，一方でペンタセンの高密度な集積によりその運動を最小限に留めることが可能である。

　^{5}TT の量子コヒーレンスの観測のためパルス ESR 測定を行ったところ，五重項状態に由来する信号が得られ，室温下における五重項状態の量子コヒーレンスの観測に成功した（図6a）。ペンタセンの動的な配向変化を加味したモデル[47]を用いてシミュレーションを行ったところ（図6b～d），ペンタセン2ユニットの成す二面角 β が130°から122°に僅かに変化する運動で実験結果を良く再現できた一方，$\beta = 130°$ と150°のような大きな角度変化の運動では実験結果を説明できなかった。この結果は，ゼロ磁場分裂のような相互作用の大きな揺らぎを抑制することが，五重項状態の量子コヒーレンスを維持する上で重要であると示唆している。

第3章 量子センシングに向けた MOF 材料の開発

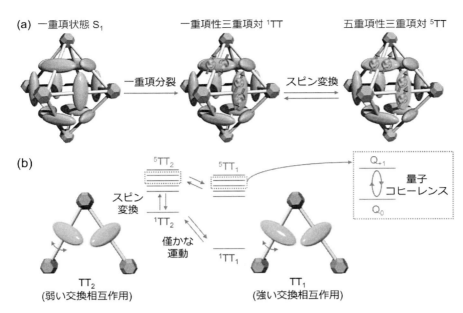

図5 (a) SF による三重項対の形成とその五重項状態 ^5TT へのスピン変換，(b) MOF 中での僅かな分子運動によりスピンの変換を起こしつつ，その量子コヒーレンスを維持する

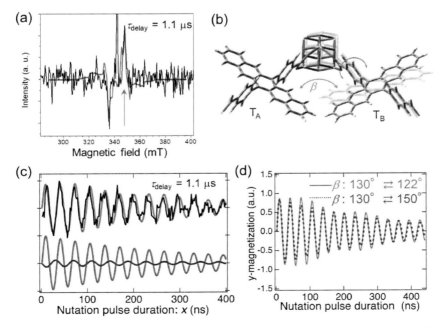

図6 (a) パルス ESR による五重項状態の量子コヒーレンスの観測，(b) シミュレーションに用いたペンタセン2分子のモデル，(c, d) シミュレーションによるニューテーション測定の再現

25

7 おわりに

　以上，本稿では筆者らが近年取り組んでいる量子ケミカルセンシングに向けたMOF-スピン偏極量子ビット複合系の研究について紹介した。従来の検出対象との超微細相互作用を利用した手法に加え，量子ビット分子の運動の制御がセンシングにも重要であると実証した。ラジカルや三重項，五重項のような幅広いシステムについて，量子ビットの運動はそのコヒーレンス時間と密接な関係にあり，MOF中での分子運動を制御可能な系の設計が必要である。筆者らが新たに提案した分子運動の変化を利用したセンシング機構は，量子ビットが埋め込まれている密な固体系では成しえない，MOFのような多孔性材料の強みであると言える。

　特定のセンシング対象の検出には，MOF-量子ビット複合系のアレイ化が有用と考えられる。人間の鼻には数百の嗅覚受容体が存在し，これら複数の受容体の応答から特定のにおい分子の検出を行っている。これと同様に，特定の化学種を複数のMOF-量子ビット複合系アレイのパターン認識により検出可能と考えられる。本稿で紹介した系のみを用いた場合，MIL-53中のFUとBQのように近いT_2を示すゲストを見分けることは困難だが，異なるゲスト応答性を示す複数の系を組み合わせることにより，様々なゲストの認識が可能となる。高い空間分解能を持つODMRによる光検出を利用し，緩和時間やスピンの共鳴周波数といったパラメータの変化をマッピングすることで，空間分解能の低いESRでは困難なアレイ中の複数のMOF-量子ビット系の同時検出も実現可能と考えられる（図7）。この「Quantum nose」と呼ぶべき量子ケミカルセンサーアレイにより，生体物質や臭い分子といった様々な疾病や環境のセンシングが今後実現されると期待している。

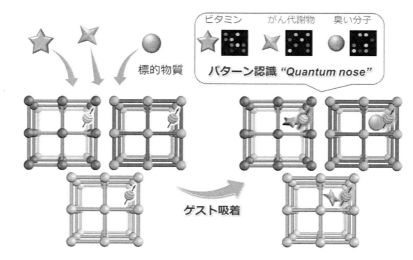

図7　MOF-量子ビット複合系アレイを用いたパターン認識によるゲスト認識の概念図，各複合系の応答パターンから特定のゲストを検出する

第 3 章 量子センシングに向けた MOF 材料の開発

文　　献

1)　J. R. Maze *et al., Nature,* **455**, 644-647（2008）
2)　C. L. Degen *et al., Rev. Mod. Phys.,* **89**, 035002（2017）
3)　X. Guo *et al., Nat. Phys.,* **16**, 281-284（2019）
4)　T. Zhang *et al., ACS Sens.,* **6**, 2077-2107（2021）
5)　P. Rembold *et al., AVS Quantum Sci.,* **2**, 024701（2020）
6)　T. Staudacher *et al., Science,* **339**, 561-563（2013）
7)　C. E. Jackson *et al., Chem. Soc. Rev.,* **50**, 6684-6699（2021）
8)　R. Mirzoyan *et al., Chem. Euro. J.,* **27**, 9482-9494（2021）
9)　A. Yamauchi *et al., Acc Chem Res,* **57**, 2963-2972（2024）
10)　A. Yamauchi *et al., Nat. Commun.,* **15**, 7622（2024）
11)　K. Orihashi *et al., J. Am. Chem. Soc.,* **145**, 27650-27656（2023）
12)　K. Orihashi *et al., Dalton Trans.,* **53**, 872-876（2024）
13)　M. Inoue *et al., Chem. Commun.,* **60**, 6130-6133（2024）
14)　A. Yamauchi *et al., Sci. Adv.,* **10**, eadi3147（2024）
15)　M. Maylander *et al., J. Am. Chem. Soc.,* **143**, 7050-7058（2021）
16)　C. J. Yu *et al., ACS Cent. Sci.,* **7**, 712-723（2021）
17)　S. L. Bayliss *et al., Science,* **370**, 1309-1312（2020）
18)　J. M. Zadrozny *et al., J. Am. Chem. Soc.,* **139**, 7089-7094（2017）
19)　R. M. Jacobberger *et al., J. Am. Chem. Soc.,* **144**, 2276-2283（2022）
20)　Y. Qiu *et al., J. Am. Chem. Soc.,* **145**, 25903-25909（2023）
21)　Y. Z. Dai *et al., Chemphyschem,* **19**, 2972-2977（2018）
22)　H. Mao *et al., J. Am. Chem. Soc.,* **145**, 6585-6593（2023）
23)　Y. Qiu *et al., Angew. Chem. Int. Ed. Engl.,* **62**, e202214668（2023）
24)　F. Xie *et al., J. Am. Chem. Soc.,* **145**, 14922-14931（2023）
25)　L. Sun *et al., J. Am. Chem. Soc.,* **144**, 19008-19016（2022）
26)　M. Maylander *et al., J. Am. Chem. Soc.,* **145**, 14064-14069（2023）
27)　K. Kopp *et al., Chem. Euro. J.,* **30**, e202303635（2024）
28)　A. K. Oanta *et al., J. Am. Chem. Soc.,* **145**, 689-696（2023）
29)　A. Kultaeva *et al., J. Phys. Chem. Lett.,* **13**, 6737-6742（2022）
30)　T. Yamabayashi *et al., J. Am. Chem. Soc.,* **140**, 12090-12101（2018）
31)　Y. Jeong *et al., Appl. Phys. Lett.,* **124**,（2024）
32)　G. Jeschke, *J. Magn. Reson. Open,* **14-15**,（2023）
33)　S. M. Jahn *et al., J. Phys. Chem. Lett.,* **13**, 5474-5479（2022）
34)　J. Soetbeer *et al., Phys. Chem. Chem. Phys.,* **23**, 21664-21676（2021）
35)　J. Chen *et al., J. Phys. Chem. Lett.,* **11**, 2074-2078（2020）
36)　A. Mena *et al., Phys. Rev. Lett.,* **133**, 120801（2024）
37)　T. Loiseau *et al., Chem. Euro. J.,* **10**, 1373-1382（2004）
38)　F. Millange *et al., Angew. Chem. Int. Ed. Engl.,* **47**, 4100-4105（2008）

39) H. Kouno *et al.*, *J. Phys. Chem. Lett.*, **10**, 2208-2213 (2019)

40) S. Fujiwara *et al.*, *Angew. Chem. Int. Ed. Engl.*, **61**, e202115792 (2022)

41) R. Kabe *et al.*, *Nature*, **550**, 384-387 (2017)

42) K. Jinnai *et al.*, *Nat. Mater.*, **21**, 338-344 (2022)

43) M. Attwood *et al.*, *J. Mater. Chem. C*, **9**, 17073-17083 (2021)

44) K. E. Smyser *et al.*, *Sci. Rep.*, **10**, 18480 (2020)

45) R. D. Dill *et al.*, *Nat. Commun.*, **14**, 1180 (2023)

46) D. G. Bossanyi *et al.*, *JACS Au*, **1**, 2188-2201 (2021)

47) Y. Kobori *et al.*, *J. Phys. Chem. B*, **124**, 9411-9419 (2020)

48) S. Fujiwara *et al.*, *J. Am. Chem. Soc.*, **140**, 15606-15610 (2018)

49) Y. Kawashima *et al.*, *Nat. Commun.*, **14**, 1056 (2023)

50) J. H. Cavka *et al.*, *J. Am. Chem. Soc.*, **130**, 13850-13851 (2008)

第4章 シクロデキストリン系 MOF への分子の 導入とナノリアクターとしての機能

永井杏奈[*1], 草壁克己[*2]

1 はじめに

シクロデキストリン（CD）はグルコースが α-1,4 グリコシド結合することにより形成される環状オリゴ糖で，なかでも 8 分子のグルコースから構成される γ-シクロデキストリン（γ-CD）はアルカリ金属イオンとの錯形成を伴い，結晶化が進行することで立方体状の結晶であるシクロデキストリン系 MOF（CD-MOF）が生成する[1]。

CD-MOF は 900 から 1000 m^2/g 程度の高い BET 比表面積を有し，その有機分子吸着性は市販の吸着剤に匹敵する[2]。また，結晶内に最大 1.7 nm の親水性ナノ孔と最大 1.0 nm の疎水性ナノ孔を交互に有する両親媒性ナノ孔結晶として挙動し，親水性分子・疎水性分子を同時に取り込むことが可能である。

CD は γ-CD 以外にも 6 分子，7 分子のグルコースから構成される α-CD，β-CD があり，α-CD と水酸化ルビジウム（RbOH）からなる針状集積体の合成[3]や β-CD と水酸化セシウム（CsOH），テンプレート剤として 1H-1,2,3-トリアゾール-4,5-ジカルボン酸や p-トルエンスルホン酸等を用いることで斜方晶系の新たな CD-MOF 結晶の形成が報告されている[4]。

本章では，γ-CD を原料とした CD-MOF について，分子の導入とナノ反応場としての機能に加えて CD-MOF を用いた応用研究について紹介する。

2 CD-MOF の合成と細孔構造

CD-MOF は γ-CD とアルカリ金属塩をモル比 1：8 で混合した塩基性水溶液をメタノール蒸気と接触させるメタノール蒸気拡散法によって合成される。メタノール蒸気拡散は常温・常圧の条件で実施し，数日から数週間の静置により白色の結晶が析出する。成長した結晶形状はマイクロ～ミリスケールの立方体状であり，結晶表面は平滑である。図 1 に CD-MOF の細孔構造の断面図を示す。CD-MOF は 6 つの γ-CD から構成される（γ-CD）$_6$ ユニットを基本ユニットとして，このユニットが体心立方状に集積することで CD-MOF 結晶が形成される。ユニットの開口部は 0.8 nm とされ，ユニット内部には最大 1.7 nm の親水性空間が存在する。さらに，ユニット

＊1 Anna NAGAI 熊本大学 大学院先端科学研究部（工学系） 助教

＊2 Katsuki KUSAKABE 崇城大学 工学部 ナノサイエンス学科 教授

金属有機構造体（MOF）研究の動向と用途展開

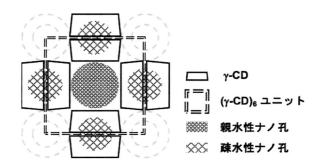

図1　CD-MOFの細孔構造の断面模式図

の連結により，最大1.0 nmの疎水性空間が形成される。このような細孔構造からCD-MOFは，その体積の54%は空間であることが報告されている[1]。

最も研究例が多いアルカリ金属塩として水酸化カリウム（KOH）を用いて合成したCD-MOFはCD-MOF-1と呼称され，実験によって決定された分子式は$[(C_{48}H_{80}O_{40})(KOH)_2(H_2O)_2]_n$に代表される。また，アルカリ金属塩としてRbOHを用いて合成したCD-MOFはCD-MOF-2と命名されている。CD-MOF-1とCD-MOF-2はX線回折パターンから類似した結晶構造であり，図1に示す細孔構造を有する。CsOHや臭化ストロンチウム（$SrBr_2$）をアルカリ金属塩として用いたCD-MOFの合成も報告[5,6]されており，それぞれCD-MOF-3，CD-MOF-4と命名されている。CD-MOF-1(KOH)，CD-MOF-2(RbOH)，CD-MOF-3(CsOH)はいずれも立方体状の結晶であるが，CD-MOF-4($SrBr_2$)では針状結晶である[6]。また，水酸化ナトリウム（NaOH）をアルカリ金属塩として用いた場合は結晶化が困難である[5]。以降は主にCD-MOF-1(KOH)について述べる。

3　CD-MOFの応用

CD-MOFはその細孔特性からガス成分の吸着・分離だけでなく，機能性分子や金属錯体，ナノ粒子の導入によるCD-MOF自身の特性の向上に加えて，新たな特性の発現が期待される。ここではCD-MOFを用いた様々な研究について紹介する。

3.1　吸着・分離への応用

CD-MOFはマイクロ孔が発達しており，CO_2ガスの吸着等温線ではI型が得られる。^{13}C NMRにより，CO_2はグルコースの6位のヒドロキシ基にトラップされることがわかった[2]。常温・常圧下でのCD-MOFへのCO_2ガスの飽和吸着量は24 mg-CO_2/γ-CD-MOFであり，60℃から30℃までのCO_2の吸脱着実験からCO_2吸着エネルギーは-58.22 kJ/molであった。これは炭酸水素塩の形成エネルギー（-66.4 kJ/mol）に近似した値であり，CO_2はCD-MOFへカルボ

第4章　シクロデキストリン系MOFへの分子の導入とナノリアクターとしての機能

ン酸として吸着することが示された[7]。また，CO_2ガスとC_2H_2（アセチレン）ガスの分離性能について，単成分吸着等温線とCO_2/C_2H_2分離サイクル実験により，混合ガス中のCO_2の吸着は選択性が高いことも報告されており，CD-MOFはC_2H_2から微量なCO_2を除去するのに有望であることが示された[8]。その他にもエチレンの吸着および貯蔵特性についても報告されている[9]。

　有機溶媒中の有機分子の分離についての基礎研究で，メタノール中でのCD-MOFへの芳香族カルボン酸の吸着量について検討したところ，酸解離定数の違いやゲスト分子のサイズおよび形状が吸着量に影響することがわかった[2]。

3.2　混合マトリックス膜への応用

　高分子中にCD-MOF結晶をフィラーとして組み込んだ混合マトリックス膜は，高分子膜のガス透過性と選択性のトレードオフを解決するとして注目されている。ポリアクリルニトリルを支持体としてCD-MOFをポリウレタンで挟み込むことで，ポリウレタン膜に対して$O_2/N_2/CO_2$の混合ガス中でのCO_2の透過性のみが大きく向上することが報告された[10]。また，酢酸セルロースに対して0.4 wt.％のCD-MOFを添加した膜は，高いCO_2/CH_4分離選択性を持つこともわかっている[11]。

　ガス分離膜としてだけでなく，ラセミ体の分離にも有効とされており，ポリエーテルスルホンやポリフッ化ビニリデンへCD-MOFを添加した混合マトリックス膜では，1-フェニルエタノールやキラルアミノ酸の高いキラル分離性能が報告されている[12, 13]。

3.3　ドラッグキャリアへの応用

　CD-MOFは原料がグルコース由来であることから，生体適合性が高く薬剤を効率的に取り込むことができるため，薬物の徐放や標的送達の実現が期待されるとしてドラッグキャリアへの応用に向けた研究が盛んに行われている。また，CD-MOFの疎水性と親水性のナノ孔を有する細孔特性からタイプの異なる複数の薬剤を同時に取り込むことも可能となると考えられる。

　イブプロフェンは最も広く使用されている非ステロイド系解熱剤であるが，水や体内環境下での溶解性が低いといった問題があり，イブプロフェン塩や添加剤が用いられることがある。HartleibらはイブプロフェンをCD-MOFに担持し，CD-MOF内に23〜26 wt％の薬物を取り込むことを実証した。*in vivo*実験からイブプロフェンを担持したCD-MOFはイブプロフェンカリウム塩と同じ吸収性を示し，マウス血流中での残存時間も2倍以上であることを報告した[14]。イブプロフェンの他にもクルクミンやフェルラ酸，インドメタシンなどのCD-MOFへの包接による溶解性の向上や放出挙動についての研究が行われている[15~17]。これらの研究は，CD-MOFが生体適合性と薬剤包接徐放機能を兼ね備えたドラッグキャリアとして有望であることを示している。近年では，標的化機能を強化した複合化CD-MOFを用いたがん治療などへの応用研究が進められている[18]。

金属有機構造体（MOF）研究の動向と用途展開

3.4 反応場への応用

CD-MOF 中でのはじめての分子反応は Al-Ghamdi らによって，CD-MOF に対するアセトアルデヒドの吸脱着挙動を調査する中で発見された，アルドール縮合反応である[19]。また，CD-MOF 内での重合反応についても検討されている[20]。

また，原料である γ-CD が還元糖であり，高 pH 環境下で高い還元力を示すことを利用して，CD-MOF のナノ孔中で金属イオンを還元させ，担持させることができる。例えば，硝酸銀のアセトニトリル溶液中に CD-MOF-2 を加え，CD-MOF 内部の還元性により約 2 nm の単分散銀ナノクラスターが自発的に生成する[21]。さらに，原料溶液にルテニウム錯体（トリス（2,2'-ビピリジル）ルテニウム（II）クロリド，$[Ru(bpy)_3]Cl_2$）を加えて CD-MOF-2 を結晶化すると，共結晶化により CD-MOF-2 のナノ孔内部に $[Ru(bpy)_3]Cl_2$ が導入される。アセトニトリル中にこの結晶を 2 週間浸漬しても，$[Ru(bpy)_3]Cl_2$ は溶出しないことから，CD-MOF へ固定化されていることがわかる。この $[Ru(bpy)_3]Cl_2$ を導入した結晶を用いると，$[Ru(bpy)_3]Cl_2$ の光励起による酸化還元反応により Pd 粒子を CD-MOF の細孔中に析出させることができる[22]。また，貴金属ナノ粒子をナノ孔内に析出させた CD-MOF 複合体はわずかに電気伝導性を示す[23]。これらの結果は，CD-MOF 中で金属ナノ粒子や金属ナノクラスターが合成できることが示しているが，合金ナノ粒子の合成反応場として CD-MOF を利用し，その複合体を触媒などに応用した報告はない。

4 CD-MOF への分子導入とナノ反応場としての機能

CD-MOF へのゲスト分子の導入には，吸着法と共結晶化法が用いられる。吸着法は，ゲスト分子の溶解した有機溶媒中に CD-MOF を浸漬することで導入する方法で，導入する分子サイズは 0.8 nm の CD-MOF のナノチャネル最狭部に侵入できるサイズでなければならない。一方，共結晶化法は，CD-MOF の原料溶液に導入したいゲスト分子を溶解させ，メタノール蒸気拡散法による結晶化と同時にゲスト分子を取り込む手法である。この時，CD-MOF の原料溶液は水溶液であることから，親水性の分子しか導入することができない。

ここでは，共結晶化法による疎水性分子の導入手法や CD-MOF のナノ空間を反応場とする研究について紹介する。

4.1 疎水性分子と親水性分子の同時導入

ポルフィリン（PP）とフラーレン（C60）は，それぞれドナー，アクセプターの機能を持つ共役電子系分子であり，光デバイスや人工光合成などへの応用が注目されている。しかし，C60 は固体状態で強い π-π 相互作用による高い凝集を示すため，PP との化学結合などを利用して分散性を向上させることで光電変換特性や電子移動効率の向上が期待される。著者らは化学結合を用いない 2 種の分子の孤立分散を CD-MOF の 2 種類のナノ孔で達成した[24]。

第4章　シクロデキストリン系 MOF への分子の導入とナノリアクターとしての機能

　親水性ナノ孔へは水溶性ポルフィリン（テトラキス-(4-カルボキシフェニル)-ポルフィリン，TCPP）をメタノール蒸気拡散法で CD-MOF 結晶化と同時に導入した（TCPP/CD-MOF）。導入された TCPP はその濃度から（γ-CD)$_6$ ユニット当たり 2.1 分子であり，会合した状態で親水性ナノ孔に位置していると考えられる。

　疎水性分子である C60 は TCPP のように共結晶化法による合成はできないが，2分子の γ-CD に包接されて水に可溶な樽状の C60/γ-CD 包接錯体を形成する。この C60/γ-CD 包接錯体水溶液を原料溶液としてメタノール蒸気拡散により疎水性ナノ孔へ C60 を導入した CD-MOF（C60/CD-MOF）を合成した。C60 の導入量は（γ-CD)$_6$ ユニット当たり 0.27 分子であった。

　CD-MOF 中に孤立した C60 と TCPP 分子は固体状態でそれぞれ強い蛍光を発するが，C60 と TCPP を同時に導入した C60/TCPP/CD-MOF の蛍光強度は TCPP/CD-MOF に比べて弱くなった。これは励起状態の TCPP から C60 への電子移動あるいはエネルギー移動による消光であると考えられる。

　Michida らは中性条件で合成した CD-MOF の親水性ナノ孔への 3,4-エチレンジオキシチオフェン（EDOT）の導入と最大 6 分子での重合を明らかにした[20]。しかし，親水性ナノ孔当たりの EDOT の最大吸着量が 6 分子程度であること，親水性ナノ孔の両隣にはモノマー分子が存在しない疎水性ナノ孔があることから，これ以上の重合は進行しなかった。これまでに CD-MOF のナノ孔間で反応が進行するといった報告はなかったが，著者らは親水性および疎水性モノマーを CD-MOF 結晶内の 2 種のナノ孔に同時に導入し，ワンステップの重合反応で両親媒性の共重合体を合成することに成功した[25]。

　親水性ナノ孔へ EDOT，疎水性ナノ孔へテルチオフェン（TTh）を，吸着法により導入した。CD-MOF に導入された EDOT の平均量は，親水性ナノ孔あたり 4.3 分子，TTh は分子サイズと細孔体積の関係から，疎水性ナノ細孔にほぼ孤立していることが評価された。CD-MOF における EDOT と TTh の共重合は，I$_2$ 蒸気に曝露し，その後 80℃ で 6 時間加熱することで実施した。MALDI-TOF MS 測定により，図2に示すように 2 つの TTh 分子と 4 つまたは 5 つの EDOT 分子からなる共重合体が微量ではあるが検出された。共重合体の化学構造は，EDOT 四量体または五量体の両末端に TTh が結合したものと考えられる。

　これらのことは，CD-MOF の親水性ナノ孔と疎水性ナノ孔間での電子授受や反応進行を明らかにし，ナノリアクターとしての有用性を示したとともに均一な重合度を持つオリゴマーの新規精密重合法として期待できる。

4.2　触媒分子の導入と分子反応性

　CD-MOF 内に固定化した触媒の性能を評価するため，Co(II)TCPP を共結晶化法により CD-MOF 結晶に導入した。（γ-CD)$_6$ ユニットの中心に形成される親水性ナノ孔当たり 0.94 分子の Co(II)TCPP が存在することがわかった。触媒担持量に換算すると 9.8 wt.% であり，CD-MOF を有機金属触媒の担体とすることで，高分散で担持量の高い不均一系触媒を得た。

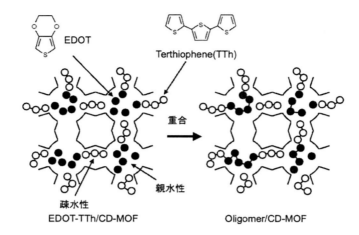

図2　CD-MOFの細孔構造とEDOTおよびTThの共重合反応の模式図

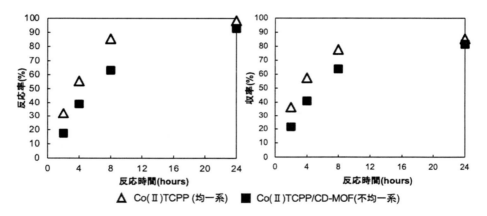

図3　Co(II)TCPPとCo(II)TCPP/CD-MOFを触媒としたクレゾールの反応率と
ジメトキシジ-p-クレゾールの収率（触媒濃度は0.2 mol%）

　図3にCo(II)TCPPを導入したCD-MOF（Co(II)TCPP/CD-MOF）を触媒としたメタノール中での2-メトキシ-4-メチルフェノール（クレゾール）の酸化的カップリング反応[26]の反応率と生成物であるジメトキシジ-p-クレゾールの収率を示す。

　触媒として用いられる金属錯体の多くは，反応溶液に溶解した均一系で高い触媒活性を示すが，反応後の成生物から触媒を取り除くのが難しい。多孔質材料などの担体に固定化させた場合，反応後の触媒の回収は容易になるが，不均一系であることから均一系と比較すると活性が低下する。しかし，CD-MOFのように規則的な細孔空間に触媒分子を孤立させることで，細孔内への反応物・生成物の拡散抵抗のために反応速度はやや低下するものの不均一系触媒でありながら，均一系と同等の反応率および収率を示した[27]。しかし，サイクル性は低く，結晶構造の強化が望まれる。

第4章　シクロデキストリン系MOFへの分子の導入とナノリアクターとしての機能

4.3 疎水性分子の共結晶化法

　ここまで，疎水性分子は吸着法もしくはC60のようにγ-CDと包接錯体を形成させて溶解する手法を用いて導入を可能にした。しかし，その導入量は親水性分子と比較すると極めて少ないことに加え，CD-MOFへ吸着しない分子や分子サイズが小さくγ-CDとの錯形成能が十分ではない場合，CD-MOFへの導入ができない。また，CD-MOFはメタノール，エタノール，アセトンを用いた蒸気拡散法による結晶化が報告されており，例えば，メタノール蒸気拡散法では，水溶液中へのメタノールの拡散によって生じる濃度勾配から，γ-CDの溶解性が変化することで結晶核が発生する。筆者らは，逆に極性溶媒を溶解させた水溶液からの揮発により同様の濃度勾配が生まれ結晶化が起こることを期待して次のような実験を行った。

　疎水性分子として吸着法で導入することができない1-ピレンメチルアミン塩酸塩（PMA）を選択した。CD-MOFの原料溶液に導入分子としてPMA，共溶媒としてテトラヒドロフラン（THF）を加え，メタノール蒸気拡散法による結晶化を検討した。あわせて，メタノール蒸気拡散法に代わって，原料溶液中のTHFの揮発による溶解度の変化を利用した新規結晶化法（THF揮発法）による結晶生成についても検討し，図4のような結果を得た[28]。

　図4(a)はメタノール蒸気拡散法によるCD-MOFおよびPMA導入CD-MOF（PMA/CD-MOF）の結晶生成の概略図を示す。図中の矢印の出発点からTHFやPMA等の疎水性分子を添加することで，γ-CDの原料溶液への溶解性が低下する方向に矢印が伸び，図中の灰色で着色した領域で結晶核の発生と成長が起こることを示している。メタノールが原料溶液中を拡散する一方で，THFを添加した場合は，THFの揮発によってγ-CDの溶解性は増える方向，すなわち，矢印の長さが短くなり，結晶成長に必要な条件を満たすことでTHF添加時においてもCD-MOFおよびPMA/CD-MOFが成長したと考えられる。

　図4(b)にTHF揮発法によるCD-MOFおよびPMA/CD-MOF結晶生成の概略図を示す。

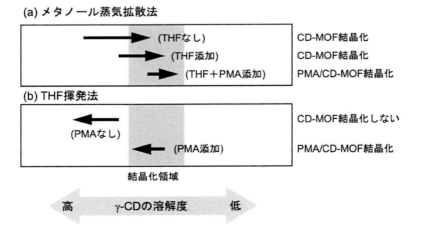

図4　各合成手法でのCD-MOFとPMA/CD-MOFの結晶生成の概略図

PMAを添加しない場合には，THFの揮発に伴って溶液の親水性が増し，γ-CDの溶解性が増す方向になるため，結晶化が進行しなかった。一方，PMA/CD-MOFの結晶化についてはγ-CDの溶解性だけでは説明が困難であり，PMAの溶解性やγ-CDとの錯形成，THFの揮発性を含めた検討を行う必要がある。このような溶媒揮発法による疎水性分子の導入が可能となればCD-MOFへの疎水性分子の新規高効率導入法となり，その複合体は医薬や食品分野への応用が期待される。

4.4　CD-MOFへの種々の分子の導入

図5は，これまでのCD-MOFナノ孔内への種々の分子の導入実験で得られた結晶化収率，BET比表面積および$(\gamma\text{-CD})_6$ユニット当たりに導入された分子数N_Eを整理した結果である。CD-MOFは結晶に欠陥がなく導入分子との相互作用がないと仮定すると，$(\gamma\text{-CD})_6$ユニット当たりに導入可能な最大分子数$(N_E)\max$は，以下に示す分子容積によって計算できる。親水性ナノ孔を直径1.7 nmの球，疎水性ナノ孔を直径1.0 nmの球であると仮定すると，$(\gamma\text{-CD})_6$ユニットは容積2.57 nm³の1個の親水性ナノ孔空間と疎水性ナノ孔3個に相当する全容積1.57 nm³の空間が存在する[25]。導入した分子の容積vは，モル質量M，分子密度d，およびアボガドロ数Nから次式を用いて計算できる。

$$v = M/(Nd) \tag{1}$$

よって，$(N_E)\max$は親水性ナノ孔で$2.57/v$，疎水性ナノ孔では$1.57/v$に相当する。

例えば同じ親水性の分子でも吸着法で導入したフェルラ酸のN_E値は，共結晶化法に比べて大

#	M (g/mol)	合成方法	結晶化収率 (%)	S_{BET}[a] (m²/g)	N_E[b]	Ref.
①	Ferulic acid M=194.2	共結晶化法	19	-	0.18	16)
②	Ferulic acid M=194.2	吸着法	-	915	4.67	2)
③	Phenylalanine M=165.2	共結晶化法	-	-	5.60	2)
④	EDOT M=142.2	吸着法	-	657	6.4	20)
⑤	Fluorescein M=389.4	共結晶化法	58	2.78	0.68	29)
⑥	Rhodamine B M=479.0	共結晶化法	33	2.80	1.2	29)
⑦	TCPP M=790.8	共結晶化法	46	718	2.13	24)
⑧	C60 M=720.7	包接錯体	28	953	0.27	24)
⑨	PMA M=217.3	共結晶化法	25	150	0.12	28)
⑩	PMA M=217.3	THF揮発法	24	40	0.25	28)

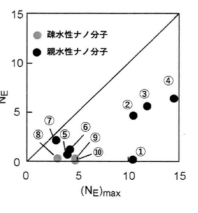

a) S_{BET}: BET比表面積
b) N_E: $(\gamma\text{-CD})_6$ユニット当たりの導入分子数

図5　種々の導入分子の導入方法等や特性を示した表とN_E値と$(N_E)\max$値の相関図

第4章　シクロデキストリン系 MOF への分子の導入とナノリアクターとしての機能

きかった。一方で，フェニルアラニンは共結晶化法でしか導入できなかった。このように分子の種類に応じて最適な導入法を選択しなければならない。

　図5に示す種々の導入分子の N_E 値と（N_E)max 値の相関から，共結晶化法で導入した分子に着目すると，モル質量が150から200 g/mol の範囲にあるフェルラ酸，フェニルアラニンおよび EDOT のような小さな極性分子は親水性ナノ孔の空間の約半分を占有できる。しかし，モル質量が 400 g/mol 以上のフルオレセインやローダミン B のような大きな極性分子は空間占有率が減少した。TCPP は2分子会合体として親水性ナノ孔に導入できるが，TCPP のポルフィン環の外部に置換した官能基の一部は疎水性ナノ孔に位置しているため，N_E 値が（N_E)max 値に近似したと考えられる。

　疎水性分子の導入率は親水性分子に比べて低く，メタノール蒸気拡散法で導入された PMA の N_E 値は 0.12 で，THF 揮発法で導入すると N_E 値は 0.25 であり，導入方法の改善が必要である。

5　おわりに

　本章では，CD-MOF のガス吸着・分離性能や高分子膜のフィラーとして用いることによる機能向上，ドラッグキャリアへの展開について紹介した。また，CD-MOF が結晶内に親水性ナノ孔と疎水性ナノ孔を有する両親媒性多孔質ナノ孔結晶であることに着目し，親水性分子あるいは疎水性分子を選択的に，または，両分子を同時に導入する方法について解説した。これらの導入法がより確固たるものとなれば，導入分子の選択種が増加し，幅広い分野での応用が期待される。さらに，CD-MOF のナノ空間は隣接する親水性ナノ孔-疎水性ナノ孔間にそれぞれ導入された分子間の電子授受や重合反応が可能であり，ナノリアクターとして利用できることを明らかにした。一方で，水に弱いといった問題から触媒担体として用いる場合についてはさらなる研究が必要である。

文　　　献

1)　R. A. Smaldone *et al.*, *Angew. Chem. Int. Ed.*, **49**, 8630（2010）
2)　A. Nagai *et al.*, *Int. J. Biomass Renew.*, **7**, 17（2018）
3)　J. J. Gassensmith *et al.*, *Org. Lett.*, **6**, 1460（2012）
4)　H. Li *et al.*, *Nanoscale*, **9**, 7454（2017）
5)　R. S. Forgan *et al.*, *J. Angew. Chem. Soc.*, **134**, 406（2012）
6)　Y. Wei *et al.*, *Angew. Chem. Int. Ed.*, **51**, 7435（2012）
7)　T. K. Yan *et al.*, *Procedia Eng.*, **148**, 30（2016）
8)　L. Li *et al.*, *ACS Appl. Mater. Interfaces*, **11**, 2543（2019）

9) S. Li *et al., Food Hydrocolloids*, **136**, 108294 (2023)

10) T. S. Fan *et al., ACS Appl. Mater. Interfaces*, **13**, 13034 (2021)

11) O. Mehmood *et al., Greenhouse Gas Sci. Technol.*, **11**, 313 (2021)

12) Y. Lu *et al., J. membr. Sci.*, **620**, 118956 (2021)

13) Q. Ye *et al., J. Environ. Chem. Eng.*, **11**, 109250 (2023)

14) K. J. Hartlieb *et al., Mol. Pharmaceutics*, **14**, 1831 (2017)

15) Q. Sun *et al., Food Funct.*, **12**, 10795 (2021)

16) W. Michida *et al., Cryst. Res. Technol.*, **50**, 7 (2015)

17) A. Wang *et al., J. Drug Delivery Sci. Technol.*, **64**, 102593 (2021)

18) Y. He *et al., Int. J. Pharmaceutics*, **660**, 124310 (2024)

19) S. Al-Ghamdi *et al., J. Cryst. Growth*, **451**, 72 (2016)

20) Michida *et al., Crystal Research & Technology*, **54**, 1700142 (2018))

21) Yanhu Wei *et al., Angew. Chem. Int. Ed.*, **51**, 7435 (2012)

22) S. Han *et al., Chem. Eur. J.*, **19**, 11194 (2013)

23) S. Han *et al., J. Am. Chem. Soc.*, **137**, 8169 (2015)

24) A. Nagai *et al., J. Chem. Eng. Jpn.*, **51** (7), 615 (2018)

25) K. Kusakabe *et al., J. Chem. Eng. Jpn.*, **53** (9), 504 (2020)

26) Q. Jiang *et al., Eur. J. Org. Chem.* **10**, 1861-1866 (2013)

27) A. Nagai *et al., E3S Web of Conf. (ICPEAM2020)*, **287**, 02008 (2021)

28) A. Nagai *et al., J. Chem. Eng. Jpn.* **54** (1), 44 (2021)

29) W. Michida *et al.*, 化学工学論文集, **44** (3), 161 (2018)

第5章　金属有機構造体の活用に向けた
ゲル形成条件の解明

宮嵜伊弦[*]

1　はじめに

1.1　粉末形状の問題点

　多くの場合，金属有機構造体（MOF）はソルボサーマル合成や水熱合成により合成される結果，合成後に粉末形状で得られる[1,2]。しかしながら，実応用の際，粉末形状のままでは様々な問題を生じる[1,3,4]。例えば，カラム内に充填されたフリーな粉末形状のMOFは，圧力によって徐々に圧密化され，カラム内の物質移動抵抗が増大することで，時間とともに著しい圧力損失を引き起こす可能性が指摘されている[2,5]。また，粉末形状はガス貯蔵タンクを汚染することも懸念されている[6]。触媒分野においては，粉末形状のMOFの使用により，触媒のリサイクルが困難になるという問題も指摘されている[7]。

1.2　バルク化に関する先行研究

　そこで，このような問題から，粉末のバルク化に関する研究が数多く行われている。本章では，特に金属有機構造体ゲルを介したバルク化に着目し，金属有機構造体ゲルの形成メカニズムに焦点を当てた解説を行う。これ以外のバルク化方法としては，代表的なものに，粉末の単純圧縮加工[8]，バインダーとの混合状態での引き抜き加工[2]，圧粉焼結[9~12]などがある。このような機械的圧密化およびバルク化に関しては，多くのレビュー論文が存在するのでそちらを参照いただきたい[1,3,4,13,14]。また，MOFの薄膜コーティングは本章の主題である金属有機構造体ゲルとも関連したものであるが，本章では特に薄膜と限定せず，金属有機構造体ゲル自体に焦点を当てる。MOFの薄膜コーティングについても多くのレビュー論文が存在するので，そちらを参照いただきたい[15~17]。本章では，特に金属有機構造体ゲルの形成メカニズムに焦点を当てた解説を行う。

2　金属有機構造体ゲル

2.1　ゲルの定義

　ゲル状態はIUPACによると，「流体によって構造全体に拡大する非流体コロイドネットワークまたはポリマーネットワーク」と定義される[18]。このうち本章では，MOF粒子（MOFP）を

　＊　Izuru MIYAZAKI　㈱豊田中央研究所　省エネルギープロセス研究領域　研究員

コロイド粒子とし，ファンデルワールス力などの非共有結合相互作用によって凝集した金属有機ゲル（MOG）を対象とする。これを明示するために，MOFP ベース MOG と呼ばれることもある[19]が，本章では簡単のために MOF ゲル（MOFG）と呼ぶこととする。コロイド粒子は多くの場合，結晶性の MOF ナノ粒子であることが多い。なお，超分子ゲル，特に超分子メタロゲルも MOFG 同様，金属または金属錯体を含むゲルであるが，こちらは分子が超分子相互作用（水素結合，π-πスタッキングなど）によって凝集したものである[20]。また，MOFP 由来のゲルとしては，MOFP をテンプレートとし，これに架橋配位子を添加して架橋ネットワークを形成，最終的に加水分解によって金属フリーなポリマーゲルを得る方法も提案されているが[21]，本章では MOFP 自体の構造を壊すことなく構造化したものを対象とする。MOFG として報告されているゲル状態としては，空間的に離れた（多くの場合，結晶性の）ナノ粒子が液相を介して弱い非共有性結合でつながったコロイダルネットワークがある。例えば，Bueken らは UiO-66 の湿潤ゲル，キセロゲルおよびエアロゲルを報告しており，X 線回折，透過電子顕微鏡観察，電子線回折，および X 線散乱実験から，ゲル状態が平均粒径 10 nm のナノ結晶粒子がファンデルワールス力によって凝集しているものと推察している[22]。

2.2 金属有機構造体ゲルの長所

このようなゾル－ゲルを介した純粋なモノリシック MOF は，その他のバルク化方法と比較して，多くの長所が存在する。例えば，単純圧縮や圧粉焼結は多くの場合，大きな加圧力が必要だが，これにより MOF の結晶構造が壊れ，全体のポロシティを下げてしまう[1,23~25]。特に，吸着材として用いる場合，重量吸着容量が大きく減少することが問題となる[1]。一方，加圧力が小さいと体積密度が小さくなり，体積吸着容量が減少してしまう[26]。また，バインダーを用いる方法では，バインダーにより MOF の特徴であるポアやチャンネルをブロックすることや，重量および体積当たりの性能を損なうことがある[27]。ゾル－ゲル由来の純粋なモノリシック MOF はこのような問題点を克服できる可能性があるため，近年大きな関心を集めている[28,29]。実際，ゾル－ゲル由来の MOF モノリスは同じ材料内で異なる細孔径領域を形成することができ，結果としてガスの体積吸着容量を向上させることが報告されている[5,30,31]。また，ナノインデンテーション試験から他のバルク化法と比較して優れた機械的強度を有することが報告されている[5]。また最近では，ゲル状態が基板の凹凸に対して柔軟にフィットでき，かつ乾燥後には優れた機械的強度を有するバルク体を形成できることから，熱的および機械的に非常に優れた構造用接合材料としての応用も見出され始めている[32~34]。これは，これまでガス吸着や触媒，セパレータなど機能性材料としての研究が主であった MOF の新たな展開として期待される。

2.3 ゾル－ゲルを介したモノリシック MOF の形成メカニズム

湿潤ゲルからモノリスを形成するメカニズムは現時点では十分に明らかにされているとは言い難いが，乾燥パラメータの選択がマクロ構造の制御に重要であると報告されている。Tian らは，

第 5 章　金属有機構造体の活用に向けたゲル形成条件の解明

反応後に遠心分離を行った状態の未乾燥の HKUST-1 結晶粉末を緩やかに乾燥することで HKUST-1 モノリスが得られることを報告している[5]。このとき，まず乾燥温度が重要であり，ゲルを高温で乾燥させた場合，粉末形状しか得られない。これは，1 次粒子間の間隙から溶媒を高速で除去するため，間隙内の溶媒の気液メニスカス界面での機械的応力により，ゲルのマクロ構造を維持することができないと考えられている。一方，温和な条件で乾燥させる場合，1 次粒子間の間隙に保持された前駆体は界面で核生成しはじめ，既存の 1 次粒子内でエピタキシャル成長する。その結果，新しく形成される MOF がバインダーとして既存の 1 次粒子を密接に連結し，緻密でガラス状のモノリスを形成する。モノリスの TEM 観察からは，1 次粒子が観察されず，連続相からできていると考えられる。このとき，電子線回折と FTIR の結果から 1 次粒子内部のアモルファス相やバインダー相の存在は否定的である。しかし，乾燥プロセスが適切でない場合，アモルファス相を生じることも報告されている[19]。さらに，より高温での乾燥においてモノリスを形成するためには，1 次粒子径が小さいことが重要であることを報告しており，他の研究者によっても同様の主張がされている[35]。また，Tian らは ZIF-8 においても緩やかな乾燥によって緻密なモノリスが形成できることを報告している。ここで興味深いのは，一度高温で乾燥し，粉末形状で得た ZIF-8 を配位子溶液に再度分散，分離，緩やかな乾燥をさせることによってもモノリスが形成できるということである。この結果から Tian らは，1 次粒子を含む高密度ゲルの乾燥中に新たな ZIF-8 が形成され，それが 1 次粒子に対するバインダーとして働くというメカニズムを提案している。湿潤ゲルからのモノリス形成に関しては，最近のレビュー論文が詳しい[36]。

3　金属有機構造体ゲルの形成メカニズム

　MOFG の形成過程やそれに影響する種々の因子に関しては MOF クラスごとに研究が行われている。Li らは，MOFG の形成を二段階で考えている[19]。初期の核生成段階では，金属－溶媒相互作用に比べて金属－配位子結合の方が強くなるため，金属イオンと配位子が MOF クラスターを形成し，これが重合または会合して核生成に至る。その後，時間の経過とともに，配位子や金属イオンの濃度が低下するにつれて，新しい核生成が遅れる。第二段階では，反応条件が前駆体の結晶成長を促進する場合，MOF の結晶化または速い凝集による沈殿につながる。一方で，配位平衡が他の競合する相互作用によって乱されると，MOFP の成長がミスマッチしたり，架橋したりして無秩序にゲル化しうる。したがって，ゲル化のための重要なことは，ゲル化によって MOFP の結晶成長を上回ることができるような平衡条件を見つけることである。Li らは，MIL-53 ゲルの形成において，温和な加熱によってゲル化が進行することを報告しており，これは溶媒，濃度，pH，時間などの諸因子と比較してほとんど認識されていない。温和な加熱は配位結合を他の弱い相互作用と競合するレベルに弱めることでゲル化を進行させる効果があると考えている。ただし，加熱がより高温の場合，水素結合のような他の競合的相互作用が著しく減少

するため，再び配位がゲル化よりも支配的になり，MOFの結晶成長が進行しやすくなることが報告されている[37]。また，Liらは，同じ研究の中で，温度以外の金属と配位子の比率や濃度などの他の因子は，得られるMOFGのゲル化時間と空隙率にのみ影響すると報告している。

　UiO-66のゲル化の傾向には金属源，反応物濃度，水の存在が影響することをBuekenらが報告している[22]。金属源の影響としては，$ZrOCl_2 \cdot 8H_2O$をZr源として用いる場合，$ZrCl_4$を用いる場合と比較して，微結晶析出物ではなくゲル化する傾向が高い。また，反応物濃度を上げると，非流体ゲルが得られる傾向が高かった。この効果は，$ZrOCl_2 \cdot 8H_2O$を金属源として用いた場合に最も顕著である。$ZrCl_4$を用いた合成では，反応物濃度の増加だけではゲル化を誘導するには不十分であった。むしろ，高い反応物濃度と水の添加の組み合わせが，これらの反応混合物にとって決定的であり，後者の増加は，合成をより非流体ゲルへと明らかに誘導する。その理由としては，$ZrCl_4$の加水分解がZr_6クラスターの直接の前駆体の形成を促進するからであると考えている。この研究では，これらの結果を踏まえて，ゲル化は溶液中の高濃度のナノ結晶が急速に形成された結果であると主張している。これは前駆体溶液中の反応物を速やかに消費し，微結晶のMOFPを形成析出するようなさらなる結晶成長を妨げる。粘度が高くなるにつれて，ナノ結晶は弱い非共有結合性の相互作用によるコロイドネットワークを持つゲル状態に凝集する。このときの非共有結合性は主としてファンデルワールス力であるとしている。LiらおよびBuekenらのどちらも，提案しているMOFG形成機構は基本的に同じであり，1次粒子生成後の結晶成長の阻害が重要であるという認識であるが，Liらが加熱などによる直接的な結晶成長阻害に焦点があるのに対し，Buekenらは急速な核生成による間接的な結晶成長阻害に焦点があるという違いがあると言えよう。

　Buekenらの結果とは逆に，水の存在はゲル化にネガティブな効果があるという報告もある。例えば，Weiらは，$DCBTF_6$-Alのゲル化が，EtOHやMeOHなどでは達成されるが，水の添加はゲル化を阻害することを報告している。さらに，HKUST-1ゲルについても，同様に水のゲル化に対するネガティブな効果が報告されている[38]。溶媒のゲル化に及ぼす影響については，Kamlet-Taftパラメータで整理される[39,40]。これはα，β，π^*という3つのパラメータからなり，それぞれ水素結合供与能，水素受容能，溶媒極性を表す。これを用いると，水の高いα（1.17）がMOFGの形成に不利に働く理由であると考えられている[40]。

　ゲル化に影響を与える因子に関しては，先述したBuekenらの報告と同じく，反応物の濃度が高いことがHKUST-1やZIF-8など多くの代表的なMOFにおいてゲル化に重要であると報告されている[41,42]。また，配位子と金属の比もMOFGの形成に重要であると報告されている。例えば，ZhaoらはCd系のMOFGが配位子/金属比が1：1.6〜1：0.4という配位子リッチな組成範囲で合成される傾向があり，1：2.1の比ではCd-MOFが生成することを報告している。また，上で水の存在の影響を取り上げたが，一般に溶媒選択それ自体もMOFGを合成するための重要なパラメータである。これは，ひとつに溶媒が金属イオンと配位することで，金属イオンへの配位子の配位が阻害されるため，核生成に影響を与えるからである。また，コロイド粒子の表面に

第5章　金属有機構造体の活用に向けたゲル形成条件の解明

おける溶媒和効果は，コロイド粒子の自己組織化とゲル化に影響を与えるからである。例えば Chaudhari らは，HKUST-1 ゲルの生成に対して，溶媒として ACN，DMF，DMSO，EtOH，MeOH の影響を調査し，DMSO だけがゲル状態を達成できたことを報告している[42]。DMSO は，Kamlet-Taft パラメータとして，低い α（0）と高い β（0.76）および π^{*}（1.00）を持っており，それがゲル化に有利に働いていると考えられる[40]。

　このように MOF ゲル形成のメカニズムを理解するためには，MOFP の形成とその後の MOFP 間の相互作用の形成を理解する必要がある。そして MOF の結晶化は核生成と成長の二つの過程からなる古典的な結晶化理論で理解できると基本的には考えられている[44]。つまり，通常，過飽和溶液から核生成が生じ，MOFP コロイドが形成される。また，核が系に導入されると結晶成長が起こり始める。核生成と成長は通常互いに競合しており，溶液中の反応物濃度が十分低下すると，両方のプロセスが終了する。この速度論的モデリングには例えば Avrami モデル[45]や Gualtieri モデル[46]などが用いられるが，個々の MOF クラスに依存し，かなり複雑な結晶化機構になっていることが報告されている。例えば，Yeung らは，ZIF-8 の結晶化において，反応物濃度の増加とともに結晶化速度が低下することを報告している[47]。これは明らかに古典的な核生成理論と矛盾する結果である。Yeung らは準安定中間クラスターの存在を導入することで，反応濃度を上げると核生成も結晶成長も阻害されることを説明している。この中で重要なことは結晶化速度と反応経路が反応物濃度に直接依存しているのではなく，準安定中間クラスターの状態に依存しているということである。具体的には，2-メチルイミダゾール（mImH）配位子が化学量論組成よりも過少に配位した場合，結晶化は会合的で速いが，化学量論組成よりも過剰に配位した場合，結晶化は mImH の解離速度によって制限され，その結果遅くなる。

　このように，個々の MOF クラスにおいて，ゲル化に働く因子に関する研究は盛んにおこなわれており，そのメカニズムの理解は進んでいると言えるが，先述したように，水の添加の影響が MOF クラスによってポジティブにもネガティブにも働くなど，ゲル化させるためのパラメータ設定に対して統一的な指針を得ることは難しい。そのため，所望の MOFG の制御可能な合成には依然として多くの時間と労力がかかるという問題がある。

4　ハイスループット実験を用いた金属有機構造体ゲルの形成およびメカニズムの要因分析

　このような問題へのアプローチの一つはハイスループット合成・評価を行うことである。MOF の合成におけるハイスループット合成に関しては，報告は多いとは言えないが，その有効性が確認されている[48]。宮嵜らは，ZIF クラスにおいてゲル状態を合成できる条件を決定するために，金属イオン，配位子，原料の濃度，溶媒，塩基および水の添加の有無の影響を網羅的に調査した[34]。そのために，分注，反応，ゲル化，結晶化処理，XRD による評価までの一連のプロセスを並列・高速に実施する方法を示している（図1）。その結果，約2週間で 473 通りの条件

43

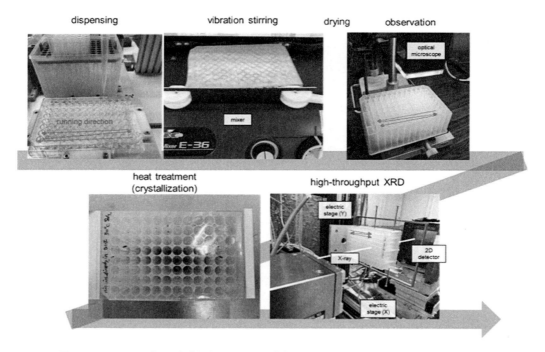

図1 ハイスループット合成評価による金属有機構造体ゲルの形成条件のスクリーニング
Reproduced from Ref. 34 with permission from the Royal Society of Chemistry

の合成から評価までを実施できたとしている．また，得られたデータを統計モデルや機械学習によって分析することで，ゲル化傾向に影響する因子とその効果を明らかにしている．彼らの結果によると，ゲル化傾向が高い条件としては，金属としてはCoよりもZnを用いること，金属源の濃度が低く，反対に配位子の濃度が高いこと，溶媒として水やEtOHよりもDMFを用いること，塩基を添加することとしている．その理由についてのポスト分析はまだ十分に行われていないが，例えば金属濃度が低く，配位子濃度が高いことは，配位子/金属比が小さいことに対応し，ZhaoらのCd系のMOFG形成での結果と一致している[43]．ZIFにおいて，過剰な配位子は塩基として働き，そのほかの配位子の脱プロトン化を促進し，MOF生成の反応を進めることが知られており[49]，これにより反応初期から盛んな核生成が起こることがゲル化に寄与していると考えられる．また，DMFはDMSO同様，Kamlet-Taftパラメータとして，低い α （0）と高い β （0.69）および π^* （0.88）を有するため[40]，ゲル化にポジティブに作用する傾向にあるのだと考えられる．また，塩基の添加も配位子の脱プロトン化に寄与することによると考えられ，これもZIFのナノ粒子合成に関する研究結果と一致している[50,51]．

第5章　金属有機構造体の活用に向けたゲル形成条件の解明

5　結論

　金属有機構造体ゲル（MOFG）に関する先行研究に言及しながら，特に MOFG 形成メカニズムに焦点を当てた解説を行った。先述したように，MOFG には他のバルク化法にはないメリットがあるため，近年盛んに研究が行われている。MOFG 形成に影響する因子は多く，また，核生成，成長，ゲル化の各段階において因子の影響の仕方も個々の MOF クラスに依存して必ずしも単純でないため，一般に所望のゲル状態を制御して実現することには時間と労力がかかる。そのため，近年発展目覚ましい機械学習や AI，ロボット合成評価技術のさらなる活用がそのような問題を解決し，MOFG 形成のさらなる深い理解や効率的な材料開発につながることを期待している。

謝辞

　本稿の作成にあたっては，㈱豊田中央研究所の梅原密太郎博士に原稿を査読いただき，有益なコメントを多数いただきました。この場を借りてお礼申し上げます。

文　　　献

1) M. I. Nandasiri *et al.*, *Coordination Chemistry Reviews*, **311**, 38-52（2016）
2) P. Küsgens *et al.*, *Journal of the American Ceramic Society*, **93**, 2476-2479（2010）
3) J. Ren & B. C. North, *Journal of Technology Innovations in Renewable Energy*, **3**, 12-20（2014）
4) N. Stock &, S. Biswas, *Chemical Reviews*, **112**, 933-969（2012）
5) T. Tian *et al.*, *Nat. Mater.*, **17**, 174-179（2018）
6) O. Ardelean *et al.*, *International Journal of Hydrogen Energy*, **38**, 7046-7055（2013）
7) J. Lee *et al.*, *Chemical Society Reviews*, **38**, 1450-1459（2009）
8) R. Zacharia *et al.*, *Journal of Materials Chemistry*, **20**, 2145-2151（2010）
9) R. N. Widmer *et al.*, *ACS Applied Nano Materials*, **1**, 497-500（2018）
10) I. Miyazaki *et al.*, *ACS Omega*, **7**, 47906-47911（2022）
11) X. Li *et al.*, *Cell Reports Physical Science*, **3**, 100932（2022）
12) Y. Chen *et al.*, *Angew Chem. Int. Ed. Engl.*, **55**, 3419-3423（2016）
13) Q. Zhang *et al.*, *Adv. Sci.（Weinh）*, **9**, e2204141（2022）
14) Q. L. Zhu & Q. Xu, *Chem. Soc. Rev.*, **43**, 5468-5512（2014）
15) D. Zacher *et al.*, *Chemical Society Reviews*, **38**, 1418-1429（2009）
16) A. Bétard & R. A. *Fischer, Chemical Reviews*, **112**, 1055-1083（2012）
17) O. Shekhah *et al.*, *Chemical Society Reviews*, **40**, 1081-1106（2011）

18) IUPAC, IUPAC Compendium of Chemical Terminology : Gold Book, 2.1.0. ed., Research Triagle Park, NC (2009)

19) L. Li *et al., Nat. Commun,* **4**, 1774 (2013)

20) J. Zhang & C.-Y. Su, *Coordination Chemistry Reviews,* **257**, 1373-1408 (2013)

21) Z. Zhuang *et al., Coordination Chemistry Reviews,* **421**, 213461 (2020)

22) B. Bueken *et al., Chem. Sci.,* **8**, 3939-3948 (2017)

23) D. Bazer-Bachi *et al., Powder Technology,* **255**, 52-59 (2014)

24) P. Z. Moghadam *et al., Matter.,* **1**, 219-234 (2019)

25) G. W. Peterson *et al., Microporous and Mesoporous Materials,* **179**, 48-53 (2013)

26) D. G. Madden *et al., Faraday Discuss,* **231**, 51-65 (2021)

27) H. Zhu *et al., Advanced Materials,* **28**, 7652-7657 (2016)

28) M. Tricarico & J.-C. Tan, *Materials Today Nano,* **17**, 100166 (2022)

29) T. Tian *et al., Journal of Materials Chemistry A,* **3**, 2999-3005 (2015)

30) G. J. H. Lim *et al., ACS Materials Letters,* **1**, 147-153 (2019)

31) S. M. F. Vilela *et al., Chem. Commun. (Camb),* **54**, 13088-13091 (2018)

32) I. Miyazaki *et al., Small,* e2300298 (2023)

33) I. Miyazaki *et al., Science and Technology of Advanced Materials,* **25** (2024)

34) I. Miyazaki *et al., Journal of Materials Chemistry A,* **12**, 9102-9112 (2024)

35) P. Horcajada *et al., Advanced Materials,* **21**, 1931-1935 (2009)

36) X. Wang *et al., Chemical Engineering Journal,* **499**, 156241 (2024)

37) E. Stavitski *et al., Angewandte Chemie International Edition,* **50**, 9624-9628 (2011)

38) Y. Qi *et al., Nano Research,* **10**, 3621-3628 (2017)

39) M. J. Kamlet *et al., The Journal of Organic Chemistry,* **48**, 2877-2887 (1983)

40) A. Mallick *et al., Journal of Materials Chemistry,* **22**, 14951-14963 (2012)

41) A. K. Chaudhari *et al., Adv. Mater.,* **27**, 4438-4446 (2015)

42) A. K. Chaudhari & J. C. Tan, *Chem. Commun. (Camb),* **53**, 8502-8505 (2017)

43) C.-W. Zhao *et al., Chemical Communications,* **51**, 15906-15909 (2015)

44) J. Hou *et al., Chem. Sci.,* **11**, 310-323 (2020)

45) M. Avrami *et al., The Journal of Chemical Physics,* **7**, 1103-1112 (1939)

46) A. F. Gualtieri, *Physics and Chemistry of Minerals,* **28**, 719-728 (2001)

47) H. H. Yeung *et al., Angew Chem. Int. Ed. Engl.,* **58**, 566-571 (2019)

48) R. Banerjee *et al., Science,* **319**, 939-943 (2008)

49) M. Jian *et al., RSC Advances,* **5**, 48433-48441 (2015)

50) A. F. Gross *et al., Dalton Trans.,* **41**, 5458-5460 (2012)

51) J. Cravillon *et al., Chemistry of Materials,* **23**, 2130-2141 (2011)

第6章　イオン液体の導入による金属有機構造体の物性制御

木下健太郎[*1], 鄭　雨萌[*2]

1　はじめに

　金属有機構造体（Metal-organic frameworks（MOFs））は巨大な比表面積，高い空隙率，細孔サイズの制御性などの魅力的な特性ゆえに，多様な応用が期待され，幅広い視点から研究開発が行われている。しかし，湿度耐性，強度，ガス吸・脱着特性などが，ゼオライトや炭素など他の多孔体に比べて低く，これらのデメリットが製品の信頼性保証，あるいは製造そのものを困難にしており，本来期待される爆発的な実用化の加速・拡大を妨げている。これらのデメリット克服のため，金属-有機配位子結合の強化[1]，細孔へのパーティション構造[2]や疎水性官能基[3]の導入，2つのMOFのネットワークが互いに入り込んだ2重交差構造を採用することで水の侵入スペースを制限する[4]などMOF結晶構造の最適化や，耐湿[5]あるいは補強[6]のためのコーティング等，様々な工夫が試みられているが，他の物性・機能に悪影響を及ぼしかねない。例えば，MOFの脆弱性を解決すると同時に吸着能の向上を達成するといった，多角的な物性と機能の設計・制御を可能とする手法が求められる。特に，極めて高い分子選択性を活かしたセンサーデバイスの創生など，MOFの持つ稀有な機能・物性を電子デバイスに導入することができれば，デバイス性能の飛躍的な向上に繋がり得る。そのため，今後，MOFの半導体プロセスへの適用性を高めるための物性・機能制御の重要性は急速に高まって行くと考えられる。

　近年，MOFの細孔にイオン液体（IL）を導入し，MOFの物理化学的特性やガス親和性を変化させる試みがなされている。湿度耐性，結晶強度などの物性や，ガス貯蔵，吸着，分離，触媒，イオン伝導などの機能において，ILとMOFの適切な組み合わせによって生成された複合材料がMOF単体に比べ優れた性能を示すことが明らかになってきた。本章では，IL導入によるMOFの物性・機能変調，特に，MOFの微細加工を行う上で重要な，ドライエッチングに対する劣化耐性を著しく向上させる最新の研究結果について紹介する。

2　MOFへのIL充填効果

MOFは，その優れた構造制御性と機能性ゆえに，ゼオライトをはじめとする従来の多孔体を

＊1　Kentaro KINOSHITA　東京理科大学　先進工学部　物理工学科　教授

＊2　Yumeng ZHENG　東京理科大学　先進工学部　物理工学科　助教

凌ぐ代替あるいは新規材料として期待されている。ゼオライトの細孔は硬い四面体酸化物骨格によって構成されているため，これらの材料を特定の用途に合わせて変更することは困難であるが，MOFの細孔サイズと化学的機能性は，目的に合わせて柔軟に調整できる。

　一方，ILは有機カチオンとアニオンのみから構成される，室温付近で液体の塩であり，難燃性，難揮発性，高いデザイン性など多くのメリットを有する。ILはデザイナー液体とも称され，カチオン-アニオンの組み合わせにより物理化学的な特性を調整することができる。強いイオン間相互作用が難揮発性や化学的安定性，電気化学的安定性を与え，ILを理想的な溶媒，電解質にしている。さらに，熱伝導性やイオン伝導性に優れ，様々な応用が期待されるが，液体としての流動性が応用範囲を狭めている。

　有機配位子と金属塩の組み合わせにより，細孔サイズ，形状，細孔壁の物理化学的特性をフレキシブルに調整できる，他の多孔材料にないMOFの優位性はILとの多様な組み合わせを許容する。最近の研究では，MOFの多孔質構造にILを導入することで，MOFの構造的および機能的特徴を強化することに焦点が当てられている。表1にMOFのIL充填効果に関する報告例を示す。

　例えば，MOFの機能として，ガス吸着（CO_2, CH_4, N_2, H_2）に着目した場合，ILを充填しない場合に比べてガス吸着能が低下することが一般的に知られており[7]，IL充填によるMOFへの欠陥導入や有効体積の減少による結果として理解されてきた。しかし，注目すべきことに，0.9 bar以下の圧力領域において，[C_2mim][Tf_2N]を充填したZIF-8，[C_2mim][Tf_2N]@ZIF-8ではZIF-8単体に比べてCO_2吸着能が向上することが報告されており，CO_2吸着の促進が[C_2mim][Tf_2N]におけるCO_2の高い溶解度に起因すると考察されている[8]。したがって，IL導入に伴うガス吸着能の変化は，上記欠陥導入や有効体積に加え，ILアニオンとガス分子との分極相互作用や，金属イオンの配位不飽和サイトとILアニオンおよびガス分子間の競合的吸着などの複合的な効果により，総合的にもたらされると考えるべきであろう。

3　IL@MOFの電子デバイス応用に向けた取り組み

　ガス吸着・分離，吸蔵，触媒などにおけるMOFの卓越した性能を，電子デバイスに応用することができれば，超高感度・高密度・軽量など従来にない優れた特徴を有するセンサーやメモリーの創成に繋がると期待される。ナノ多孔体であるMOFの選択的原子・分子フィルタリングや分子貯蔵，触媒などの突出したメリットを電子デバイス分野で活用できれば，画期的な性能を実現することができるからである。

　MOFの電子デバイス応用へ向けて，（ⅰ）MOFの機械的強度の低さ，（ⅱ）吸湿劣化するため，構造安定性を保証できない，といった点が挙げられてきた[7,9]。Koh *et al.* はCu$_3$BTC$_2$（BTC：1,3,5-benzenetricarboxylic acid）の大型単結晶（mmサイズ）を合成し，そのナノ細孔にILを充填し，充填前後におけるCu$_3$BTC$_2$の物性を調査した。その結果，上記（ⅰ），（ⅱ）の課題がと

第6章　イオン液体の導入による金属有機構造体の物性制御

表 1　MOF の IL 充填効果（MOF の種類、IL の種類、効果、導入方法、文献）

MOF の種類	IL の種類	効果	導入方法	文献
ZIF-8	[C$_2$MIM][Tf$_2$N] [C$_2$OHMIM][Tf$_2$N] [C$_6$MIM][Tf$_2$N] [BzMIM][Tf$_2$N] [C$_{10}$MIM][Tf$_2$N] [P6 6 6 14][Tf$_2$N] [C$_6$MIM][N(CN)$_2$] [C$_6$MIM][C(CN)$_3$] [C$_6$MIM][Cl] [C$_2$MIM][Ac]	IL 充填により ZIF-8 の CO$_2$/CH$_4$ ガス選択特性は向上した。高圧条件下では、CO$_2$ と CH$_4$ の両ガスにおいて、全ての IL@ZIF-8 複合材料の吸着容量は IL 未充填時よりも低下した。これは、IL による MOF 細孔の占有・閉塞に伴う細孔容積の減少が原因である。低圧条件下でも、ほとんどの複合材料は IL 未充填 ZIF-8 よりも低い吸着容量を示した。しかし、[C$_2$MIM][Ac]@ZIF-8 のみ 0.5 bar において CO$_2$ の吸着容量が増加した。これは、IL（特にアニオン）が CO$_2$ と強く相互作用するためである。	wet impregnation	T. J. Ferreira et al. ACS Appl. Nano Mater. **2**, 12, 7933 (2019).
	[bmim][Tf$_2$N]	IL@ZIF-8 は、CO$_2$/N$_2$ および CO$_2$/CH$_4$ 分離において、透過性と選択性両立の観点から、従来の高分子膜の上限を超える高い性能を示した。	ionothermal synthesis	Y. J. Ban et al. Angew. Chem., Int. Ed. **54**, 15483 (2015).
	(EMI$_{0.8}$Li$_{0.2}$) TFSA	IL@ZIF-8 のイオン伝導度は、IL バルクより 2 桁低い。しかし、ZIF-8 の細孔内におけるリチウムイオン拡散の活性化エネルギーは、IL バルクと同等であった。	capillary action	K. Fujie et al. Chem. Mater. **27**, 7355 (2015).
	[Emim][Tf$_2$N]	MOF に取り込むことで、イオン液体は 123 K まで凍結転移を示さない。バルク状態のイオン液体は 231 K で凍結する。	capillary action	K. Fujie et al. Angew. Chem., Int. Ed. **53**, 11302 (2014).
MIL-101	acidic chloroaluminate IL [Bmim]-Cl・AlCl$_3$	液体燃料中に含まれるベンゾチオフェンの液相吸着において、高いサイクル安定性を発揮することが確認された（Ship-in-bottle 法以外の手法で作成された場合との比較）。	ship-in-bottle	N. A. Khan et al. Chem. Commun. **52**, 2561 (2016).

（つづく）

表 1　MOF の IL 充填効果（MOF の種類、IL の種類、効果、導入方法、文献）

(つづき)

MOF の種類	IL の種類	効果	導入方法	文献
MIL-101(Cr)	[MPPyr][DCA]	複合材料 [MPPyr][DCA]@MIL-101(Cr) は低圧下で CO_2/N_2 と CH_4/N_2 選択性が非常に高く、CO_2 を CH_4 および N_2 より完全に選択分離できる。これは [MPPyr][DCA] の高い CO_2 親和性に起因する。	wet impregnation	N. Habib et al., ACS Appl. Eng. Mater. **1**, 1473 (2023).
NH$_2$-MIL-101(Cr)	[C$_3$NH$_2$bim][Tf$_2$N]	CO_2 透過性および CO_2/N_2 分離選択性が向上した。	wet impregnation	J. Ma et al. J. Mater. Chem. A **4**, 7281 (2016).
MIL-101(Cr)	[BMIM][CH$_3$COO]	[BMIM][CH$_3$COO]@MIL101 は、トルエンに対する速い吸着速度、大きな吸着容量、良好な再生性を示した。	wet impregnation	VC Ramos et al. Environ. Res. **215**, 3, 114341 (2022).
UiO-66	[BMIM][CH$_3$COO]	UiO-66 および UiO-66-NH$_2$ に 1 wt % の [BMIM][CH$_3$COO] を添加することで、未充填に比べてトルエンの吸着性能がそれぞれ 14% および 5% 向上した。	wet impregnation	
UiO-66	Na[TFSI] in [Bmpyr][TFSI]	Na$^+$ イオン伝導度の向上が確認された。	wet impregnation	X. Yu, et al. ACS Appl. Mater. Interfaces **13**, 24662 (2021).
UiO-66	[AEIM]PO	CO_2 の吸着容量が向上し、高いリサイクル安定性を示した。	wet impregnation	Zhang et al. Chemical Engineering Journal **471**, 144580 (2023).
Cu$_3$(BTC)$_2$	[BMIM][BF$_4$]	CO_2, H_2, N_2 に対する CH_4 選択性は IL 未充填時の約 1.5 倍に向上した。	wet impregnation	K. B. Sezginel et al. Langmuir **32**, 1139 (2016).
Cu$_3$(BTC)$_2$	[Bmim][Tf$_2$N]	Cu$_3$(BTC)$_2$ の硬度と構造安定性の向上。吸湿劣化耐性の向上が確認された。	wet impregnation	S. G. Koh, et al. J. Phys. Chem. C **126**, 15, 6543 (2022).

第6章 イオン液体の導入による金属有機構造体の物性制御

もに著しく改善することを明らかにした。具体的には，次の通りである。

(i) 図1に［C_4mim］［Tf_2N］を充填する前後におけるCu_3BTC_2単結晶の経時変化の様子を示す。未充填では1時間後には劣化による変化が見られるが，IL充填試料では1週間後も変色せず，X線構造解析からも吸湿による劣化は確認されない（表1文献：Koh et al.）。

(ii) 図2に［C_4mim］［Tf_2N］未充填（青）および充填（赤）されたCu_3BTC_2単結晶におけるナノインデンテーション測定の結果を示す。荷重時と除荷時の力-変位曲線により囲まれる領域が狭いほど試料が硬いことを意味する。即ち，IL充填によりCu_3BTC_2の機械的強度を向上させることができる（表1文献：Koh et al.）。ここで，［C_4mim］(1-butyl-3-methylimidazolium) と［Tf_2N］(bis(tri-fluoromethanesulfonyl amide) はILカチオンとアニオンである。

MOFとILを組み合わせることでMOF応用上の課題であった強度と湿度耐性がともに改善される事実はMOFの電子デバイス分野での応用に向けた大きな一歩と言えよう。

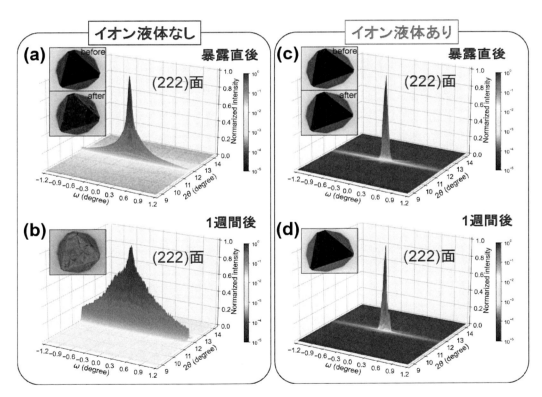

図1　逆格子マッピング測定の結果
(a)大気暴露直後と(b)1週間後のIL未充填Cu_3BTC_2。(c)大気暴露直後と(d)1週間後の［C_4mim］［Tf_2N］充填Cu_3BTC_2。挿入図：測定後の結晶の光学顕微鏡写真（(a)，(c)については測定開始前の写真も示した）。

金属有機構造体（MOF）研究の動向と用途展開

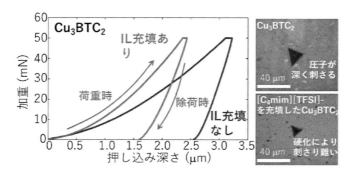

図2 （左）[C₄mim][Tf₂N] 未充填（青）と充填（赤）Cu₃BTC₂ の
ナノインデンテーション測定結果
未充填時（右上）と充填後（右下）の Cu₃BTC₂ の測定後の試料表面。
充填後は強度が上がるため，圧子の刺さる深さが浅い。圧子を押し
付ける力は 50 mN に統一している。

4 微細加工技術の確立に向けた取り組み

　MOF の電子デバイス応用へ向けて，微細加工技術の確立が待たれる。表2に MOF のエッチングに関する報告例を示す。大きくウエットエッチングとドライエッチングに大別されるが，微細デバイスの作製には等方的にエッチングが進行するウエットエッチングに比べ，異方性の高いドライエッチングが有利である（図3）。しかし，Ar ミリングや集束イオンビーム（FIB）などの物理エッチングは MOF に深刻なダメージを与えることが知られている（表2の FIB に関する文献を参照）。Miao et al. は ZIF-L への電子線（EB）照射により照射領域をアモルファス化させることで，水溶性であった ZIF-L 結晶が難水溶性に変質し，水浸漬時に電子線描画パターンが残存することを示した。また，低ドーズの EB 照射により ZIF-L がピリジンへの溶解性を獲得し，ピリジン浸漬時に EB 描画パターンが消失することを示した。これにより，ドーズ量と溶媒を工夫することで EB 描画によって，いわゆる，ネガ・ポジいずれのウエットエッチングも可能であることを示した（表2文献：Miao et al.）。Zhou らは－140℃の低温においてイオン電流 0.23 nA，加速電圧 16 kV で Focused Ion Beam（FIB）加工を行うことにより，Cu₃BTC₂ 単結晶に顕著なダメージを与えることなく微細パターンの形成が可能であることを示した。室温では FIB 照射条件によらず Cu₃BTC₂ の結晶性が損なわれることを確認している（表2文献：Zhou et al.）。ZIF-8 の FIB 加工についても，低温（液体窒素温度）で行う必要があることが報告されている（表2文献：Bardin et al.）。

5 MOF への IL 導入によるエッチング耐性の向上[10]

　鄭・木下らは室温にて MOF への IL 充填が FIB 加工に対する耐性にどのような影響を及ぼす

第6章　イオン液体の導入による金属有機構造体の物性制御

表2　MOFのエッチング技術に関する報告例

エッチング型	方法	効果	文献
Wet	CLIP-MOF	MOFナノ粒子とビスアジド架橋剤のコロイド溶液に，UVまたはEB照射することで照射領域が現像溶媒に対して可溶性になり，wet etchingが可能となる。各種MOF（ZIF-8，ZIF-7，UiO-66，$Cu_3(BTC)_2$）に対して適用が可能である。	X. Tian, et al. Nat Commun 15, 2920 (2024).
Wet	electron beam patterning	ZIF-Lに電子線照射することでwet etchingが可能となる。露光量の多少と現像溶媒の種類を工夫することで，正負どちらのレジストとしても機能する。	Y. Miao and M. Tsapatsis, Chem. Mat. 33, 2, 469 (2021).
Wet	3D oriented MOF micropatterns	X線照射によりMOF（Cu_2L_2DABCO薄膜（L＝BDC/Br_2BDC））を分解させる。分解領域がレジストとして機能し，MeOH/H_2O/AcOH溶液によるwet etchingが可能となる。	M. d. J. Velásquez-Hernández, et al., Adv. Mater. 35, 25 (2023).
Dry	Cryo-FIB	低温環境下ではMOF（HKUST-1，UiO-66）のFIB加工が可能。薄片化により，TEMでの観察が実現した。	J. Zhou et al., J. Am. Chem. Soc. 144, 7, 3182 (2022).
Dry	Cryo-FIB	低温でZIF-8のFIB加工が可能に。薄片化によりTEMでの観察が可能となった。	A. A. Bardin et al., Ultramicroscopy 257, 113905 (2024).

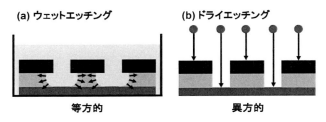

図3　(a)ウエットエッチングと(b)ドライエッチングのイメージ

か調査した。mmサイズのCu_3BTC_2大型単結晶を合成し，120℃に加熱した［C_4mim］［Tf_2N］に浸漬させながら12時間真空下に保持することで，細孔中に残存するCu_3BTC_2の合成溶媒であるDMFを［C_4mim］［Tf_2N］に置換している。図4にCu_3BTC_2に対する［C_4mim］［Tf_2N］の充填率と真空中における浸漬時間の関係を示す。充填率は12時間程度で60％に達し，飽和することが分かる。

露出されているCu_3BTC_2（111）面に対してFIB照射を行った（図5）。図6(a)-(c)にIL充填なしのCu_3BTC_2（傾斜角0°で撮影）と，ILとして［C_4mim］［Tf_2N］を充填したCu_3BTC_2（傾斜角0°および45°で撮影）に対してFIB加工を実施した際の走査電子顕微鏡（SEM）像をそれぞれ示す。FIB（JEOL JIB-4500FE, Beam 7）の加速電圧は30 kV，イオン電流が$3×10^{-10}$ A，加工

金属有機構造体（MOF）研究の動向と用途展開

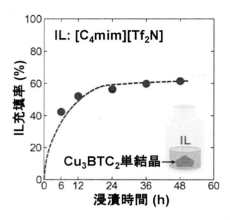

図4 Cu$_3$BTC$_2$に対する[C$_4$mim][Tf$_2$N]の充填率と真空中における浸漬時間の関係

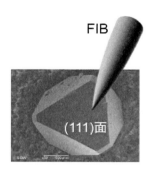

図5 Cu$_3$BTC$_2$（111）露出面に対するFIB照射のイメージ

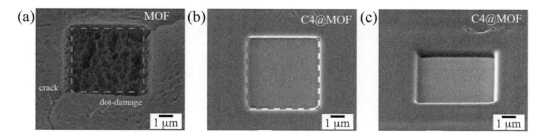

図6 FIB照射後のSEM像
(a)傾斜角0°で撮影されたIL充填なしCu$_3$BTC$_2$のSEM像。傾斜角(b)0°および(c)45°で撮影された[C$_4$mim][Tf$_2$N]充填Cu$_3$BTC$_2$のSEM像。

第6章 イオン液体の導入による金属有機構造体の物性制御

領域は 5×5 μm² である。IL 充填なしではドーズ量 0.5 nC でエッチング領域のみならず，その周辺領域にも激しい劣化，損傷が確認される（図6(a)）。一方，IL を充填した Cu_3BTC_2 では加工領域が狙い通りにエッチングされており，領域内外に損傷は確認されない（図6(b), (c)）。角度 45°から撮影された SEM 像より，側壁も滑らかに加工されていることが分かる。図7(a)-(c)に IL として [C_2mim][Tf_2N] (C2), [C_4mim][Tf_2N] (C4), [C_8mim][Tf_2N] (C8) をそれぞれ充填した Cu_3BTC_2 に対する FIB 加工のドーズ量依存性を示す。ドーズ量 0.5 nC/μm² までは IL 種によらず美しく FIB 加工されている。しかし，1.0 nC/μm² に達すると加工領域の SEM 像に，凹凸あるいは/および物性の変化に起因すると推測される，黒色の異常領域が確認され，2.0 nC/μm² ではその領域が拡大していることが分かる。図8(a)-(c)に C2, C4, C8 をそれぞれ充填した Cu_3BTC_2 に対するドーズ量とエッチング深さの関係を示す。いずれの IL を用いても，ドーズ量 4.0 nC/μm² 付近までエッチング深さはドーズ量にほぼ比例することが分かる。C2, C4, C8 に対するエッチングレートの中央値はそれぞれ 2.08 μm³/nC, 1.53 μm³/nC, 1.74 μm³/nC であった（図8(d)）。0.5 nC/μm² におけるエッチング深さは，C2, C4, C8 充填 Cu_3BTC_2 で，それぞれ

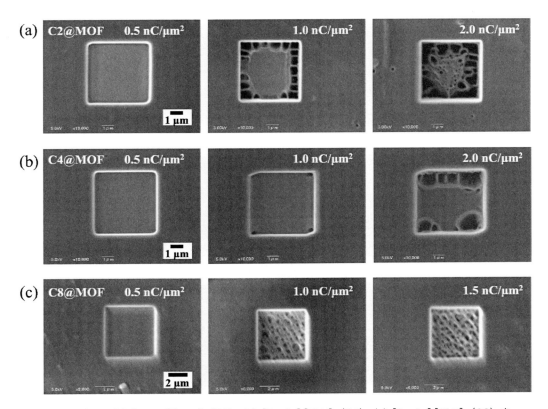

図7 IL として(a) [C_2mim][Tf_2N] (C2), (b) [C_4mim][Tf_2N] (C4), (c) [C_8mim][Tf_2N] (C8) を充填した Cu_3BTC_2 に対する FIB 加工のドーズ量依存性

0.74 μm, 0.81 μm, 0.90 μm であり, 本実験条件ではドーズ量 0.5 nC/μm² に達するまでの時間は約 40 秒であった. ゆえに, イオン電流の調整により nm スケールの MOF の微細加工が可能である. 図 9 に柱状に FIB 加工された C4 充填 Cu₃BTC₂ 単結晶の SEM 像を示す. 側壁が滑らかに加工されており, 柱の高さが μm スケールと高いにもかかわらず, 柱の上面と側壁のなす角は

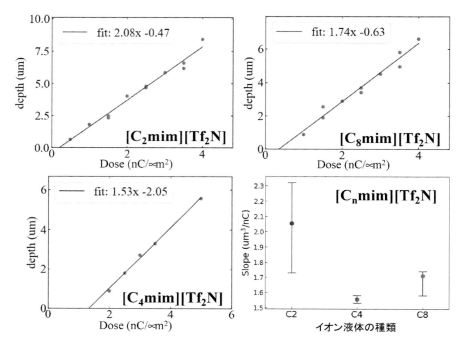

図 8 (a) C2, (b) C4, (c) C8 を充填した Cu₃BTC₂ に対するドーズ量とエッチング深さの関係. (d) C2, C4, C8 をそれぞれ充填した Cu₃BTC₂ に対するエッチングレートの中央値

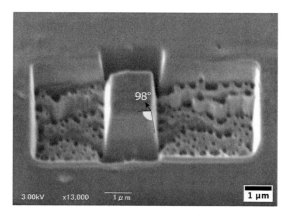

図 9 柱状に FIB 加工された C4 充填 Cu₃BTC₂ 単結晶の SEM 像

第6章　イオン液体の導入による金属有機構造体の物性制御

90°に近く，異方的な加工が行えていることが分かる。筆者の知る限り，これがMOFの常温における FIB 精密加工に成功した初めての例である。

　IL 充填によるエッチング耐性向上の要因は，熱伝導性とイオン伝導性に優れた IL が MOF の低い熱伝導とイオン伝導を補い，電荷と熱を逃すことで，それらの蓄積による結晶の破壊を回避できたためだと考えられる。

6　まとめ

　MOF の細孔に IL を導入し，MOF の物性や機能を変化させる試みについて紹介した。[C₄mim][Tf₂N] を充填した Cu₃BTC₂ では湿度耐性と結晶硬度の向上に加え，FIB に対する劣化耐性が向上し，室温での FIB 加工が可能となった。IL と MOF の高いデザイン性を生かし，適切に組み合わせることによって，MOF 単体に比べ優れた性能を実現できることから，IL@MOF 複合材料は MOF 応用のキーマテリアルとして期待される。

文　　　献

1)　C. Xiao *et al.*, *Chem. Sci.*, **15**, 1570（2024）
2)　Q.-G. Zhai *et al.*, *Acc. Chem. Res.*, **50**, 407（2017）
3)　D. Ma *et al.*, *Chem. Commun.*, **47**, 7377（2011）
4)　H. Jasuja & K. S. Walton, *Dalton Trans.*, **42**, 15421（2013）
5)　D. G. Madden *et al.*, *ACS Appl. Mater. Interfaces*, **12**, 33759（2020）
6)　F. Seidi *et al.*, *Materials*, **13**, 2881（2020）
7)　F. P. Kinik *et al. ChemSusChem*, **10**, 2842（2017）
8)　Y. Ban *et al.*, *Angew. Chem. Int. Ed.*, **54**, 15483（2015）
9)　Ding *et al.*, *Chem. Sci.*, **10**, 10209（2019）
10)　木下健太郎ほか，特願 2024-186805

第7章　Layer-by-Layer法によるMOFナノ薄膜の構築および特異な構造と物性の発現

原口知之[*]

はじめに

近年，多孔性配位高分子（MOF：Metal-Organic Framework）と呼ばれる多孔性の金属錯体が新規多孔性材料として注目を集めている[1~5]。さらにMOFの薄膜化はガスの分離膜やセンサーなどの応用などから注目され，研究が進んでいる。ほとんどのMOFはバルクとほぼ同じ構造と特性を有する一方で，一部のMOF薄膜はバルクでは観測されない特異な構造や特性を示すものが報告されており，これらの現象は表面と界面の効果に起因するものと考えられる[6]。本稿ではそうした表面と界面の効果によって誘起されたと考えられる特異な構造と特性を示すMOFナノ薄膜について紹介する。

1　MOFおよびMOF薄膜について

MOFは金属イオンと有機配位子の配位結合を介した自己集合により形成され，規則正しく配列したナノ細孔を有しているために高い空隙率や結晶性を有しており，ガスの分離や吸蔵特性を示す（図1a）。加えて，活性炭やゼオライトなどの従来の多孔性材料に比べて設計性や物質群としての多様性に優れており，細孔のサイズ，形状などを構成要素の組み合わせによって多彩にコントロールすることができる。さらに，共有結合やイオン結合から形成される剛直な無機多孔性

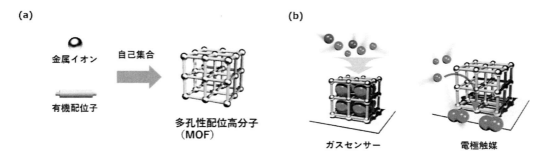

図1　(a)自己集合による多孔性配位高分子（MOF）の形成，(b)MOF薄膜において期待される応用例

---

*　Tomoyuki HARAGUCHI　東京理科大学　理学部第二部　化学科　講師

第7章　Layer-by-Layer 法による MOF ナノ薄膜の構築および特異な構造と物性の発現

材料とは異なり，MOF は比較的弱い配位結合および π-π 相互作用などによって組み上がっているため柔軟な骨格構造であると言え，この点でも従来の多孔性材料とは異なる[7]。

近年，高効率なガスの分離膜やセンサー，電極触媒などの開発のため，MOF を薄膜化する技術が注目されている（図1b）[8,9]。デバイス応用に向けて MOF を薄膜化するには，素機能の集積化や細孔を効率的に利用する観点から，一層ごとに精密に膜厚，結晶成長方向を制御し積層することが求められる。しかしながら初期に報告された MOF ナノ薄膜の構築は，基板を構成要素となる金属イオンと配位子の溶液に単純に浸漬させるだけの手法であり，この手法で得られる薄膜は基板上に結晶子がランダムに配向した多結晶状態であるため，成長サイズや成長方向を制御することは不可能であった[10,11]。このような背景から，MOF ナノ薄膜の逐次的成長だけでなく，成長方向も制御することができる手法としていくつかの手法が近年報告されている。その中で最も有力な手法の一つが膜厚や成長方向（結晶配向性）をコントロールできる Layer-by-Layer (LbL) 法である。LbL 法では，図2に示すように，まず MOF のアンカーとして機能する有機分子を基板に吸着させることで自己組織化単分子膜（Self-Assembled Monolayer, SAM）を形成し，次に，構成要素となる金属イオン，有機配位子の各溶液に順番に一定時間間隔で次々に浸漬していくことで SAM 上に MOF を構築していく[12]。また，LbL 法はナノ薄膜の成長速度や成長方向を制御できるだけでなく，1層ごとの膜成長の様子を分光学的な手法などでモニターできることも大きな特徴である。

このような膜構築方法の発展のおかげで，膜厚と配向性の両方が制御された MOF 薄膜が現れ始めており，構造，配向，厚さなどに基づいて MOF 薄膜の性質を詳細に議論できるようになってきた。このような膜構築方法の発展を背景として，いくつかの MOF 薄膜では，表面/界面効果に起因すると考えられるバルクでは観察されない顕著な構造変化と特性を有するものも報告さ

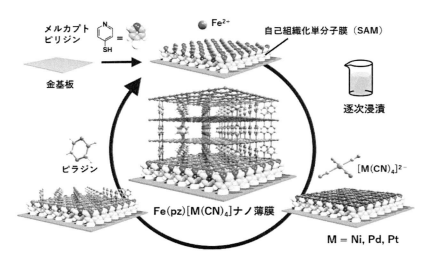

図2　Layer-by-Layer (LbL) 法による MOF 薄膜の構築例 (Fe(pz)[M(CN)$_4$] ナノ薄膜)

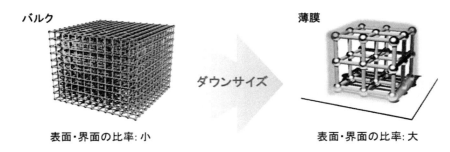

図3　ダウンサイズによる MOF 薄膜における表面/界面の比率の増大

れている[6]。膜厚がナノメートルオーダーに制御された MOF 薄膜においては，基板と MOF の間の界面効果が増大する。さらに，MOF 薄膜の厚さが減ることにより，比表面積が増加し，表面効果も顕著なものとなる（図3）。ただし，これまで報告されているほとんどの MOF 薄膜は配向性が不十分であるか膜厚が大きすぎるために，バルク MOF とほぼ同じ構造と特性となっている点には留意すべきである。

2　三次元ホフマン型 MOF のナノ薄膜化による構造変化およびガス分子吸着特性の変化

2.1　三次元ホフマン型 MOF の逐次構築および構造解析

我々は，三次元ホフマン型 MOF：Fe(pz)[M(CN)$_4$]（pz＝ピラジン；M＝Ni, Pd, Pt）に着目し，LbL 法を用いることで初めて三次元 MOF の結晶配向膜を構築することに成功している[13,14]。この MOF は，Fe^{2+} イオンと [M(CN)$_4$]$^{2-}$ イオンからなるレイヤーが，柱（ピラー）となる Fe^{2+} に配位した pz 配位子によって支えられた，ピラードレイヤー型と呼ばれる剛直な三次元構造を有している。具体的なナノ薄膜の構築は LbL 法に従い以下の手順で行っている（図2参照）。まず，4-メルカプトピリジンのエタノール溶液に金基板（Au/Cr/Si）を浸すことでまずアンカーとなる SAM を基板上に作製し，その後，構成要素となる Fe^{2+} イオンと [M(CN)$_4$]$^{2-}$ イオン，ピラジンを含むエタノール溶液に一定時間間隔で次々に浸していく。これらの手順を 30 サイクル繰り返すことで二次元レイヤー構造と，柱を構築するピラジンが交互に基板上へ導入されることになり，Fe(pz)[M(CN)$_4$] のピラードレイヤー構造が基板上に形成される。このナノ薄膜の成長は赤外反射吸収（IRRAS）法により観測することが可能である。図4に Fe(pz)[Pd(CN)$_4$] について 1〜10 サイクル LbL 法を繰り返した際の IRRAS スペクトルを示すが，サイクル数の増加に伴い，二次元レイヤー内におけるシアノ基の伸縮振動のピークの吸光度は直線的に増加し，目的の MOF が基板上に LbL 法で等量ずつ構築されていることが示唆された。また，Raman スペクトルにおいてもバルクと同様のスペクトルが得られていることに加え，AFM 測定，XPS スペクトル測定などの各種測定から膜の同定を行っている。

第7章 Layer-by-Layer 法による MOF ナノ薄膜の構築および特異な構造と物性の発現

先に述べたように，MOF ナノ薄膜の応用には，基板上において薄膜の配向性をコントロールし作製することは非常に重要である。これらは通常 X 線回折（XRD）を用いて評価されるが，MOF ナノ薄膜はサンプルが薄いことに加えて電子密度が低いために実験室系の X 線を用いた構造評価は一般的に難しいことが多い。そこで SPring-8 の BL13XU ビームラインにおいて放射光 XRD 測定を行うことで，MOF ナノ薄膜の結晶構造および配向性について検討した。図5に示すように，基板面に平行方向の面内（in-plane）配置，基板面に垂直方向の面外（out-of-plane）配置の双方で明瞭な回折ピークが観測されたことから，構築した MOF ナノ薄膜が面内方向および面外方向の双方向で高い結晶性を有していることが明らかとなった。続いて，バルクの結晶構造を基にしたシミュレーションパターンとこの実験で得られた XRD パターンを比較した。out-

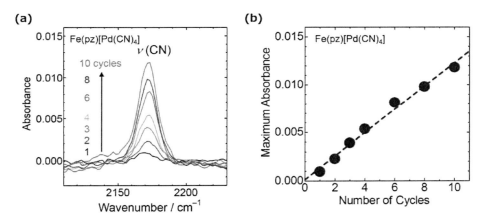

図4 IRRAS スペクトルから追跡した Fe(pz)[Pd(CN)$_4$] ナノ薄膜の膜成長の様子
(a)積層サイクルごとのシアノ基の伸縮振動ピークの変化，(b)吸光度極大値の積層サイクルごとの変化。

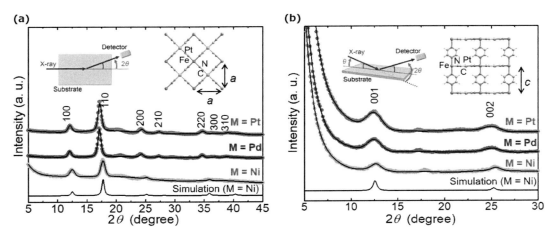

図5 (a)in-plane 配置，(b)out-of-plane 配置における Fe(pz)[Pd(CN)$_4$] ナノ薄膜の放射光 X 線回折パターン
（挿入図左：測定配置の模式図，挿入図右：各回折パターンから得られる周期構造）

of-plane で観測される2つの回折線は001と002に指数付けされ，[M(CN)$_4$]$^{2-}$イオンとFe^{2+}イオンからなる二次元レイヤー間の周期性のみを反映していることが分かる。一方で in-plane の回折線においては，$hk0$ に指数付けされることから二次元レイヤー内の周期性のみを反映していることがわかる。したがって放射光 XRD 測定から，得られた MOF ナノ薄膜が高い結晶配向性を有していることが明らかとなった。この結果は，剛直な三次元構造を持つ MOF ナノ薄膜の完全な結晶配向性を実証した初の例であるといえる。

2.2 MOF ナノ薄膜の構造変化およびガス分子吸着特性

さらに得られた XRD パターンから格子定数を求め，その構造について検討したところ，薄膜はバルクと比較して3～7%の著しい体積収縮を起こしていることが明らかとなった[14]。格子収縮の原因としては，2つの要因が考えられ，その一つは，比表面積の増加である。バルク MOF と比較して，MOF ナノ薄膜の比表面積ははるかに大きく，表面エネルギーと表面歪みが増大する[15,16]。もう1つの格子収縮の要因は界面歪みである。界面歪みによる格子収縮は，2種類の金属酸化物からなるエピタキシャルヘテロ接合膜などにおいても報告されており，2つの金属酸化物間の格子不整合のために界面に歪みが導入される[17,18]。SAM は，MOF と比較して，より小さな長方形の単位格子として形成されることが知られており[19]，この格子不整合 MOF に格子収縮を引き起こすと考えられる。したがって，比表面積と界面歪みの2つが，MOF ナノ薄膜の格子収縮の原因であると考えられる。また，バルクの MOF においては分子を吸着しても格子変化はほとんど起きないが，薄膜においては分子を吸着して層間が可逆的に大きくなる様子が観測された。薄膜の飽和蒸気圧付近の格子定数はバルクのものに近いため，格子収縮していた薄膜が分子吸着することでバルクに近い構造に戻ることでこうした構造変化が観測されると考えられる（図6）。

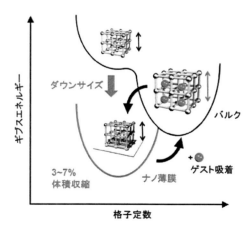

図6 MOF のナノ薄膜化にともなう格子変化とギブズエネルギーの関係

第7章　Layer-by-Layer 法による MOF ナノ薄膜の構築および特異な構造と物性の発現

留意すべき点は，これらの MOF 薄膜はナノメートルサイズの厚さであり，配向が制御された膜であるということである。多くの MOF 薄膜はマイクロメートルオーダーの厚さであり，配向性が全く制御されていない膜も多い。一般に，膜厚が増すにつれて，界面歪みは緩和され，表面比は減少する[20,21]。また，配向性が制御されていない場合では界面歪みは一様にかからず，その議論も難しくなる。したがって，MOF 薄膜に表面/界面効果を誘起するには，その配向性を制御し，膜厚をナノメートルオーダーにすることが求められる。

3　二次元層状ホフマン型 MOF のナノ薄膜化によるガス分子吸着特性の発現

3.1　結晶配向 MOF ナノ薄膜の構築と構造解析

Fe^{2+} イオンと $[Pt(CN)_4]^{2-}$ イオンからなる二次元のレイヤー同士が，ピリジン分子間の $\pi-\pi$ 相互作用を介して組み上がった構造を有する二次元層状ホフマン型 MOF, $Fe(pyridine)_2[Pt(CN)_4]$ についても薄膜および特異な吸着特性が報告されている[22~27]。この MOF はガス吸着測定およびガス雰囲気下での粉末 X 線回折（XRD）測定からバルク状態ではガス吸着能を全く示さないが，LbL 法を用いることで構築したナノメートルサイズの結晶配向膜においては，バルク状態では全く吸着しないエタノール分子などを吸着するとともにゲートオープン型の構造変化を示すようになる（図7）。LbL 法を用いて結晶配向 MOF ナノ薄膜が構築され，放射光 XRD 測定から，MOF ナノ薄膜の結晶構造および配向性について検討された。図8に示すように，基板面に平行方向の面内（in-plane）配置，基板面に垂直方向の面外（out-of-plane）配置の双方で明瞭な回折ピークが観測されたことから，構築した MOF ナノ薄膜が面内方向および面外方向の

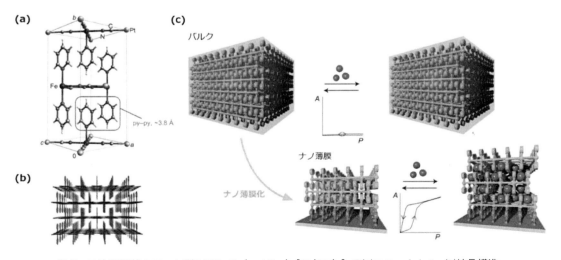

図7　二次元層状ホフマン型 MOF, $Fe(pyridine)_2[Pt(CN)_4]$ の(a)ユニットセル，(b)結晶構造，(c)ナノ薄膜化による MOF のガス分子吸着挙動の発現の模式図[22]

金属有機構造体（MOF）研究の動向と用途展開

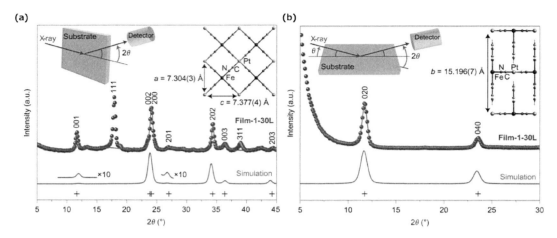

図8 (a) in-plane 配置，(b) out-of-plane 配置における Fe(pyridine)$_2$[Pt(CN)$_4$] ナノ薄膜の放射光 X 線回折パターン
（挿入図左：測定配置の模式図，挿入図右：各回折パターンから得られる周期構造）[22]

双方向で高い結晶性を有していることが明らかとなっている。バルクの結晶構造を基にしたシミュレーションパターンとこの実験で得られた XRD パターンを比較すると，out-of-plane で観測される 2 つの回折線は 020 と 040 に指数付けされ，[Pt(CN)$_4$]$^{2-}$ イオンと Fe^{2+} イオンからなる二次元レイヤー間の周期性のみを反映していることが分かる。一方で in-plane の回折線においては，膜がわずかに傾いていることに由来する 111 と 311 の回折ピークが観測されたものの，それ以外の回折ピークは $h0l$ に指数付けされることから二次元レイヤー内の周期性のみを反映していることがわかる。したがって放射光 XRD 測定から，得られた MOF ナノ薄膜が高い結晶配向性を有していることが明らかとなっている。また，out-of-plane における 020 の回折ピークに着目し，Scherrer の式を用いて膜厚に対応する結晶子サイズを見積もると，16 nm であることが分かり，30 サイクル積層した時の理想的な MOF ナノ薄膜の厚みである 23 nm に近い値となっている。

3.2　MOF ナノ薄膜のガス分子吸着特性および構造変化

MOF ナノ薄膜のガス分子吸着特性を調べるため，エタノール蒸気下において，out-of-plane 配置で *in-situ* XRD 測定が行われた（図9）。各相対圧において 020，040 の回折付近で θ-2θ スキャンを行い，次の相対圧を変化させてから 1 分放置した後に同様のスキャンを行う操作を繰り返し，吸着-脱着の一連のプロセスについて連続測定を行っている。図 9a に示すように吸着過程ではエタノールの相対圧を上げていくにつれて回折線のピーク位置が連続的に低角度側へシフトし，脱着過程では相対圧を下げていくにつれて回折線のピーク位置が高角度側へとシフトしている。0% に戻した時の位置は測定開始時の位置とほぼ同じであり，可逆的なゲスト分子吸脱着が

第7章　Layer-by-Layer 法による MOF ナノ薄膜の構築および特異な構造と物性の発現

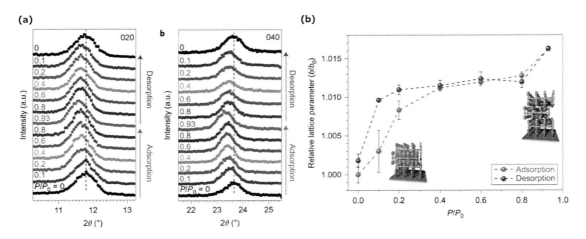

図9　エタノール蒸気下における(a) XRD パターンの変化，(b) MOF ナノ薄膜の層間距離の変化[22]

起こっていることが分かる。さらに図9b で示すように，ピーク位置から計算した格子定数の変化を詳細にみてみると，相対圧が 0.2 以上において MOF の層間距離が広がることでエタノール分子を取り込み，蒸気圧が減少していくと相対圧が 0.1 以下において取り込んだエタノール分子を放出しながら層間距離が縮むことから，ヒステリシスを伴って可逆的な構造変化を示すことが明らかになった。この MOF は，バルク状態ではエタノールを含めてガス分子に対して全く吸着特性を示さないため，MOF をナノ薄膜化することで，特異な構造変化を示すようになることが明らかとなった。さらに膜厚依存性について検討するため，薄膜作製時の LbL 法のサイクル数を増やし，厚みを増やした薄膜（60，120，150 サイクル）が構築された。これらの厚膜においては，エタノールの蒸気にさらしても層間距離はほとんど変化せず，分子が取り込まれないことが明らかとなった。すなわちこれらの結果から，バルクからナノメートルサイズまで薄膜化することで，MOF が有する隠れた分子吸着機能が発現することが示された。

　このような特徴的な吸着・構造変化はゲートオープン現象と呼ばれており，柔軟な骨格構造を有する一部のバルク MOF において観測されている。ゲートオープンは比較的弱い相互作用で形成されている MOF の柔軟性に起因する現象であるため，ナノ薄膜化することで MOF がより柔軟化しているためにこのような特異な吸着現象が発現したと考えることができる。バルク状態において MOF の内部は強い π-π 相互作用によってフレームワークが組まれているために，ガス分子は MOF 内部に入り込むことができない。一方で，ナノ薄膜化すると MOF の表面積の割合は飛躍的に大きくなる。ここで，最表面ではピリジン配位子の数が著しく減っているために π-π 相互作用が弱くなり，これがナノ薄膜の柔軟化に繋がっていると考えられる。したがって，この柔軟化によってゲートオープン型の構造変化のポテンシャル障壁が小さくなり，ガス分子の吸着と構造変化が発現したのではないかと考えられる。このようなナノ薄膜化による吸着現象の発現は他の MOF においても観測できると期待され，様々な MOF においてナノ薄膜化の効果に

ついて検討することで，今後，ナノ薄膜化によるガス分子吸着能の発現の起源について明らかになっていくと期待される。

4 ホフマン型MOFのヘテロ接合膜の作製およびスピン転移の制御

4.1 LbL法によるヘテロ接合膜の作製

LbL法で基板上にMOFを逐次構築していくことで，バルクでは構築できない構造が得られることがあり，その1つがMOFを別のMOFの上にエピタキシャル成長させたヘテロ接合膜である。ヘテロ接合MOF薄膜は，MOFとMOFとの間に設計性の高い界面を持つため，MOF界面の合理的な設計と新しい研究舞台となる可能性を有していると言える。我々はホフマン型MOF，{Fe(pz)[M(CN)$_4$]} [pz = ピラジン；M = Ni(Nipz)，M = Pt(Ptpz)] に着目した[28]。このMOFは，3d^6 電子配置を持つ鉄（II）配位化合物でもあり，温度，光，圧力，ゲスト吸着などの外部刺激によって，常磁性の高スピン（HS, S = 2）状態と反磁性の低スピン（LS, S = 0）状態間でのスピン転移を示す。このMOFを対象にヘテロ接合膜を構築し，構造およびスピン転移の変化について検討した。図10に示すように金基板上にSAMを形成し，LbL法を用いて，まず格子定数の小さなNipzを5層積層し，その上にPtpzを30層積層させることでヘテロ接合膜（Nipz5L-Ptpz30L）を構築した[29]。

構造と配向性を確認するために，SPring-8において放射光XRD測定を実施した。図11に，基板に対して水平方向（in-plane）と垂直方向（out-of-plane）のXRDパターンを示す。in-planeパターンでは，レイヤー内の周期構造を反映したhk0に帰属されるピークのみが観測された一方で，out-of-planeパターンでは，ピラジンを介したレイヤー間の周期構造を反映した001と002のピークのみを示した。これらhk0と00lの回折ピークは，in-planeとout-of-planeのそ

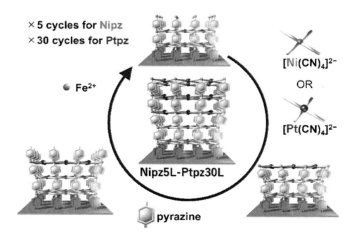

図10　LbL法によるヘテロ接合膜（Nipz5L-Ptpz30L）の作製過程

第7章 Layer-by-Layer 法による MOF ナノ薄膜の構築および特異な構造と物性の発現

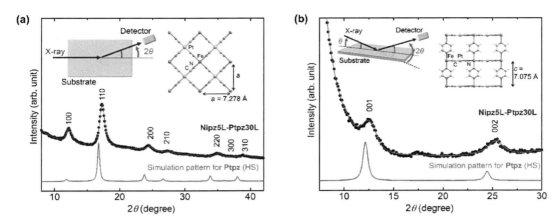

図11 (a) in-plane 配置, (b) out-of-plane 配置におけるヘテロ接合膜（Nipz5L-Ptpz30L）の放射光 X 線回折パターン
（挿入図左：測定配置の模式図，挿入図右：各回折パターンから得られる周期構造）

れぞれで独立に観測され，Nipz5L-Ptpz30L が高い配向性を有していることが明らかとなった。さらに，Nipz5L-Ptpz30L の格子定数（$P4/mmm$, a = 7.28 Å, c = 7.08 Å）を見積もると，これらの格子定数は，HS 状態のバルク Ptpz（a = 7.53 Å, c = 7.32 Å, 293 K）[28]よりも著しく小さく，LS 状態のバルクの Ptpz（a = 7.33 Å, c = 6.94 Å, 293 K）[28]に近い値であり，Nipz5L-Ptpz30L が室温下で HS 状態ではなく LS 状態にあることが示唆された。さらに，Nipz5L-Ptpz30L の格子定数は，LS 状態のバルク Ptpz と比較して面内方向にわずかに減少しており（Δa = -0.05 Å），これは格子の小さな Nipz 層が Ptpz 層に圧縮歪みを与えていることを示している。

4.2 ヘテロ接合膜のスピン転移の検討

スピン状態の検討を行うため，温度可変ラマンスペクトルを行った。図 12a に Nipz5L-Ptpz30L の各温度におけるラマンスペクトルを示す。ホフマン型 MOF のラマンスペクトルでは，1230 cm^{-1} に観測される CH 変角振動モード，δ(CH) の強度が HS 状態から LS 状態に変化する際に増大するため，1030 cm^{-1} のピラジン伸縮振動モード，ν(ring) の強度を δ(CH) に対して規格化するとスピン状態を定量的に測定することが可能となることが知られている[30]。図 12b に規格化した強度比の温度変化を示す。Ptpz30L はバルクの Ptpz と比較してほぼ同じ 300 K 付近でスピン転移が観測されたのに対し，Nipz5L-Ptpz30L は加熱過程で 370 K から 400 K にかけて LS 状態から HS 状態へのスピン転移を示し，冷却過程では 380 K でヒステリシスを伴いながら HS から LS 状態へのスピン転移を示し，一次相転移が生じていることが明らかとなった。Nipz5L-Ptpz30L のスピン転移温度（T_c）を規格化した強度比が 0.65 となる温度と定義すると，冷却過程と加熱過程での T_c はそれぞれ 362 K と 388 K であり，バルクの Ptpz と比較して Nipz5L-Ptpz30L は 80 K の T_c 上昇を示していることが明らかとなった。

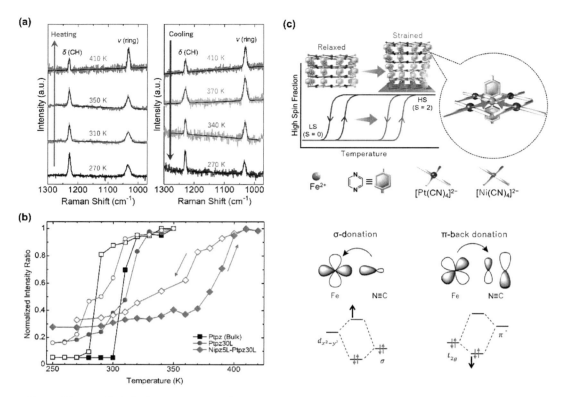

図12 (a)ヘテロ接合膜（Nipz5L-Ptpz30L）の温度可変ラマンスペクトル，(b)正規化されたラマン強度比の温度依存性，(c)圧縮ひずみによって誘起されるスピン転移温度の上昇の概略図

ホフマン型 MOF のようなスピン転移錯体の場合，配位子場が強いと LS 状態が安定化される。図12c に示すように，Ptpz 層に圧縮歪みを与えると，CN 配位子が Fe^{2+} に近づき，CN 配位子から Fe^{2+} への σ 供与により $d_{x^2-y^2}$ 軌道のエネルギーレベルが高くなり，Fe^{2+} から CN 配位子への π 逆供与により t_{2g} 軌道のエネルギーレベルは低くなる。その結果，Fe^{2+} 周りの配位子場が強くなり，LS 状態が安定化する。このように，ナノメートルサイズのヘテロ接合膜を作製することで，MOF のスピン転移挙動を制御できることを初めて実証した。

おわりに

本稿では，結晶配向性を有する三次元および二次元層状のホフマン型 MOF ナノ薄膜に焦点を当て，バルクでは観測されていない表面・界面効果による諸現象について紹介した。LbL 法を用いて金属基板上に MOF ナノ薄膜を配向成長させ，高輝度放射光を用いた XRD によりその構造と配向性を確認した。また，バルクでは発現しない特異な構造変化やガス吸着挙動，スピン転移などの現象が実証されている。今後は，LbL 法によってさまざまな結晶配向性を持つ MOF ナ

第7章　Layer-by-Layer 法による MOF ナノ薄膜の構築および特異な構造と物性の発現

ノ薄膜が構築され，バルクでは観測されない新規現象の発見が期待される。さらに，こうした知見を基盤として，ガスセンサーや電極触媒などへの応用展開が進むと考えられる。

文　　　献

1)　北川進（監修），配位空間の化学—最新技術と応用—，シーエムシー出版（2009）
2)　北川進（監修），ナノサイエンスが作る多孔性材料，シーエムシー出版（2010）
3)　H. Furukawa *et al.*, *Science*, **341**, 1230444 (2013)
4)　S. Kitagawa *et al.*, *Angew. Chem., Int. Ed.*, **43**, 2334 (2004)
5)　O. M. Yaghi *et al.*, *Nature*, **423**, 705 (2003)
6)　T. Haraguchi *et al.*, *Eur. J. Inorg. Chem.*, **16**, 1697 (2018)
7)　S. Horike *et al.*, *Nat. Chem.* **1**, 695 (2009)
8)　J.-L. Zhuang *et al.*, *Coord. Chem. Rev.*, **307**, 391 (2016)
9)　牧浦理恵ほか，第 18 章 多孔性金属錯体の表面ナノアーキテクチャ，CSJ カレントレビューシリーズ No.25 "2 次元物質の化学"，p.172，化学同人（2017）
10)　S. Hermes *et al.*, *J. Am. Chem. Soc.*, **127**, 13744 (2005)
11)　D. Zacher *et al.*, *J. Mater. Chem.*, **17**, 2785 (2007)
12)　O. Shekhah *et al.*, *J. Am. Chem. Soc.*, **129**, 15118 (2007)
13)　K. Otsubo *et al.*, *J. Am Chem. Soc.*, **134**, 9605 (2012)
14)　T. Haraguchi *et al.*, *Inorg. Chem.*, **54**, 11593 (2015)
15)　H. Zhang *et al.*, *Phys. Chem. Chem. Phys.*, **11**, 2553 (2009)
16)　B. Gilbert *et al.*, *Science*, **305**, 651 (2004)
17)　S. A. Chambers & V. A. Loebs, *Phys. Rev. B*, **42**, 5109 (1990)
18)　N. B. Aetukuri *et al.*, *Nat. Phys.*, **9**, 661 (2013)
19)　S. Yoshimoto, *Bull. Chem. Soc. Jpn.*, **79**, 1167 (2006)
20)　N. B. Aetukuri *et al.*, *Nat. Phys.*, **9**, 661 (2013)
21)　K. W. Kolasinski in Surface Science: Foundations of Catalysis and Nanoscience, Wiley-VCH, Weinheim, 305 (2012)
22)　S. Sakaida *et al.*, *Nat. Chem.*, **8**, 377 (2016)
23)　S. Sakaida *et al.*, *Inorg. Chem.*, **56**, 7606 (2017)
24)　T. Haraguchi *et al.*, *J. Am Chem. Soc.*, **138**, 16787 (2016)
25)　K. Otsubo *et al.*, *Coord. Chem. Rev.*, **346**, 123 (2017)
26)　原口知之ほか，多孔性金属錯体のナノ薄膜化による隠されたガス分子吸着特性の発現，アイソトープニュース No.752，p.12，日本アイソトープ協会（2017）
27)　原口知之，北川宏，多孔性金属錯体のナノ薄膜化によるガス分子吸着特性の発現，表面技術 No.07，p.25，表面技術協会（2019）
28)　M. Ohba *et al.*, *Angew. Chem., Int. Ed.*, **48**, 4767-4771 (2009)

金属有機構造体（MOF）研究の動向と用途展開

29) T. Haraguchi *et al.*, *J. Am. Chem. Soc.*, **143**, 16128-16135（2021）
30) S. Cobo *et al.*, *Angew. Chem., Int. Ed.*, **45**, 5786-5789（2006）

第8章 噴霧合成法を用いた金属有機構造体の連続合成および形態制御

久保 優*

1 はじめに

Metal-organic framework（MOF）は金属イオンおよび有機配位子から構成される多孔質材料であり，その高い表面積，細孔容積，細孔設計性から吸着，分離，触媒などの応用が期待されている。MOF を実社会に実装するための一つの課題として，大量生産技術の確立および用途に応じた形態に制御して生産する必要がある。MOF は一般的に金属イオンと有機配位子の前駆体を含む溶液を加熱して析出させるソルボサーマル法によって合成される。しかしソルボサーマル法は，大量の有機溶媒を利用するため高コストかつ高環境負荷であること，長時間の加熱が必要なため高いエネルギーコストが生じること，さらにバッチプロセスであるため品質の再現性を保ったままスケールアップすることが困難であること，などから大量生産には不向きである[1]。社会実装に向けた MOF の生産効率向上を目指し，電気化学的合成法，マイクロ波合成法，メカノケミカル合成法，噴霧乾燥法，連続フロー合成法など，多くの合成手法が検討されている。

本章では，これらの新規合成技術の中でも産業界でも確立されている噴霧乾燥法を元にした噴霧合成法による連続合成技術と，形態制御技術に関して紹介する。

2 噴霧合成法による MOF の連続合成

噴霧合成法は 2013 年に Maspoch らにより初めて報告された MOF の連続合成技術の一つである[2]。これまでに HKUST-1, UiO-66, ZIF-8 など様々な種類の MOF[2~6]，そして Covalent-organic framework（COF）[7]の噴霧合成が報告されている。これらの MOF の噴霧合成は市販のラボスケール噴霧乾燥器，あるいは研究者自作の噴霧乾燥装置を用いて行われる。噴霧合成における MOF 形成メカニズムを図1に示す。金属塩および有機配位子が含まれる溶液を噴霧し液滴とし，その後加熱される。加熱とともに液滴から溶媒が蒸発すると，液滴近傍で前駆体濃度が急激に上昇し，原料同士の自己集合が誘起されることで核形成と結晶成長が起こり，MOF ナノ結晶が形成される。溶媒の蒸発が完了すると，ナノ結晶が球状に凝集した凝集体として得られる[5,8]。得られた凝集体の回収にはろ紙やサイクロンなどにより気相から捕集される。前駆体溶液の噴霧から回収までにかかる時間は数秒程度であり，数時間から数日が必要なソルボサーマル

---

* Masaru KUBO 広島大学 大学院先進理工系科学研究科 化学工学プログラム 准教授

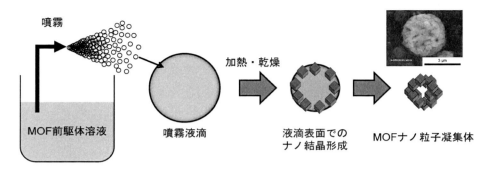

図1 噴霧合成法でのMOF形成メカニズム

法と比べ，結晶形成にかかる時間ははるかに短い。

噴霧合成では数秒で製品回収まで行えるが，このプロセス中のMOF形成過程について温度や圧力といったプロセス操作条件や，濃度，溶媒種，pHといった溶液組成が生成物に与える影響が調べられている。Heらは代表的なMOFであるHKUST-1の噴霧合成における加熱時間の影響を評価した[9]。なおHKUST-1はCuイオンと1,3,5-benzenetricarboxylate（BTC^{3-}）から構成されるBET表面積が最大2000 m^2/gのMOFである。N,N-ジメチルホルムアミド（DMF）を溶媒として用い，温度を100～500℃の条件で噴霧合成を行うと，300℃以下でHKUST-1が合成された。温度の上昇とともに結晶子径が減少することが確認された。これは核生成が優先して起こったためである。また彼らは液滴蒸発についても拡散方程式から考察し，300℃，5 μmの液滴の場合，蒸発が数ミリ秒で起こることを示した。この極短時間での蒸発は他の溶媒を用いた場合でも同様であった。また彼らは加熱時の圧力の影響についても評価しており，圧力が低いほど，溶媒蒸発が早く起こるため，より小さい結晶が形成されることを明らかにした[6]。また前駆体溶液の溶媒の種類によっても生成する結晶の形状が変わることが報告されている。SunらによりHKUST-1の噴霧合成において高い沸点と極性の強さを表すドナー数が高いジメチルスルホキシド（DMSO）をDMFに混合すると，結晶面がはっきりとした粒子が得られることが確認された[10]。

HKUST-1はCu^{2+}イオン自体がMOFを形成する節点（ノード）の役割を持つが，UiO-66やMIL-100などの金属クラスターがノードとなるMOFは，一般的に結晶化のためにより長い反応時間が必要である。このようなMOFを噴霧合成する場合には，溶液の事前加熱や噴霧直前の溶液流路自体を加熱させて金属クラスターを事前に形成させてから噴霧することが必要となる[3,11]。特には八面体構造を持つ$Zr_6O_4(OH)_4$クラスターがテレフタル酸で架橋されたUiO-66の場合，単離されたクラスターを原料として噴霧合成してもUiO-66が合成されることが最近報告された[12]。このように結晶化速度を制御することが噴霧合成では重要な因子となる。

結晶化速度の制御には濃度やpHといった溶液組成も重要となる。Kuboらは様々なカウンターアニオンを持つ銅塩を用いてソルボサーマル合成および噴霧合成でHKUST-1の合成を

第8章　噴霧合成法を用いた金属有機構造体の連続合成および形態制御

行った（図2a）[5]。図2aの横軸に併記しているよう，硝酸銅や塩化銅のような強塩基性のカウンターアニオンを用いた場合，前駆体溶液のpHが低くなった。この溶液でソルボサーマル合成をした場合，pHが低い（硝酸銅，塩化銅）とBET表面積が高くなったのに対し，噴霧合成では結晶性およびBET表面積が低くなった。一方，pHが高くなったギ酸銅や酢酸銅のような弱塩基性塩の場合，ソルボサーマル合成では短時間で沈殿が生じ結晶性およびBET表面積が低くなったのに対し，噴霧合成では高いBET表面積のHKUST-1が得られた。図2bは各金属銅塩を用いた前駆体溶液に，カウンターアニオンに対応する酸を添加し，pHを変化させたときのBET表面積の変化を示す。pHが低くなるほど，BET表面積が低くなることが確認された。

HKUST-1が結晶形成するためには，その有機配位子であるH$_3$BTCが図2cで示すよう，BTC^{3-}へと脱プロトン化する必要がある。pHが高い，つまりH$^+$濃度が低いほどH$_3$BTCは脱プロトン化しやすい。ソルボサーマル合成の場合，pHが高いとBTC^{3-}が多く存在するため，核生成が急激に起こってしまい，前駆体が枯渇してしまい十分に結晶形成できずBET表面積が低下したと考えられる。一方噴霧合成の場合では，pHが高いと噴霧直後に核生成するのはバッチ合成と同様だが，その後の溶媒蒸発により前駆体の上昇が同時に起こるため，完全に蒸発するまで結晶成長が進行する。そのため，噴霧合成ではpHが高いと結晶性および表面積の高いHKUST-1が得られたと考えられる。

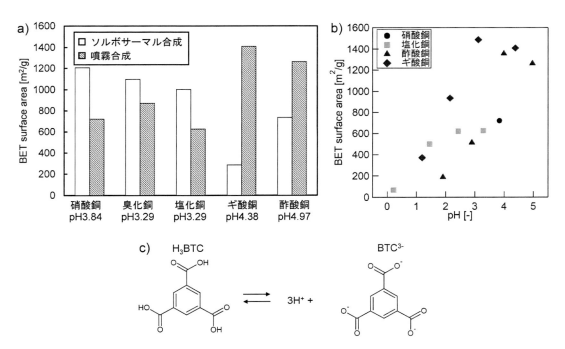

図2　(a)様々な金属銅塩を用いたソルボサーマル合成および噴霧合成で得られたHKUST-1のBET表面積，(b)前駆体溶液への酸添加によるpHとBET表面積の関係，(c)H$_3$BTCのイオン化反応

金属有機構造体 (MOF) 研究の動向と用途展開

以上のような噴霧合成でのMOFの性能向上のための評価だけでなく，連続合成プロセスとしての評価も行われている。これまでにラボスケールの装置では20～500 kg/m³/dayの空時収量での連続合成が報告されている[13,14]。また噴霧合成プロセスの先駆者であるMaspochグループでは，Axel'OneのProDIAプロジェクトでのパイロットスケールの噴霧乾燥機（高さ10 m，直径2 m）を用いた実証試験により，18 kgのHKUST-1を2時間で製造した（空時収量：1000 kg/m³/day）[15]。この例のように噴霧合成プロセスはMOFの大量製造プロセスの一つとして大いに期待されるプロセスである。

3 噴霧合成法によるMOFの形態制御

3.1 複合MOFの合成

機能性ナノ材料を複合した複合MOFは，MOFの優れた細孔特性と機能性物質の機能性をあわせ持つ材料となり，センサーや不均一触媒，スーパーキャパシタ，ガス貯蔵・分離材料としての応用が期待されている[16]。この複合MOFの合成には様々な手法がこれまでに開発されているが，これらの手法の多くは合成に多くの手間がかかる，ナノ粒子を含まないMOFが生じてしまうなどの課題がある。

噴霧合成法は，溶液や粒子懸濁液から粉体を製造する噴霧乾燥法を元にした技術であり，一つの液滴に含まれる溶質あるいは懸濁粒子が析出・凝集することで一つの粒子を形成する。そのため，MOFの噴霧合成の際に複合したいナノ粒子，物質を添加することで，容易に複合MOFを作ることが可能である。

複合するナノ材料としてまず用いられたのが磁性を有するFe₃O₄ナノ粒子である[2]。Fe₃O₄ナノ粒子をHKUST-1と複合することで外部磁場によって集積する液相吸着剤として機能する。

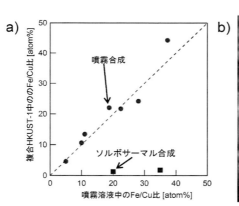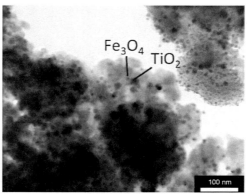

図3 (a)噴霧溶液および複合HKUST-1中のFe/Cu比の関係，(b)Fe₃O₄＋TiO₂ナノ粒子同時複合HKUST-1のTEM写真

第8章　噴霧合成法を用いた金属有機構造体の連続合成および形態制御

図3aは噴霧溶液中のFe/Cu比を変化させ，ソルボサーマル合成および噴霧合成で得られたFe$_3$O$_4$ナノ粒子複合HKUST-1中のFe/Cu比との関係を示す[17]。従来法であるソルボサーマル合成では大部分のFe$_3$O$_4$ナノ粒子が取り込まれなかった一方，噴霧合成法ではほぼ同程度の割合でFe$_3$O$_4$ナノ粒子が複合されたことがわかる。前述のとおり，一つの液滴に存在するナノ粒子はMOFとともに一つの凝集体粒子として得られるため，仕込み比と同等のナノ粒子が複合された。すなわち噴霧合成法ではナノ粒子の含有量の制御が可能である。また図3bの透過電子顕微鏡写真に示すように，Fe$_3$O$_4$およびTiO$_2$ナノ粒子といった異なる特性を有するナノ粒子を一つのHKUST-1中に同時に複合することも可能である。

　光触媒活性を有するTiO$_2$ナノ粒子を複合したHKUST-1はCO$_2$光還元触媒として利用された[9]。TiO$_2$ナノ粒子単体の光還元によるCO収率が11.48 μmol/(g-TiO$_2$-h)であったのに対し，TiO$_2$/HKUST-1は256.35 μmol/(g-TiO$_2$-h)と20倍以上向上した。光還元反応の原料であるH$_2$OとCO$_2$に対する吸着能はHKUST-1がTiO$_2$ナノ粒子よりも優れており，複合HKUST-1中のTiO$_2$触媒への原料の物質移動が促進されたためである。また他にもAu/CeO$_2$ナノ粒子の複合によるCO酸化触媒[18]や，Pdナノ粒子の複合による還元触媒[19]としての応用も報告されている。

　またナノ粒子だけでなく異なる分子を複合することも可能である。例えばLiNO$_3$を添加したHKUST-1前駆体溶液の噴霧合成で得られたLiNO$_3$/HKUST-1を熱処理によりNO$_3$$^-$イオンを分解して得られたLi$^+$ドープHKUST-1は，77 K，1気圧での水素吸着量が2.37 wt%から3.03 wt%に向上した[20]。また吸湿性のあるCaCl$_2$とUiO-66を噴霧合成によって複合することで，仕込みCaCl$_2$量に相当するCaCl$_2$（最大58 wt%）がUiO-66中のマイクロ孔および噴霧合成で形成されるナノ結晶間の粒子間空隙に取り込まれた[21]。このCaCl$_2$/UiO-66は高い吸湿量（湿度90%で2.59 g/g）を持つ固体吸着剤として機能し，水蒸気吸着熱による吸着ヒートポンプとして高い熱電池容量（367 kJ/kg）を示した。

3.2　MOF薄膜の作製

　MOF薄膜は細孔を利用した分離膜や分子認識センサーとしての応用が可能であるため，MOF薄膜を様々な基材上に短時間かつ低コストで作製する技術が求められている[22]。MOF薄膜の作製法には，MOF前駆体溶液に基板を浸漬して基板に膜を成長させる*in situ*製膜法や，金属溶液と有機配位子溶液に繰り返し浸漬することで成長させる液相エピタキシー（Liquid phase epitaxy：LPE）法などがあるが，これらの従来法は作製に数時間から数日の長時間がかかること，また表面修飾を行った基材上にしか製膜できないという問題がある。

　噴霧による表面コーティングは塗装や印刷など幅広い産業で用いられており，短時間かつ大面積の表面へのコーティングが可能である。MOFの薄膜作製についても噴霧を利用した例がいくつか報告されている。Arslanらは，金属イオン溶液，有機リンカー溶液，純溶媒を基板上に噴霧する噴霧LPEプロセスにより配向したHKUST-1薄膜の作製を報告した[23]。このプロセスで

は各溶液の噴霧を自動で切り替えることで、従来のLPEプロセスによる48時間から30分へと、フィルム製造時間が大幅に短縮された。Baladerasらは、金属イオンと有機リンカーをそれぞれ含む2種類のミストを別々に発生させ、それらを混合して加熱基板に輸送することで、わずか2分で発光MOF膜を得た[24]。Zhuangらは、金属イオンおよび有機配位子の双方を含むMOF前駆体溶液をインクジェット印刷し、その後2分間加熱することで、様々な基板上にパターン化されたHKUST-1の堆積物を得られることを実証した[25]。Melgarらは、静電噴霧を利用して、ZIF-7前駆体溶液を加熱した多孔質基材に直接噴霧することにより、20分以内にZIF-7膜を作製した[26]。以上のように噴霧を活用することで製膜にかかる時間を劇的に短くすることが可能である。

Kuboらは、汎用的な二流体ノズルを用いてHKUST-1前駆体溶液を加熱した基板上に噴霧することでHKUST-1薄膜を数分でSilicon基板や多孔質アルミナなど様々な基材上に作製することに成功し、その形成過程について明らかにした[27]。図4にこのプロセスでのMOF薄膜形成過程の模式図を示す。加熱した基板上にMOF前駆体溶液液滴が付着すると溶媒蒸発により、ナノ粒子からなる微小薄膜が形成される。この微小薄膜の上に新たな液滴が付着すると、先に生成された粒子が核となり結晶成長する。その後さらに液滴が継続的に供給されることで均一なMOF薄膜が形成されることとなる。

この噴霧を用いたMOF薄膜作製はいくつもの従来にないメリットがある。まず噴霧液量を変えることで膜厚の制御が容易に可能である。さらに噴霧溶液に添加物を加えることで複合MOF薄膜も作製できる。一例として多層カーボンナノチューブ（MWCNT）を噴霧溶液に添加することで、MWCNT/HKUST-1複合薄膜の作製がされている[27]。この複合膜はMWCNTによってHKUST-1粒子同士が架橋されるため割れにくく、基板から剥離すれば自立膜として得ることも可能である。さらには噴霧あるいは基板自体を稼働させることにより、大面積基材へのMOF薄膜の作製も可能である。

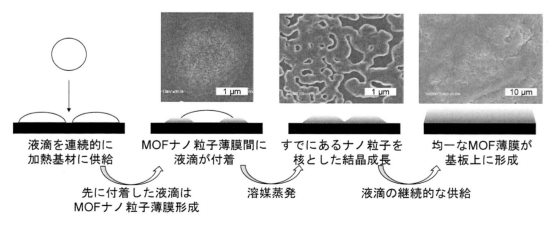

図4　噴霧プロセスによるMOF薄膜形成機構

第8章　噴霧合成法を用いた金属有機構造体の連続合成および形態制御

3.3　階層型細孔を有する MOF の合成

　MOF を用いた吸着や触媒などの応用では，MOF 自体の細孔（主に 2 nm 以下のマイクロ孔）にゲスト分子が補足される，すなわちゲスト分子の物質移動速度が応用の効率を決定するパラメータの一つである。しかし細孔とゲスト分子のサイズが類似しているため，細孔中でのゲスト分子の移動度が低下してしまう問題がある。従来のマイクロ孔骨格にメソ孔（細孔径 2～50 nm）およびマクロ孔（細孔径 50 nm 以上）が追加された階層構造の多孔性 MOF（HP-MOF）は，メソ・マクロ孔がゲスト分子の輸送経路となり，MOF 固有のマイクロ細孔への物質移動の速度が増大し，触媒活性や吸着速度などの向上に寄与する。

　HP-MOF の合成方法として，有機配位子自体を伸長させる方法，後処理によりメソ・マクロ孔を形成する手法，そしてメソ・マクロ孔を形成する鋳型となるテンプレートを添加する手法等が挙げられる。噴霧合成法も HP-MOF を合成する手法の一つといえる。すなわちナノ粒子形成後の蒸発によって形成される凝集体は，マクロ孔となる粒子間空隙および中空構造を有する。そこでテンプレートを添加してメソ孔もあわせ持つ HP-MOF の噴霧合成が行われている。Kubo らはメソ孔を形成するテンプレートとしてセチルトリアンモニウムブロミド（CTAB）とクエン酸を HKUST-1 前駆体溶液に添加した噴霧合成により HP-HKUST-1 を得た[28]。テンプレートを添加することで 30 nm 程度のメソ孔形成が確認され，そのメソ孔容積は未添加の噴霧合成 HKUST-1 の 0.07 cm^3/g から 0.78 cm^3/g に大幅に増大した。またマクロ孔容積も 0.16 cm^3/g から 0.30 cm^3/g に増大した。またこれらの試料でメチレンブルー色素吸着試験を実施した（図5）。マイクロ孔のみのソルボサーマル合成 HKUST-1 は吸着平衡まで 2 時間程度かかった。噴霧合

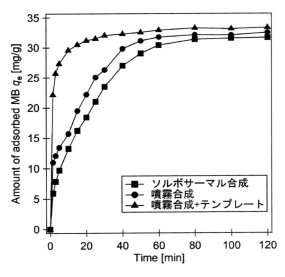

図5　様々な手法で合成した HKUST-1 によるメチレンブルー色素吸着速度曲線（25℃）

成 HKUST-1 は試験開始直後に急激な吸着量の増加が起こり，これはマクロ孔を経由した粒子表面近傍の吸着であると考えられる。その後は粒子内部への吸着により，1時間程度で吸着平衡に達した。一方 HP-HKUST-1 はより早い吸着挙動を示した。試験直後から急激に吸着量が上昇し，30分程度で吸着平衡に達した。これらの吸着速度曲線を擬二次吸着モデルでフィッティングしたところ，速度定数がメソ・マクロ孔容積に比例することがわかった。すなわちテンプレートで形成されたメソ孔と噴霧合成によって形成されたマクロ孔により，HKUST-1 マイクロ孔へのゲスト分子の物質移動が促進されたことを示す。

4 おわりに

本章では噴霧液滴という微小空間をマイクロリアクターとして用いた噴霧合成法による，MOF の連続合成，複合 MOF の合成，MOF 薄膜の作製，そして階層型細孔を有する MOF の合成について紹介した。MOF の噴霧合成はすでに産業で広く用いられている噴霧乾燥をベースとしているため，容易に工業生産につながる技術である。一方で，まだまだ取り組むべき課題は残っている。特に，従来法と比べ，液滴の乾燥は非常に早く起こるため，未反応原料の割合が高い問題がある。この問題の解決のためには，液滴中での熱・物質移動および MOF 形成の反応機構をより詳細に明らかにする必要がある。

文　　献

1)　M. Rubio-Martinez *et al.*, *Chem. Soc. Rev.*, **46**, 3453-3480 (2017)
2)　A. Carné-Sánchez *et al.*, *Nat. Chem.*, **5**, 203-211 (2013)
3)　L. Garzón-Tovar *et al.*, *React. Chem. Eng.*, **1**, 533-539 (2016)
4)　S. Tanaka & R. Miyashita, *ACS Omega*, **2**, 6437-6445 (2017)
5)　M. Kubo *et al.*, *Microporous Mesoporous Mater.*, **245**, 126-132 (2017)
6)　X. He & W.-N. Wang, *Dalton Trans.*, **48**, 1006-1016 (2019)
7)　L. Garzón-Tovar *et al.*, *Chem. Commun.*, **53**, 11372-11375 (2017)
8)　J. Chen *et al.*, *J. Phys. Energy*, **3**, 032005 (2021)
9)　X. He *et al.*, *ACS Appl. Mater. Interfaces*, **9**, 9688-9698 (2017)
10)　J. Sun *et al.*, *Polyhedron*, **153**, 226-233 (2018)
11)　M. Kubo *et al.*, *Crystals*, **14**, 116 (2024)
12)　A. B. Albadarin *et al.*, *Microporous Mesoporous Mater.*, **372**, 113114 (2024)
13)　A. G. Marquez *et al.*, *Chem. Commun.*, **49**, 3848-3850 (2013)
14)　M. Kubo *et al.*, *Adv. Powder Technol.*, **32**, 2370-2378 (2021)
15)　J. Troyano *et al.*, *Acc. Chem. Res.*, **53**, 1206-1217 (2020)

第 8 章　噴霧合成法を用いた金属有機構造体の連続合成および形態制御

16)　G. Li *et al.*, *Adv. Mater.*, **30**, e1800702 (2018)
17)　M. Kubo *et al.*, *Microporous Mesoporous Mater.*, **280**, 227-235 (2019)
18)　A. Yazdi *et al.*, *J. Mater. Chem. A*, **5**, 13966-13970 (2017)
19)　M. Kubo *et al.*, *Adv. Powder Technol.*, **33**, 103701 (2022)
20)　M. Kubo *et al.*, *Materials*, **16**, 5416 (2023)
21)　L. Garzón-Tovar *et al.*, *Adv. Funct. Mater.*, **27**, 1606424 (2017)
22)　Y. Zhang & C.-H. Chang, *Processes*, **8**, 377 (2020)
23)　H. K. Arslan *et al.*, *Adv. Funct. Mater.*, **21**, 4228-4231 (2011)
24)　J. U. Balderas *et al.*, *J. Lumin.*, **212**, 322-327 (2019)
25)　J.-L. Zhuang *et al.*, *Adv. Mater.*, **25**, 4631-4635 (2013)
26)　V. M. Aceituno Melgar *et al.*, *J. Memb. Sci.*, **459**, 190-196 (2014)
27)　M. Kubo *et al.*, *Microporous Mesoporous Mater.*, **312**, 110771 (2021)
28)　M. Kubo *et al.*, *Adv. Powder Technol.*, **35**, 104280 (2024)

【第 2 編：MOF によるガスの吸着・分離・回収】

第 9 章　金属有機構造体（MOF）分離膜の作製と
ガス分離への応用

田中俊輔[*]

はじめに

　無機ゼオライトのように結晶性で均一な細孔構造を有しながら，柔軟性を併せ持つ金属有機構造体（metal-organic frameworks：MOF）は有機ゼオライトとも呼ばれ，ガス吸着，分離，触媒，分子認識などとしての応用が期待されている。MOF を分離膜として応用するには，粉末微結晶で得られる MOF を薄膜化する技術が不可欠である。本稿では，MOF の製膜技術の進展とガス分離への応用研究の射程について述べる。

1　MOF の特徴

　MOF の実用化に向けた研究・開発が，さまざまな分野の企業や大学を巻き込んで進められている[1~5]。現在までに，350 以上のトポロジーからなる 14,000 以上のユニークな MOF が合成されている[6]。さらに，数十万以上のトポロジーが計算で予測されている[7]。設計可能な MOF の構造は，数百万から数十億種類に及ぶとも言われる[8]。MOF のガス吸脱着能は，MOF を応用する上で重要な評価項目の一つである。Llewellyn らは，NIST の吸着材料データベース[9]から 32,000 に及ぶ吸着等温線をハイスループット手法で処理し，MOF の潜在的な分離用途が炭化水素分離，H_2 精製，CO_2 回収に向けられていることを示した（図 1）[10]。

　材料の熱的・化学的安定性は，膜分離だけでなく，多くの産業用途にとって重要な特性の一つである。金属－配位子間の結合の不安定性により，多くの MOF は空気中の水分によって劣化する。金属－配位子の配位結合の加水分解反応あるいは配位子置換反応によるネットワーク構造の崩壊を防ぐには，熱力学的に安定な強い配位結合を利用するか，大きな立体障害を利用して速度論的に安定な構造を作り出すことが有効である。基本的に配位子との配位環境が同じであれば，価数や電荷密度の高い金属イオンほど安定な構造を形成する。この傾向は HSAB 則に則って説明され，MOF 研究における多くの知見によって裏付けられている[11]。HSAB 則によると，カルボキシレート配位子は，Al^{3+}，Cr^{3+}，Fe^{3+}，Ti^{4+}，Zr^{4+} などのハード酸の金属イオンとともに安定な錯体を形成するハード塩基とみなすことができる。MIL シリーズや UiO-66 は，このような組み合わせで合成される構造安定性の高い MOF としてよく知られている（表 1）。一方，ソフ

＊　Shunsuke TANAKA　関西大学　環境都市工学部　エネルギー環境・化学工学科　教授

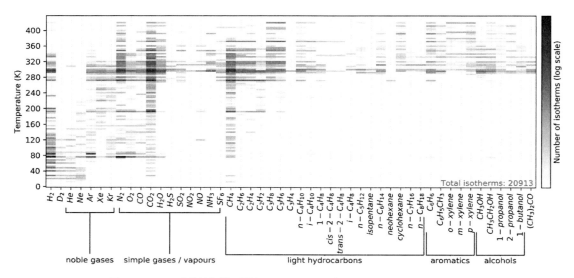

図1　MOFの吸着等温線に関するハイスループットスクリーニングデータ
Reprinted with permission from [10]. Copyright 2020 American Chemical Society.

表1　構造安定性の高い代表的なMOF

MOF	金属	配位子	BET 面積 ($m^2\,g^{-1}$)	細孔容積 ($cm^3\,g^{-1}$)	耐熱性 （活性化温度）
HKUST-1	Cu	benzene-1,3,5-tricarboxylic acid	<ca. 1600	<ca. 0.58	<ca. 300℃（150℃）
MIL-53	Al	benzene-1,4-dicarboxylic acid	<ca. 1500	<ca. 0.60	<ca. 450℃（200℃）
MIL-100	Fe	benzene-1,3,5-tricarboxylic acid	<ca. 1900	<ca. 1.08	<ca. 400℃（150℃）
MIL-101-NH_2	Al	2-amino-1,4-benzenedicarboxylic acid	<ca. 3000	<ca. 1.32	<ca. 350℃（200℃）
MIL-125-NH_2	Ti	2-amino-1,4-benzenedicarboxylic acid	<ca. 1500	<ca. 0.74	<ca. 300℃（200℃）
MOF-74	Mg	2,5-dihydroxyterephthalic acid	<ca. 1100	<ca. 0.65	<ca. 300℃（200℃）
UiO-66	Zr	benzene-1,4-dicarboxylic acid	<ca. 1600	<ca. 0.50	<ca. 400℃（300℃）
UiO-66-NH_2	Zr	2-aminobenzene-1,4-dicarboxylic acid	<ca. 1000	<ca. 0.41	<ca. 300℃（150℃）
UiO-67	Zr	4,4'-biphenyldicarboxylic acid	<ca. 2200	<ca. 1.00	<ca. 300℃（150℃）
CAU-10	Al	benzene-1,3-dicarboxylate	<ca. 640	<ca. 0.27	<ca. 400℃（150℃）
ZIF-7	Zn	benzimidazole	-	<ca. 0.18	<ca. 400℃（120℃）
ZIF-8	Zn	2-methylimidazole	<ca. 1800	<ca. 0.65	<ca. 400℃（200℃）
ZIF-67	Co	2-methylimidazole	<ca. 1500	<ca. 0.60	<ca. 400℃（150℃）
ZIF-90	Zn	imidazole-2-carboxaldehyde	<ca. 1200	<ca. 0.40	<ca. 300℃（120℃）

ト塩基のイミダゾレートおよびアゾレート配位子は，Zn^{2+}，Co^{2+}，Cu^{2+}などのソフト酸の二価金属イオンとともに安定性の高い構造を形成する。もっとも代表的な例は，Zn^{2+}とイミダゾレートからなるZIFシリーズである[12]。

第9章　金属有機構造体（MOF）分離膜の作製とガス分離への応用

2　MOF の薄膜化

2.1　MOF 多結晶膜

　MOF は，シリカやゼオライトをはじめとする無機多孔質材料と同様に，膜の機械的強度を確保するため，多孔質セラミックス支持体上に製膜されることが多く，その製膜方法はゼオライト膜の合成から着想を得ている。MOF は，結晶性多孔質材料という点でゼオライトと類似しているため，ゼオライトと比較されることが多い（表2）。MOF 多結晶膜は，ガス分子の膜透過経路が MOF の細孔であるため，分離対象に最適な構造を選択することで高い分離性能を示す。しかし，結晶間隙やピンホール，結晶内欠陥の形成により，非選択的な透過が起こりうる。結晶間隙が緻密な膜を作製するために，一般的に多結晶膜は種結晶を用いた二次成長法によって作製される[13~16]。2000 年代後半に報告された MOF 膜形成の先駆的研究は，ガス透過結果の報告には至らなかったが，これらの研究に端を発して，MOF を分離膜に応用する研究が広く展開されている。

表 2　MOF とゼオライトの共通点と相違点

	MOF	ゼオライト
組成・構造	・金属（または金属酸化物クラスター）カチオンと有機配位子アニオンとの相互連結構造 ・配位結合性結晶	・電荷補償カチオンを含むアルミノケイ酸塩，カチオンフリーのケイ酸塩，リン酸アルミニウムなど ・共有結合性結晶
合成・構造形成	・比較的温和な条件で合成（常温・常圧の条件も多い） ・OSDA フリーの自己組織化，錯体形成	・高温・高圧の水熱条件下で合成 ・主に有機構造規定剤（OSDA）を利用した自己組織化
活性化	・洗浄による溶媒および未反応物の除去，比較的低温での乾燥による活性化（安価な高分子支持体上での製膜に有利）	・焼成（OSDA の熱分解除去）による活性化（結晶構造や支持体に損傷を与える可能性もある）
細孔・構造変化	・柔軟な構造をもつものもあり，ソフト多孔性結晶とも呼ばれる ・有機配位子の官能基による細孔入口径および吸着相互作用の制御が可能 ・結合角の変化，リンカーのねじれ／回転などの構造柔軟性により細孔径が変化しうる（明確なカットオフを有しない）	・比較的剛直な構造 ・結晶学的に，かつイオン交換による細孔径および吸着相互作用の制御が可能 ・均一な細孔による高度な分子ふるい効果 ・温度変化やゲスト分子の吸着により単斜晶系／斜方晶系間で構造転移するものもある
安定性	・湿度と温度に脆弱なものが多い（例外として ZIF や MIL，UiO など） ・熱力学的に不安定で，容易に高密度相に転移するものも多い	・高湿度・高温でも安定 ・準安定相ではあるが，構造転移の活性化障壁が比較的高く，高密度相への転移は容易ではない

2.2 MOF 膜の作製法と留意点

　MOF を結晶間に空隙がないように相互成長させて薄膜化できれば，分離膜として応用できる。しかし，多結晶膜の作製はそう簡単ではない。結晶間のクラックやピンホール，結晶内欠陥が非選択的透過を引き起こすこと，薄い膜で大面積を実現しなければならないところに課題がある。これまでに MOF 膜の様々な作製方法が提案されている（図2）。

　支持体上に多結晶膜を作製するには，支持体表面で高密度な不均一核生成と結晶成長を制御しなければならない。二次成長法がよく用いられるが，これはあらかじめ準備した種結晶を支持体表面に担持させ，成長させて連続膜を形成するものである（図3）。ディップコーティング[17]，スリップコーティング[18]，ラビング[19] などのシード技術が用いられ，その後ソルボサーマルまたは水熱合成が行われる。一般的に，支持体表面に種結晶を均一に担持させ，薄い膜（<1 μm）を作製することが重要である。支持体表面近傍での結晶成長を促進し，それ以外の場所での核生成の抑制を適える条件が製膜に好ましい。十分な結晶間成長を可能にするには，およそ 100 nm

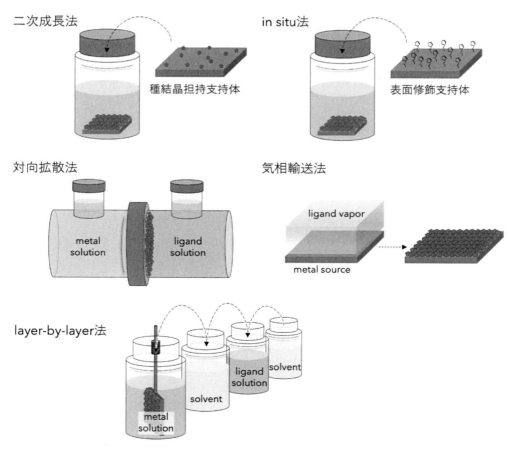

図2　代表的な MOF の製膜方法

第9章　金属有機構造体（MOF）分離膜の作製とガス分離への応用

の種結晶が必要とされる[20]。二次成長法は，薄い膜の成長に不可欠な不均一核生成場を提供する効果的な方法であるが，膜と支持体の接着という点では課題がある。

膜と支持体の接着の課題を解決するため，MOF結晶と支持体を表面修飾剤で結合させる方法が提案されている（図4）[21~24]。これらの化合物は，一端がMOFを構成する金属ノードに配位し，もう一端が支持体と共有結合することができる。支持体に固定化された官能基は，MOFの不均一核生成を引き起こし，結晶成長を促進するため，結晶性が高く，膜厚が比較的薄い連続膜が得

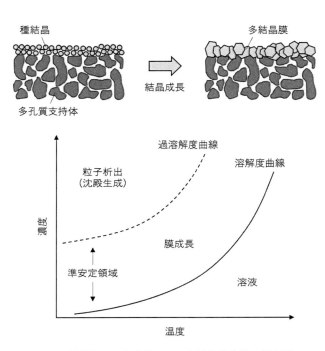

図3　種結晶の二次成長による多結晶膜作製の概念図

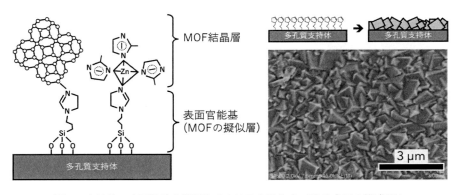

図4　支持体の表面修飾を利用したMOFの核生成／結晶成長の模式図と多結晶膜の電子顕微鏡写真例

85

られる。表面修飾は，セラミック支持体だけでなく，ポリマーを支持体として用いる場合にも有効である[25, 26]。共有結合による表面修飾のほかに，π-π結合が均一に分布するという特徴をもつカーボンナノチューブ（CNT）をコーティングする膜設計が報告されている。Weiらは，あらかじめ固定化した2-メチルイミダゾールがZn^{2+}と容易に反応し，CNTコーティング支持体上に配向したZIF-8膜が成長することを報告している[27]。

多孔質支持体の細孔内にMOFを成長させて固定化することで，膜と支持体間の接着の課題を解決する方法も提案されている。支持体の細孔にMOFを析出させるには，対拡散法が用いられる[28~30]。対拡散法では，金属イオンの溶液と有機配位子の溶液をそれぞれ支持体の両側から供給し，化学ポテンシャル勾配によって拡散する原料が接触する界面にMOF層を形成する。

結晶間隙などの膜欠陥は，多結晶膜における最も重要な課題の一つである。MOF結晶と支持体との熱膨張係数の差が応力の原因となり，膜に欠陥を生じさせる。膜の欠陥は，MOFの活性化過程でも起こりうる。N,N-ジメチルホルムアミドを反応溶媒として合成されたZIF-78膜は，真空下100℃で活性化すると，容易に膜欠陥を形成する[31]。MOF結晶と支持体の材料の熱膨張係数を近づけることが有効であるが，そのような組み合わせを必ずしも選べるとは限らない。これに対して，高温での膜形成後の冷却速度を最適化することで，膜欠陥を低減できることが実証されている[32]。また，膜欠陥の発生を抑制したり，発生した欠陥を修復したりするための合成後修飾法が検討されている。

3　MOF膜の分離性能

3.1　オレフィン／パラフィン分離

MOFは，その優れた細孔構造と組成，および合成法と膜製造法の多様性により，幅広い分離ターゲットに対する可能性が期待されている。MOFはオレフィン／パラフィン分離に有望とみられているが，現在利用可能なMOF膜はわずかである。C_3H_6/C_3H_8の分離に有効であることは実証されているが，C_2H_4/C_2H_6を効率的に分離できることはほとんど報告されていない（表3）[27, 33~37]。

Zn（II）と2-methylimidazolateを構成単位とし，SOD構造を持つZIF-8は，C_3H_6/C_3H_8分離のために最も研究されているMOFである。ZIF-8の有効細孔径は4.0-4.2 Åであるが，およそ7.6 Åの1,2,4-trimethylbenzenでも細孔に入り込むことから[38]，シャープな分子ふるいができないことが示唆される。実際，ZIF-8膜によるCO_2/CH_4分離の選択性はわずか5程度である[39]。一方，ZIF-8の構造柔軟性はC_3H_6/C_3H_8分離に効果的に働き，C_3H_6とC_3H_8の分子サイズをシャープに分画する。ZIF-8におけるC_3H_6/C_3H_8の拡散選択性は理論的に125程度と見積もられており[40]，この値を基準としてZIF-8膜に関するさまざまな研究が行われてきた。Panらは，多孔質アルミナディスク上に作製したZIF-8膜を用いたC_2/C_3炭化水素（C_2H_6/C_3H_8，C_2H_4/C_3H_6，C_2H_4/C_3H_8）の分離を最初に報告している[41]。一方，同時期にBuxらは，C_2H_4/C_2H_6分離の選択

第9章　金属有機構造体（MOF）分離膜の作製とガス分離への応用

表3　代表的な MOF 多結晶膜の C_2H_4/C_2H_6 分離性能

MOF	製膜方法	支持体	膜厚	C_2H_4 透過率 $(mol\ m^{-2}\ s^{-1}\ Pa^{-1})$	C_2H_4/C_2H_6 選択率	Ref.
ZIF-8	microwave-assisted	titania disc	~30 μm	$1.8×10^{-8}$	2.8	[33]
ZIF-8 SURMOF	layer-by-layer	Au-coated $α$-Al_2O_3	-	$0.4×10^{-7}$	2.6	[34]
{100}-oriented ZIF-8	in situ	CNT-supported AAO	~540 nm	$8.1×10^{-8}$	9.6	[27]
randomly oriented ZIF-8	in situ	CNT-supported AAO	~540 nm	$1.9×10^{-7}$	3.4	[27]
Co-gallate	counter-diffusion	$α$-Al_2O_3	3.1 μm	$2.3×10^{-8}$	7.8	[35]
IL/Ag^+-modified $Zn_2(bim)_4$	in situ	$α$-Al_2O_3	ca. 200 nm	$1.5×10^{-8}$	12.0	[36]
IOR-ZIF-8	IOR	AAO	~200 nm	$1.3×10^{-7}$	120	[37]

AAO：anodic aluminum oxide, CNT：carbon nanotube, IL：ionic liquid, IOR：inhibited Ostwald ripening.

性がわずか 2.8 であることを報告している[33]。その後，Zhang らが拡散係数を推定することにより，ZIF-8 の孔径が C_3H_6/C_3H_8 分離に有効であることを示した[42]。さらに，2-aminobenzimidazole (ambz)[43]やイオン液体（IL）/Ag^+[36]を ZIF-8 にドープすることで，膜性能を向上させた報告もある。ZIF-8 は，C_3H_6/C_3H_8 分離の有力な候補として主に採用されており，ZIF-8 以外の膜の報告例は多くない（表4）[20, 24, 27, 29, 30, 36, 44〜52]。

　Brown らは，polyamide-imide 中空糸（Torlon®）上に ZIF-8 膜を作製するために，interfacial microfluidic membrane-processing（IMMP）法を考案した[44]。IMMP 法では，中空糸の片側に 2-methylimidazole 水溶液を供給し，反対側に硝酸亜鉛の 1-octanol 溶液を連続的に供給して対向拡散させ，非相溶界面で ZIF-8 膜が形成する。この方法は，低コストで高比表面積の中空糸を複数同時に処理できるため，膜のスケールアップや大量生産に有望である。Brown らの最初の報告では，膜欠陥の存在により，C_3H_6/C_3H_8 の選択性はわずか 12 であった。その後，膜形成を制御し，膜成長プロセスと中空ファイバーの微細構造を最適化することで，C_3H_6/C_3H_8 選択率は 180（供給ガス圧力 1 bar の場合）に達した[45]。また，供給ガス圧力が 9.5 bar の場合でも，C_3H_6/C_3H_8 選択率 90 が維持されることが確認された。

　多結晶膜の分離選択性を向上させるためには，隣接する結晶間の微細構造を制御するほかに，MOF の構造柔軟性を制御することも重要である。ZIF の場合，配位子の回転を起因とする柔軟性により，より大きな分子が透過し，分子ふるい効果が低下する。ZIF-8 膜は，C_3H_6/C_3H_8 の分離に極めて有効であることが実証されている（表4）。この分離性能は，6 員環の 2-methylimidazole が開口部を拡大する「スイング効果」によるものである。対照的に，<100>方向に沿った 4 員環の開口は非常に小さい。理論的には，He と H_2 だけが 4 員環を通過できる。しかし，シミュレーションによると，4 員環の開口はスイング効果によって大きくなる可能性もある。CNT コー

金属有機構造体（MOF）研究の動向と用途展開

表4 代表的な MOF 多結晶膜の C_3H_6/C_3H_8 分離性能

MOF	製膜方法	支持体	膜厚	C_3H_6 透過率 $(mol\ m^{-2}\ s^{-1}\ Pa^{-1})$	C_3H_6/C_3H_8 選択率	Ref.
ZIF-8	secondary growth	α-Al_2O_3	~1 μm	8.1×10^{-9}	90.2	[20]
ZIF-8	in situ	α-Al_2O_3	1 μm	8.5×10^{-9}	36	[24]
ZIF-8	counter-diffusion	α-Al_2O_3	~1.5 μm	2.1×10^{-8}	50	[29]
ZIF-8	counter-diffusion	α-Al_2O_3	~80 μm	2.3×10^{-8}	57	[30]
ZIF-8	IMMP	Torlon®	8.8 μm	1.3×10^{-8}	12	[44]
ZIF-8	IMMP	Torlon®	8.1 μm	1.5×10^{-8}	180	[45]
ZIF-8	heteroepitaxial	α-Al_2O_3	1.0 μm	3.7×10^{-8}	209.1	[46]
ZIF-8	FCDS	Pt coated AAO	~200 nm	1.7×10^{-8}	304.8	[47]
$Zn_{82}Co_{18}$-ZIF	FCDS	Pt coated AAO	~700 nm	1.9×10^{-8}	202	[48]
ZIF-8	FCDS	Pt coated polypropylene	~1 μm	5.5×10^{-9}	122	[49]
ZIF-8	GVD	PVDF	114 nm	2.1×10^{-7}	67.8	[50]
ZIF-8	ALD	γ-Al_2O_3	~500 nm	8.8×10^{-8}	71	[51]
{100}-oriented ZIF-8	in situ	CNT-supported AAO	~540 nm	6.1×10^{-9}	40	[27]
randomly oriented ZIF-8	in situ	CNT-supported AAO	~540 nm	1.8×10^{-8}	153	[27]
ambz/ZIF-8	secondary growth	α-Al_2O_3	~900 nm	1.3×10^{-8}	67	[43]
ZIF-8/MFI	ANHM	α-Al_2O_3	~2 μm	2.2×10^{-8}	72	[52]
IL/Ag^+-modified $Zn_2(bim)_4$	in situ	α-Al_2O_3	ca. 200 nm	4.3×10^{-8}	28.8	[36]

AAO：anodic aluminum oxide, ALD：atomic layer deposition, ambz：2-aminobenzimidazole, ANHM：all-nanoporous hybrid membrane, CNT：carbon nanotube, FCDS：fast current-driven synthesis, GVD：gel-vapor deposition, IL：ionic liquid, IMMP：interfacial microfluidic membrane-processing, PVDF：polyvinylidene fluoride, Torlon®：polyamide-imide.

ティング支持体上に作製した {100} 配向 ZIF-8 膜は4員環を有し，「スイング効果」に基づく C_2H_4/C_2H_6 分離性能の向上を示唆した（表3）。一方，{100} 配向 ZIF-8 膜の C_3H_6/C_3H_8 分離性能は，ランダム配向膜よりも低かった。Tanaka らは，ZIF-8 の構造柔軟性が結晶サイズによって異なることを示し[53]，多結晶膜を構成する一次粒子のサイズによって膜性能を調整できることを報告している[24]。また，ZIF の配位子の回転運動は金属ノードの置換によって変化する。ZIF-67 は ZIF-8 と同じ結晶トポロジーを持ち，Zn（II）の代わりに Co（II）をノードとしてもつ。Co（II）-2-methylimidazolate の結合は Zn（II）-2-methylimidazolate の結合よりも強いことが知られており，このため ZIF-67 は ZIF-8 よりも剛性が高く，配位子の回転が制限される。Kwon らは，ZIF-8 シード層上に ZIF-67 をヘテロエピタキシャル成長させ，次に ZIF-67 層上に ZIF-8 を成長させて，ZIF-8/ZIF-67/ZIF-8 の三層構造を持つ膜を作製し，高い C_3H_6/C_3H_8 選

第9章　金属有機構造体（MOF）分離膜の作製とガス分離への応用

択性が得られることを実証した[46]。

　Zhou らは，fast current-driven synthesis（FCDS）法を考案し，陽極酸化アルミナ（AAO）上に ZIF-8 膜を作製した[47]。FCDS 法では，直流電流によって ZIF-8 の形成が促進され，結晶多形として格子歪みのある ZIF-8_Cm が形成される。形成された膜の 60〜70％ を占める ZIF-8_Cm は，一般的な立方晶の ZIF-8_I4¯3m よりも高い剛性と優れた C_3H_6/C_3H_8 分離性を示す。この方法は，MOF の特徴である構造的柔軟性を抑制することで，シャープな分子ふるい能力が発現することを示唆するものである。Hou らは，FCDS 法による結晶配向 Co-Zn バイメタル ZIF 膜（$Zn_{(100-x)}Co_x$-ZIF）の作製と，骨格の柔軟性に対する Co^{2+} の効果を報告している[48]。Co^{2+} は骨格の柔軟性に影響を与える剛性因子として働き，得られたバイメタル $Zn_{82}Co_{18}$-ZIF 膜は，高い C_3H_6/C_3H_8 選択性を示した。Wang らは，超薄膜 ZIF-8 膜を製造するために，FCDS 法に inhibited Ostwald ripening（IOR）法を適用した[37]。IOR 法では，前駆体にポリマーベースの阻害剤を加えるだけで，粒径と均一性を効率的に制御し，超薄膜化を実現した。

　Eum らは，単相ナノポーラス材料だけでは到達できない高い透過性と選択性を達成するために，独自の all-nanoporous hybrid membrane（ANHM）コンセプトを提案した[52]。ANHM は，従来のポリマーをベースとした MMM にヒントを得た膜コンセプトであるが，形態の異なる 2 つ以上のナノ多孔質材料を 1 つの膜に組み合わせるという点で新しい。MOF のカウンターパートとして MFI ゼオライトのナノシートを使用し，積層を変更することで，さまざまな性能向上（透過性の向上，選択性の向上，またはその両方など）が達成された。

　C_3H_6/C_3H_8 分離のための ZIF 膜の選択率は，数十からおよそ 300 まで大幅に改善されたが，透過率は依然として $10^{-8}\,mol\,m^{-2}\,s^{-1}\,Pa^{-1}$ のオーダーである（表4）。この主な原因は膜厚にあり，ほとんどの ZIF-8 膜は数〜数十マイクロメートルである。これに対して Li らは，ゾル-ゲル法と化学気相成長法を組み合わせた gel-vapor deposition（GVD）法を開発し，PVDF 中空糸中に極めて薄い ZIF-8 膜（17〜nm）を作製した[50]。GVD 法で作製した ZIF-8 膜は，従来の膜に比べて，比較的高い C_3H_6/C_3H_8 選択性と 1〜3 桁高い透過性を示した。Ma らは，ZIF-8 膜製造のための全気相プロセスを開発した[51]。この方法では，atomic layer deposition（ALD）法により極薄 ZnO 層を支持体上に堆積し，2-メチルイミダゾール蒸気処理により ZnO 層を ZIF-8 に変換する。膜厚と微細構造は ALD のサイクル数によって制御される。

3.2　その他の炭化水素分離

　Eum らは，ポリアミドイミド中空糸で ZIF-8 膜を製造した IMMP 法を炭素中空糸に応用し，ZIF-90 膜を作製した[54]。一般的に，ポリマー支持体は耐薬品性が低く，有機化合物にさらされると膨潤する。これに対して，化学的に不活性な炭素中空繊維上に作製した ZIF-90 膜は，高い耐薬品性を示した。Zn（II）と 2-imidazolecarboxaldehyde からなる ZIF-90 は，ZIF-8 と同じ結晶トポロジーをもち，その結晶学的孔径（3.5 Å）は ZIF-8 とあまり変わらない。一方，ZIF-90 の有効細孔径（5.0 Å）は ZIF-8 より大きく，これは ZIF-90 が構造的に柔軟であるためであ

る。ZIF-90膜のn-C_4H_{10}/i-C_4H_{10}選択率は12，n-C_4H_{10}透過率は6.0×10^{-8} mol m^{-2} s^{-1} Pa^{-1}であり，ブタン異性体分離の可能性を示した。

Huangらは，ポリドーパミンで修飾した多孔性アルミナディスク上にMIL-160膜を作製し，キシレン異性体の分離に応用した[55]。MIL-160膜は，p-キシレン／o-キシレンの選択性が38.5であり，p-キシレンの透過流束が467 g m^{-2} h^{-1}であった。$[AlO_4(OH)_2]$と2,5-furandicarboxylateを構成要素とするMIL-160は，5〜6 Åの有効細孔径を有し，o-キシレンよりもp-キシレンに対して高い吸着エンタルピーと拡散性を示した。MIL-160膜の高い熱的・化学的安定性はキシレン異性体の分離に有効である。

3.3 H$_2$精製，CO$_2$回収

CO$_2$分離をターゲットとしたMOF膜の研究も活発に研究されている[56]。HKUST-1，MIL-53，MIL-100，およびMIL-101は，典型的なゼオライトよりもCO$_2$吸着能が高いため，燃焼排ガス，天然ガス精製，および水素精製の候補である。H$_2$/CO$_2$は燃焼前の主な分離対象であり，H$_2$の分子サイズはCO$_2$よりも小さいため，H$_2$選択透過膜に研究が集中している（表5）[25, 26, 57〜73]。適切な孔径と高いCO$_2$親和性を持つMOFは，CO$_2$/N$_2$分離の候補となり得る。アミノ基を有するCAU-1はその一つである（表6）[65, 74〜81]。CAU-1の構造は，歪んだ八面体と四面体のケージからなり，これらは開口径3-4 Åの三角窓で連結されている。CAU-1骨格のアミノ基は，酸塩基相互作用を通じてCO$_2$と相互作用し，CO$_2$/N$_2$分離性能を向上させる。効率的なCO$_2$/CH$_4$分離は，天然ガスやバイオガスの精製において非常に重要である。パイプライン輸送では腐食防止が重要であり，CO$_2$は水蒸気の存在下で腐食性を示すため，低濃度に保たなければならない。現在，膜分離は天然ガス精製市場の10％しか占めていない。高い透過性と選択性を持つ膜が開発できれば，膜分離は天然ガスやバイオガスの精製において化学吸収よりも優れている可能性がある。ZIF-8，IRMOF-1，MIL-53-NH2，UiO-66などの多結晶膜がCO$_2$/CH$_4$分離用途に報告されている（表7）[74〜76, 78, 80, 82〜89]。しかしながら，多くのMOF多結晶膜はCO$_2$/CH$_4$理想分離係数が低いことが指摘されている。ZIF-8とMIL-96は，孔の入口直径がCO$_2$とCH$_4$の分子サイズの中間にあるため，CO$_2$/CH$_4$分離に適していると考えられてきた。しかし，一部のMOFは柔軟な構造を持ち，動的な細孔特性を示すことに注意すべきである。例えば，ZIF-8の有効細孔径は4.0-〜4.2 Åであり，CO$_2$，N$_2$，CH$_4$の分子サイズよりも大きいため，CO$_2$/N$_2$およびCO$_2$/CH$_4$のシャープな分子ふるいには適さない。Zr^{4+}，Al^{3+}，Cr^{3+}，Fe^{3+}のような高価数の金属ノードと分極性官能基をもつMOFは，CO$_2$のような四重極モーメントの大きな気体分子に対して高い吸着性を示す。一方，吸着力が強いと拡散係数が低くなる可能性がある。これまでのところ，MOF多結晶膜の分離性能は，ゼオライト膜に比べて透過性は高いが選択性が低いというトレードオフの範囲に収まることが多い。Fanらは，ガス親和性，形状，サイズに加えて，MOFの柔軟な挙動もガス吸着プロセスに影響し，さらに，より極性の高いフッ素官能基を持つMIL-160/CAU-10-F膜が，MIL-160に比べてCO$_2$/CH$_4$分離選択性を10.7％向上させることを報告している[89]。

表 5 代表的な MOF 多結晶膜の H_2/CO_2 分離性能 (*印は単成分ガス試験によるもの)

MOF および備考		細孔径 (Å)	製膜方法	支持体	H_2透過率 (GPU)	H_2/CO_2 選択率	Ref.
CAU-1	$Al_4(OH)_2(OCH_3)_4(NH_2-bdc)_3$	3.0~4.0	secondary growth	Al_2O_3	322	12.34	[57]
$Co_2(bim)_4$	nanosheet	3.4	vapor phase	GO on Al_2O_3	564	42.7	[58]
HKUST-1	$Cu_3(btc)_2$(Cu-BTC)	9.0	in situ	PAN	210,447	7.14	[25]
HKUST-1			in situ	PMMA	3373	9.24	[59]
JUC-150	$Ni_2(L-asp)_2(pz)$	3.8×4.7, 2.5×4.5	secondary growth	Ni mesh	546	38.7	[60]
MAMS-1	$Ni_8(5-bbdc)_6(μ-OH)_4$, nanosheet	–	drop cast	AAO	553	235	[61]
NH_2-MIL-53	ammoniated support	8.0	in situ	PVDF	12576	32.35	[62]
NH_2-MIL-53	$Al(OH)(NH_2-bdc)$	8.0	secondary growth	glass flit	5925	30.9	[63]
Mg-MOF-74	amine-modified	11	in situ	MgO on Al_2O_3	227	28	[64]
SIFSIX-3-Cu	$Cu(bipy)_2(SiF_6)$	3.54	in situ	glass flit	806	8.0	[65]
UiO-67	azobenzene-loaded, light-responsive	10	in situ	Al_2O_3	1316	14.7	[66]
ZIF-7	$Zn(bim)_2$	3.0	in situ	ZnO on PVDF	7027*	18.43*	[67]
ZIF-7	ammoniated support	–	in situ	Al_2O_3	3051	15.52	[26]
ZIF-8	APTES-modified Al_2O_3	3.4	in situ	Al_2O_3	171,044*	17.0*	[68]
ZIF-8	PDA-modified support		in situ	Al_2O_3	71,044	8.1	[69]
ZIF-9	$Co(bim)_2$	4.3	in situ	Al_2O_3	22,179	14.74*	[70]
ZIF-90	APTES-modified support, post-synthetic modification	3.5	in situ	Al_2O_3	884	21.6	[71]
ZIF-95	$Zn(cbim)_2$	3.7	in situ	Al_2O_3	5820	25.7	[72]
$Zn_2(bim)_3$	Nanosheet	2.9	drop cast	Al_2O_3	1943	128.4	[73]

AAO : anodic aluminum oxide, APTES : (3-aminopropyl) triethoxysilane, GO : graphene oxide, PAN : polyacrylonitrile, PDA : polydopamine, PMMA : polymethyl methacrylate, PVDF : polyvinylidene fluoride.

金属有機構造体（MOF）研究の動向と用途展開

表6　代表的な MOF 多結晶膜の CO_2/N_2 分離性能（*印は単成分ガス試験によるもの）

MOF および備考		細孔径 (Å)	製膜方法	支持体	CO_2 透過率 (GPU)	CO_2/N_2 選択率	Ref.
CAU-1	$Al_4(OH)_2(OCH_3)_4$ $(NH_2$-bdc$)_3$	3.0〜4.0	secondary growth	aumina	3880	22.82	[74]
HKUST-1	$Cu_3(btc)_2$ (Cu-BTC)	9.0	counter-diffusion	alumina	7.3*	33.3*	[75]
IRMOF-1	isoreticular MOF-1 (MOF-5)	11.2	secondary growth	Al_2O_3	615	410	[76]
MIL-100(In)	$In_3O(H_2O)_2OH$ $(btc)_2$	4.6, 8.2	*in situ*	alumina	5283	3.61*	[77]
SIFSIX-3-Cu	$Cu(bipy)_2(SiF_6)$	3.54	*in situ*	glass flit	115	0.88	[65]
UiO-66	PDA-modification	6.0	secondary growth	AAO	1116	51.6	[78]
ZIF-8	Enzyme-embedded		*in situ*	PAN	24.16*	165.5*	[79]
ZIF-8	PPSU, PDMS coating	3.4	layer-by-layer	PPSU	925.4*	15.8*	[80]
ZnTCPP	Nanosheet	–	filtration, spincoat	PAN	2070*	33*	[81]

AAO：anodic aluminum oxide, PAN：polyacrylonitrile, PDA：polydopamine, PDMS：polydimethylsiloxane, PPSU：polyphenylsulfone, TCPP：tetra(4-carboxyphenyl)porphyrin.

4　展望と課題

　これまでに報告された実験結果は，MOF がガス分離膜として有用であることを示しているが，克服しなければならない課題は多い。その一つは，MOF 膜の分離性能は，単一ガスの透過試験を用いて評価されたものが多いことであり，模擬ガスあるいは実ガスを用いた実証試験の実施が求められる。実用的な運転条件下での膜の耐久性を調査することは，ガス分離における MOF 膜の社会実装の可能性を見極めるために必須である。例えば，水蒸気改質プロセスで生成される合成ガスの温度は200℃に達することがあり，その圧力は少なくとも5〜10バール，さらにはそれ以上に維持されることがある。さらに，膜には腐食性ガスや酸性ガス（天然ガス精製における H_2S，排ガスからの CO_2 回収における SO_x や NO_x など）に対する化学的耐性も求められる。また，高性能な膜の生産性とスケーラビリティを向上させるためには，膜製造プロセスを継続的に最適化し，調整する必要がある。膜製造プロセスに自動化を組み込むことで，標準化されたプロトコルが異なる製造バッチ間のばらつきを最小化し，膜の再現性を向上させる取り組みも必要であろう。

　MOF に関する多くの計算研究は，用途に応じた MOF の候補をリストアップするのに役立つが，予測値が計算仮定に大きく依存することに注意しなければならない[90〜97]。多くのシミュレーションでは，ガス分離性能の予測に剛体フレームワークを使用している。一般的な力場を使用し，フレームワークの柔軟性を省略することは，非常に一般的なアプローチである。このようなシ

第9章　金属有機構造体（MOF）分離膜の作製とガス分離への応用

表7　代表的な MOF 多結晶膜の CO_2/CH_4 分離性能（*印は単成分ガス試験によるもの）

	MOF および備考	細孔径（Å）	製膜方法	支持体	CO_2透過率 (GPU)	CO_2/CH_4 選択率	Ref.
CAU-1	$Al_4(OH)_2(OCH_3)_4(NH_2-bdc)_3$	3.0~4.0	secondary growth	alumina	3940*	14.8*	[74]
HKUST-1	$Cu_3(btc)_2$ (Cu-BTC)	9.0	counter-diffusion	alumina	7.3*	41.5*	[75]
IRMOF-1	isoreticular MOF-1（MOF-5）	11.2	secondary growth	Al_2O_3	761	328	[76]
NH_2-MIL-53	MOF/organosilica composite	8.0	hot dipcoat	ceramic fiber	430	18.2	[82]
MIL-96	reactive seeding	3.6×4.5	in situ	Al_2O_3	630*	0.6*	[83]
UiO-66	PDA-modification	6.0	secondary growth	AAO	1179	28.9	[78]
ZIF-8	zeolite/ZIF-8 hybrid		secondary growth	alumina	163	182	[84]
ZIF-8	PPSU, PDMS coating	3.4	layer-by-layer	PPSU	925.4*	17.3*	[80]
ZIF-8	$Zn(OH)_2$ nanostrand precursor		crystal conversion	AAO	3931	2.7	[85]
ZIF-8	$ZnAl$-NO_3 LDH precursor		crystal conversion	alumina	5.7	16.7	[86]
ZIF-62	$Zn(Im)_{1.75}(Bim)_{0.25}$, MOF glass membrane	1.4	melt-quenching	alumina	36	36.6	[87]
ZIF-94	SIM-1, carboxaldehyde group	2.6	microfluidic	P84®	3.5	37.7	[88]
MIL-160	Al(OH)(furandicarboxylate)	4.35	solvothermal	Al_2O_3	531	71	[89]
MIL-160/ CAU-10-F	Al(OH)(furandicarboxylate)/ Al(OH)(F-isophthalate)	4.35/2.25	solvothermal	Al_2O_3	716	78	[89]

AAO：anodic aluminum oxide, LDH：layered double hydroxide, P84®：pluronic block copolymer, PDA：polydopamine, PDMS：polydimethylsiloxane, PPSU：polyphenylsulfone.

ミュレーションは大規模な材料スクリーニングには十分かもしれないが，より精確な計算には特殊な条件を組み入れる必要がある。MOFの構造柔軟性の効果を含めることで，構造設計や膜の性能予測の精度が向上する可能性がある。しかしながら，フレームワークの柔軟性を考慮することは計算コストがかかるため，高い性能をもつ限られた候補に対してそのようなシミュレーションを行うことが合理的であろう。MOFに関する計算研究の進展は，実験データの蓄積と相まって，有望な膜の設計と分離性能の理解と予測が期待できる。

おわりに

　MOFの合成，構造設計からその応用に至るまでの様々な研究が急速に増加する中，MOFを用いた膜分離の開発が活発化している。様々なMOFを用いた膜が作製されているが，ピンホールやクラック，粒子間隙などの欠陥を発生させずにいかに薄い膜を作製するかが共通の課題である。そのためには，金属イオンと配位子の錯形成反応に基づく構造形成機構を理解し，膜形成を制御しうる核生成や結晶成長の素過程を理解することが重要である。こうした基礎的な知見が，MOFを用いた分離膜の実用化の原動力となる。

文　　献

1)　J. R. Li *et al.*, *Chem. Soc. Rev.*, **38**, 1477-1504（2009）
2)　H. Furukawa *et al.*, *Science*, **341**, 974-986（2013）
3)　M. Rubio-Martinez *et al.*, *Chem. Soc. Rev.*, **46**, 3453-3480（2017）
4)　S. Dai *et al.*, *Bull. Chem. Soc. Jpn.*, **94**, 2623-2636（2021）
5)　Z. I. Zulkifli *et al.*, *ChemistrySelect*, **7**, e202200572（2022）
6)　Y. G. Chung *et al.*, *J. Chem. Eng. Data*, **64**, 5985-5998（2019）
7)　R. Anderson & D. A. Gómez-Gualdrón, *CrystEngComm*, **21**, 1653-1665（2019）
8)　N. S. Bobbitt *et al.*, *J. Chem. Eng. Data*, **68**, 483-498（2023）
9)　NIST/ARPA-E Database of Novel and Emerging Adsorbent Materials. Available online; https://adsorption.nist.gov/isodb/index.php#home (accessed on 25 January 2024)
10)　P. Iacomi & P. L. Llewellyn, *Chem. Mater.*, **32**, 982-991（2020）
11)　T. Devic & C. Serre, *Chem. Soc. Rev.*, **43**, 6097-6115（2014）
12)　K. S. Park *et al.*, *Proc. Natl. Acad. Sci. USA*, **103**, 10186-10191（2006）
13)　S. Hermes *et al.*, *J. Am. Chem. Soc.*, **127**, 13744-13745（2005）
14)　M. Arnold *et al.*, *Eur. J. Inorg. Chem.*, **2007**, 60-64（2007）
15)　C. Scherb *et al.*, *Angew. Chem. Int. Ed.*, **47**, 5777-5779（2008）
16)　J. Gascon *et al.*, *Microporous Mesoporous Mater.*, **113**, 132-138（2008）

第9章　金属有機構造体（MOF）分離膜の作製とガス分離への応用

17) Y. Liu *et al.*, *J. Membr. Sci.*, **379**, 46-51 (2011)
18) B. Zheng *et al.*, *Langmuir*, **29**, 8865-8872 (2013)
19) S. R. Venna & M. A. Carreon, *J. Am. Chem. Soc.*, **132**, 76-78 (2010)
20) J. H. Lee *et al.*, *J. Ind. Eng. Chem.*, **72**, 374-379 (2019)
21) A. Huang *et al.*, *Angew. Chem. Int. Ed.*, **49**, 4958-4961 (2010)
22) M. C. McCarthy *et al.*, *Langmuir*, **26**, 14636-14641 (2010)
23) S. Tanaka *et al.*, *J. Membr. Sci.* **472**, 29-38 (2014)
24) S. Tanaka *et al.*, *J. Membr. Sci.*, **544**, 306-311 (2017)
25) W. Li *et al.*, *J. Mater. Chem. A*, **2**, 2110-2118 (2014)
26) W. Li *et al.*, *Chem. Eur. J.*, **21**, 7224-7230 (2015)
27) R. C. Wei *et al.*, *Sci. Adv.*, **8**, eabm6741 (2022)
28) J. Yao *et al.*, *Chem. Commun.*, **47**, 2559-2561 (2011)
29) H. T. Know & H. K. Jeong, *J. Am. Chem. Soc.*, **135**, 10763-10768 (2013)
30) N. Hara *et al.*, *J. Membr. Sci.*, **450**, 215-223 (2014)
31) X. Dong *et al.*, *J. Mater. Chem.*, **22**, 19222-19227 (2012)
32) V. V. Guerrero *et al.*, *J. Mater. Chem.*, **20**, 3938-3943 (2010)
33) H. Bux *et al.*, *J. Membr. Sci.*, **369**, 284-289 (2011)
34) E. P. V. Sánchez *et al.*, *J. Membr. Sci.*, **594**, 117421 (2019)
35) Y. W. Sun *et al.*, *ACS Mater. Lett.*, **5**, 558-564 (2023)
36) K. Yang *et al.*, *J. Membr. Sci.*, **639**, 119771 (2021)
37) J. Y. Wang *et al.*, *Adv. Funct. Mater.*, **32**, 2208064 (2022)
38) K. Zhang *et al.*, *J. Phys. Chem. Lett.*, **4**, 3618-3622 (2013)
39) H. Bux *et al.*, *Adv. Mater.*, **22**, 4741-4743 (2010)
40) K. Li *et al.*, *J. Am. Chem. Soc.*, **131**, 10368-10369 (2009)
41) Y. Pan & Z. Lai, *Chem. Commun.*, **47**, 10275-10277 (2011)
42) C. Zhang *et al.*, *J. Phys. Chem. Lett.*, **3**, 2130-2134 (2012)
43) E. Y. Song *et al.*, *J. Membr. Sci.*, **617**, 118655 (2021)
44) A. J. Brown *et al.*, *Science*, **345**, 72-75 (2014)
45) K. Eum *et al.*, *ACS Appl. Mater. Interfaces*, **8**, 25337-25342 (2016)
46) H. T. Kwon *et al.*, *J. Am. Chem. Soc.*, **137**, 12304-12311 (2015)
47) S. Zhou *et al.*, *Sci. Adv.*, **4**, eaau1393 (2018)
48) Q. Q. Hou *et al.*, *J. Am. Chem. Soc.*, **142**, 9582-9586 (2020)
49) Y. L. Zhao *et al.*, *J. Am. Chem. Soc.*, **142**, 20915-20919 (2020)
50) W. Li *et al.*, *Nat. Commun.*, **8**, 406 (2017)
51) X. Ma *et al.*, *Science*, **361**, 1008-1011 (2018)
52) K. Eum *et al.*, *ACS Appl. Mater. Interfaces*, **12**, 27368-27377 (2020)
53) S. Tanaka *et al.*, *J. Phys. Chem. C*, **119**, 28430-28439 (2015)
54) K. Eum *et al.*, *Adv. Mater. Interfaces*, **4**, 1700080 (2017)
55) X. Wu *et al.*, *Angew. Chem. Int. Ed.*, **57**, 15354-15358 (2018)
56) S. R. Venna & M. A. Carreon, *Chem. Eng. Sci.*, **124**, 3-19 (2015)

57) S. Zhou *et al.*, *Int. J. Hydrogen Energy*, **38**, 5338-5347 (2013)

58) P. Nian *et al.*, *J. Membr. Sci.*, **573**, 200-209 (2019)

59) T. Ben *et al.*, *Chem. Eur. J.*, **18**, 10250-10253 (2012)

60) Z. Kang *et al.*, *Energy Environ. Sci.*, **7**, 4053-4060 (2014)

61) X. Wang *et al.*, *Nat. Commun.*, **8**, 14460 (2017)

62) W. Li *et al.*, *J. Membr. Sci.*, **495**, 384-391 (2015)

63) F. Zhang *et al.*, *Adv. Funct. Mater.*, **22**, 3583-3590 (2012)

64) N. Wang *et al.*, *Chem. Eng. Sci.*, **124**, 27-36 (2015)

65) S. Fan *et al.*, *J. Mater. Chem. A*, **1**, 11438-11442 (2013)

66) A. Knebel *et al.*, *Chem. Mater.*, **29**, 3111-3117 (2017)

67) W. Li *et al.*, *Chem. Commun.*, **50**, 9711-9713 (2014)

68) Z. Xie *et al.*, *Chem. Commun.*, **48**, 5977-5979 (2012)

69) A. Huang *et al.*, *J. Mater. Chem. A*, **2**, 8246-8251 (2014)

70) Y. Huang *et al.*, *Ind. Eng. Chem. Res.*, **55**, 7164-7170 (2016)

71) A. Huang *et al.*, *Angew. Chem. Int. Ed.*, **51**, 10551-10555 (2012)

72) A. Huang *et al.*, *Chem. Commun.*, **48**, 10981-10983 (2012)

73) Y. Peng *et al.*, *Angew. Chem. Int. Ed.*, **56**, 9757-9761 (2017)

74) H. Yin *et al.*, *Chem. Commun.*, **50**, 3699-3701 (2014)

75) N. Hara *et al.*, *RSC Adv.*, **3**, 14233-14236 (2013)

76) Z. Rui *et al.*, *AIChE J.*, **62**, 3836-3841 (2016)

77) Z. Dou *et al.*, *Z. Anorg. Allg. Chem.*, **641**, 792-796 (2015)

78) W. Wu *et al.*, *Environ. Sci. Technol.*, **53**, 3764-3772 (2019)

79) Y. Zhang *et al.*, *J. Mater. Chem. A*, **5**, 19954-19962 (2017)

80) A. Jomekian *et al.*, *Microporous Mesoporous Mater.*, **234**, 43-54 (2016)

81) M. Liu *et al.*, *ACS Nano*, **12**, 11591-11599 (2018)

82) C. Kong *et al.*, *Energy Environ. Sci.*, **10**, 1812-1819 (2017)

83) J. Nan *et al.*, *Microporous Mesoporous Mater.*, **155**, 90-98 (2012)

84) Z. Y. Yeo *et al.*, *Microporous Mesoporous Mater.*, **196**, 79-88 (2014)

85) J. Li *et al.*, *CrystEngComm*, **16**, 9788-9791 (2014)

86) Y. Liu *et al.*, *ChemSusChem*, **8**, 3582-3586 (2015)

87) Y. Wang *et al.*, *Angew. Chem.*, **132**, 4395-4399 (2020)

88) F. Cacho-Bailo *et al.*, *CrystEngComm*, **19**, 1545-1554 (2017)

89) W. D. Fan *et al.*, *J. Am. Chem. Soc.*, **143**, 17716-17723 (2021)

90) E. Haldoupis *et al.*, *J. Am. Chem. Soc.*, **132**, 7528-7539 (2010)

91) H. Daglar & S. Keskin, *J. Phys. Chem. C*, **122**, 17347-17357 (2018)

92) R. Krishna, *Sep. Purif. Technol.*, **194**, 281-300 (2018)

93) S. Keskin & S. A. Altinkaya, *Computation*, **7**, 36 (2019)

94) H. Daglar & S. Keskin, *Coord. Chem. Rev.*, **422**, 213470 (2020)

95) W. Li *et al.*, *Prog. Chem.*, **34**, 2619-2637 (2022)

96) H. C. Gulbalkan *et al.*, *Ind. Eng. Chem. Res.*, **63**, 37-48 (2023)

97) H. Demir & S. Keskin, *Macromolec. Mater. Eng.*, **309**, 2300225 (2024)

第10章　PCP，MOFによる省エネルギー型ガス分離技術の進展と今後の展望

上代　洋[*]

1　CO₂分離技術開発の課題

　油田にCO_2を吹き込むことで原油の回収率を向上させるEOR（Enhanced Oil Recovery）では，アミン水溶液を利用する吸収液法が，また水素製造の際のCO_2除去や，産業用CO_2ガス製造にはゼオライト等の吸着剤を利用したPSA（Pressure Swing Adsorption，圧力スイング吸着）法[1]が広く活用されており，その意味では，CO_2分離は確立された技術とも言える。ただしこれらはいずれも原油の製造効率の向上や，分離したCO_2の販売等，CO_2分離が利益に直接結びついていた。一方で，現在企業が直面しているのは，場合によっては分離コストに加えてCCS（Carbon dioxide Capture and Storage）のコストという，少なからざるコスト的負担および，自社工場内に，分離や液化等の新たな大型設備を建造するという，敷地的な負担である。前者は製品コストに直結し，分離量が増えるほどその負担は大きくなる。また工場内のCO_2を多量に排出する設備は多くの場合，工場内の主要な装置であり，その近傍に大きなCO_2分離システムを設置できるような遊休地は，通常ほとんど無い。温室効果ガスを46%削減することが宣言されている2030年が眼の前に迫りつつある現在，より安価に，高効率に小さな敷地で実施できるCO_2分離技術開発は，産業界にとって喫緊かつ深刻な課題になりつつある。

2　CO₂分離の様式と分離材料

　主としてEORで大規模に実施されている吸収液法は，すでに分離液，分離システムの両面から長年にわたり改善が続いており，今後飛躍的な効率向上は望めないと考えられる。また，比熱の大きい水溶液を加熱するという工程を含むため，原理的にエネルギー多消費であり，固体吸着剤，固体吸収剤を利用し，温度や圧力を変化させてCO_2を分離するPSAの方が原理的には省エネルギーであるとする考えもある[2]。また中小規模の場合は，吸収液法はスケールメリットが小さくなるため，PSAの方が安価になるという試算もあり，中小企業にとっては，コンパクトなPSA開発が重要になる可能性もある

　PSA法でCO_2分離に利用される多孔体としては，活性炭，ゼオライト，PCP/MOF等の固体

---

[*]　Hiroshi KAJIRO　日本製鉄㈱　先端技術研究所　環境基盤研究部　CCUS技術研究室
　　上席主幹研究員

吸着剤に加え，シリカゲル系材料やPCP/MOFの表面にアミノ基を導入し，アミノ基とCO_2の強い相互作用を利用して吸着分離する固体吸収剤が挙げられる。また，材料に吸着されたCO_2を回収するため，水蒸気を利用するMoisture Swing Adsorption（MSA，湿度スイング法）も，新しいプロセスとして注目を集めている。本稿では，既存多孔体（ゼオライト，活性炭）とは異なる吸着能により，既存の多孔体よりも，省エネ型のCO_2分離が可能になる可能性を秘めた，PCP/MOFを用いた省エネルギー型ガス分離技術を概観する。

3　多孔体を利用したCO_2分離の効率の考え方

　多孔体を利用したCO_2の分離効率に影響を及ぼすパラメーターは非常に多い。さらにそれらは独立パラメーターではなく，相互に影響し合う場合も多いため，事情は複雑になる。例えば，優れた基本分離能を示す材料でも，水や，SOx，NOx等の排ガス中のガスによる吸着阻害や材料劣化が激しい場合は，比較的短時間で分離効率が低下しうる。また，日本の現状では，CCUに利用できるCO_2純度は99％以上と定められているため，CO_2の選択性が低い分離剤では，高純度化のための多段操作が必要になる等，分離効率が低下する可能性もある。後述のように，CO_2親和性が低い材料は，CO_2の材料からの回収が比較的低コストで行えるが，排ガス中のCO_2濃度が低い場合は，CO_2親和性が高い材料に対して相対的に分離効率が低下してしまう。このように，排ガス中の夾雑物，CO_2濃度，分離したCO_2の純度によっても，CO_2分離効率は大きく影響を受けるため，CO_2分離効率のチャンピオン材料を定めることはできない。本稿では，このような外的影響を一部考慮しながら，(1)低分離コスト，(2)時間あたりのCO_2分離量が多い，(3)敷地面積あたりのCO_2分離量が多い，のいずれか，あるいは複数に該当する場合を，分離効率が高い分離剤として位置づけるものとする。後述のPCP/MOFは，基本的に安定性が高いものを選んでいるが，一部には耐水性が低いものも含まれており，これらの劣化による効率低下は考慮していない。

4　CO_2親和性とCO_2吸着量，回収量

　図1にゼオライトF-9HAと，CO_2吸着量が常温域で比較的多く，また一定の安定性を有する各種PCP/MOFのCO_2吸着等温線（25℃）を示す[3]。

　ゼオライトF-9HAは，CO_2分離に用いられるゼオライト13X同等品とされ，本材料を用いた大型PSA開発に関する報告[4]があるため，多孔体を利用した大規模CO_2分離のベンチマーク材料と言える。PCP/MOFでは，2021年にサイエンス誌に掲載された特異なCO_2分離方式である，Moisture Swing Adsorption（湿度スイング分離）を用いた高効率なCO_2分離で注目を集めるCALF-20[5]が，F-9HAと類似の低圧からCO_2を吸着する挙動を示すが，これ以外は，比較的直線に近い等温線形状を示す。これは，F-9HAとCALF-20は，CO_2親和性が高く，これら以外

第10章　PCP，MOFによる省エネルギー型ガス分離技術の進展と今後の展望

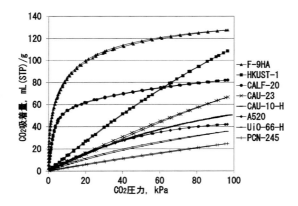

図1　ゼオライトF-9HAと各種PCP/MOFのCO₂吸着等温線（25℃）

は比較的低いためと考えられる。100 kPaでの吸着量の多さは，F-9HAとHKUST-1が際立っているが，CO₂分離操作において重要なのは吸着量ではなく，1回の回収操作（加圧/減圧等のサイクル）でどれだけのCO₂が回収できるかである。F-9HAと各種PCP/MOFの回収量の比較を図2に示す。図2(a)は，各材料に100 kPaでCO₂を吸着させ，横軸の圧力まで減圧した場合に回収できるCO₂量（STP/g）を等温線から読み取ったものである。図2(b)，図2(c)は，それぞれ同様に70 kPa，50 kPaで吸着させた場合の回収量を示している。

100 kPaで吸着させた場合（図2(a)）では，HKUST-1の回収量は，ゼオライトF-9HAおよびその他のPCP/MOFを，全域で大きく上回っている。次点はCAU-23で，70-30 kPaの範囲では，F-9HAの回収量を約2倍上回っている。30 kPa未満では，CO₂親和性が高く，低圧からCO₂を吸着するF-9HAの回収量が増大するが，7 kPaでもCAU-23の回収量はF-9HAのそれに匹敵する量である。すなわち，等温線データを用いた非常に単純な試算ではあるが，比較的高いCO₂圧力で吸着させる場合（全圧が高いか，CO₂濃度が高い場合に相当）においては，PCP/MOFは，高性能なCO₂分離材とされている既存材料のゼオライトを上回る性能を発揮しうると言える。

真空に近づくに連れ，ポンプの動力効率は急激に低下し，減圧のためのコスト，時間が急激に増大する。HKUST-1の50 kPaでの回収量は10 kPaでの回収量の半分に過ぎず，1スイングでのCO₂分離量は単純計算で半分になるが，減圧コストは，10 kPaでの回収よりも遥かに小さくなる。どこまでの減圧が効率の良いCO₂分離を実現するかは簡単には決められず，排ガス中のCO₂の濃度，分離するCO₂の目標純度，PSAを何塔方式にするか等のシステムをトータルで考える必要がある。

前記の考察は，100%純度のCO₂を用いて測定された等温線をベースにしていることに注意が必要である。排ガス中のCO₂濃度が20%の場合，100 kPaのCO₂分圧を実現するためには，全圧は約5気圧が必要となり，10%と低濃度の場合は10気圧と非常に高圧となる。排ガスの圧力，

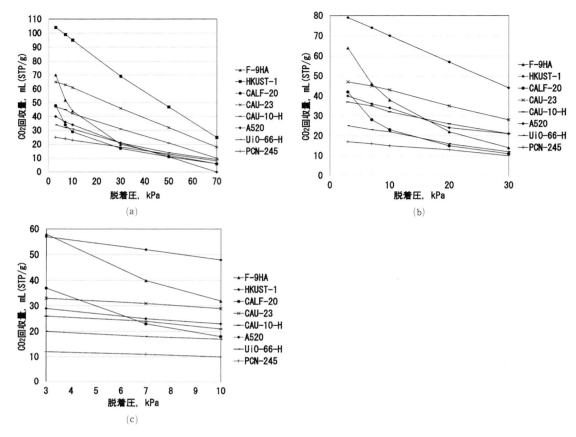

図2 各圧力でCO_2を吸着させた後に,所定圧まで減圧した場合に回収できるCO_2量
(a):100 kPaでの吸着, 2(b):70 kPaでの吸着, 2(c):50 kPaでの吸着。

濃度は発生源毎に大きく異なっており,CO_2分圧換算では,発電所の場合は,およそ3～14 kPa,製鉄所で40～60 kPa,セメントで14～33 kPa,IGCC：合成ガスで900～2000 kPa,天然ガス生産で50～5200 kPaと,IGCCや一部の天然ガス生産を除けば,さほどCO_2分圧が高くない[6]。このため,場合によっては十分な回収量を得るために,排ガスを加圧する必要が生じる。CO_2吸着量が低圧では少ない材料をCO_2分圧が低い排出源に適用した場合は,高圧への加圧が必要となり,高コスト,低効率とならざるを得ないため,排出源に合わせた材料選定も重要となる。

より低圧でのCO_2吸着を想定したのが,図2(b)および図2(c)である。図2(b)は,70 kPaで吸着させ,そこからの減圧で回収できるCO_2を示している。この場合,CO_2濃度が20%の排ガスの全圧は,約3.5気圧,10%の場合が約7気圧に相当する。図2(c)では50 kPaで吸着させるので,排ガス中のCO_2濃度が20%の場合の全圧は,約2.5気圧,10%の場合が約5気圧に相当する。吸着させる圧が70 kPaでも50 kPaでも,HKUST-1の優位性は揺るがないが,吸着圧が下がるほど,ゼオライトF-9HAとの優位性の差は小さくなり,その他のPCP/MOFは,50 kPaでの

第10章　PCP，MOFによる省エネルギー型ガス分離技術の進展と今後の展望

吸着では，10-3 kPaの回収圧の全域でF-9HAを下回る結果となる。すなわち，多くのPCP/MOFは，CO_2分離を想定しているゼオライトに比べてCO_2親和性が低く，比較的CO_2を高めの圧で回収できるため，回収コストは削減可能である一方で，回収量を増やすためには，加圧が必要となる。ただし，ゼオライトからのCO_2回収圧は10 kPaを下回るケースが想定されており，減圧コストが非常に大きくなる。このため，減圧コストが比較的小さくて済むPCP/MOFでは，加圧コストはかかるものの，トータルコストでは，ゼオライトよりも高効率で安価なCO_2分離が可能となる可能性がある。前記は純粋CO_2ガスを用いた等温線をベースに，CO_2選択性等のその他の因子を考慮しない計算であるが，エンジニアリング的な検討でも，多くのPCP/MOFでは，ゼオライトに対して優位性が認められないとする報告もある[7]。

5　ゲート型PCP/MOFを利用した高効率なCO_2分離

前記のゼオライト，PCP/MOFは，等温線の形状は異なるものの，すべて，ナノレベルの細孔でCO_2を吸着するメカニズムであり，等温線の形式としては，単調増加型である（図3(a)）。吸着量を増加させるためにはCO_2との親和性を向上させるのが基本指針であるが，この場合，低圧部での吸着量が増大し，低圧まで減圧しないとCO_2が回収できなくなるというデメリットがある（ゼオライト，CALF-20等。図3(b)）。低圧部での吸着力を弱めた場合，回収は容易になるものの，吸着量が低下する（図3(c)）というジレンマが生じる。より多くのCO_2を吸着する一方で，低圧部では容易にCO_2を放出する図3(d)型が，CO_2分離に理想の材料といえる。

2001年に金子らにより報告されたPCP/MOF[8]（後にELM-11と命名[9]）は，図4に示すように，銅（II）イオンを4,4'-ビピリジン（bpy）配位子が架橋して形成される格子状のネットワークが積層した構造を示す。最小単位格子は4個の銅（II）イオンおよび4個のbpyで形成され，孔が存在するが，ガスが存在しない状態では，図4のように，層がずれた状態で小さな層間距離で積層しているため，集合体としては多孔体として機能せず，ガスを吸わない。ところが，

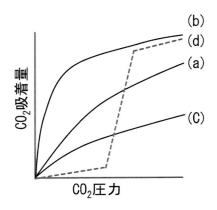

図3　単調増加型の吸着等温線とゲート型の吸着等温線

金属有機構造体（MOF）研究の動向と用途展開

ELM-11は，特定のガスに一定の圧力以上で暴露されると，層がずれ，また層間距離が拡大することで，図5のようにガスを層の間に取り込んだPCP/MOF-ガス分子包摂体を形成する。このため，ELM-11は，構造変化PCP/MOF，柔軟性PCP/MOF，あるいは急峻な吸着量の増減を

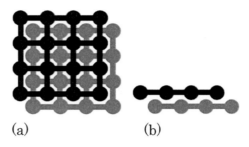

図4　ガスが存在しない状態のELM-11の模式図
棒は配位子，球は金属イオン。(a)：上面図，(b)：側面図。
実際は面内，面外方向への連鎖構造であるが，図では，
3*3グリッドの層を2層のみ記載。

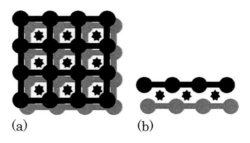

図5　ガスとELM-11の包摂体の模式図。星印はガス分子
(a)：上面図，(b)：側面図。

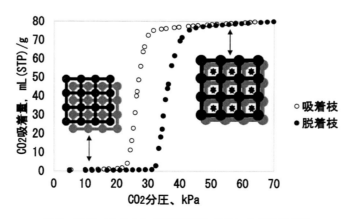

図6　ELM-11のCO$_2$吸着等温線（0℃）と構造模式図

第10章　PCP，MOFによる省エネルギー型ガス分離技術の進展と今後の展望

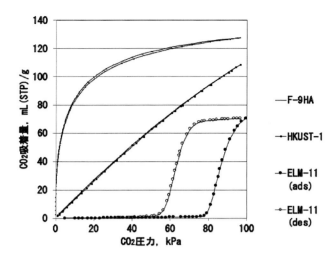

図7　ゼオライト，非ゲート型PCP/MOFおよび
ゲート型PCP/MOFの吸着等温線

示す挙動から，ゲート型PCP/MOF等と呼ばれている。ELM-11のゲート的な等温線の挙動を図6に示す。ELM-11は，吸着により構造が変化するため，吸着枝と脱着枝が大きく乖離した特異的な等温線を示す。吸着過程は黒塗りの●で示されており，およそ32 kPaで吸着が始まり，44 kPaで完了する。脱着は白抜き○で示され，およそ30 kPaで脱着が開始し，22 kPaで完了する。すなわち，等温線からの単純計算では，22～44 kPaの非常に狭いスイング幅で，多量のCO_2が容易に回収できることがわかる。

CO_2分離ゼオライトであるF-9HAと，非常に優れたCO_2分離能力を示すPCP/MOF，HKUST-1とELM-11のCO_2吸着等温線（25℃）の重ね書きを図7に，100 kPaで吸着させたCO_2を所定圧まで減圧して回収するできるCO_2量のグラフを図8に示す。ELM-11の吸着量は，F-9HAやHKUST-1に劣るが，CO_2回収量は，すべての脱着圧の領域においてゼオライトF-9HAを上回り，ポンプの減圧効率がさほど下がらない70-30 kPaまでの範囲において，HKUST-1をも上回ることがわかる。HKUST-1は，30 kPa以下で回収量が増大するが，より高い圧力でCO_2を回収できるELM-11が，減圧コストの点から優位性がある。吸着量では劣るELM-11が回収量で優れるのは，ゲート的にCO_2を吸着し，また脱着する特異な性質によるもので，CO_2分離のためには理想的な特性とも言える。これは前記のように，PCP/MOFの構造自体が変化するためであり，ゼオライトのような材料では起こり得ない現象である[10]。ELM-11の欠点は，比較的CO_2吸着圧が高いことである。低濃度CO_2の分離のための改善や，新たなゲート型PCP/MOFの開発も行われている[11]。

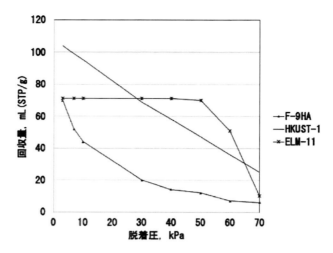

図8 ゼオライト，非ゲート型PCP/MOFおよび
ゲート型PCP/MOFの脱着圧と回収率

6 PCP/MOFのCO$_2$選択性

　CO$_2$の分離効率において，CO$_2$の選択性は重要な因子の一つである。特にCCS向けのように，高純度のCO$_2$製造が要求される場合は，CO$_2$選択性が低い材料では，単純なシステムでは目標濃度が達成できず，多段化等のシステム上の工夫が要求されることになるが，この場合，製造効率は低下し，コストは上昇する。CO$_2$の選択性は，実際には，分離する排ガスの組成の混合ガスを用いて決める必要があるため，一般的な吸着等温線測定装置では測定できない。ここでは簡便のために，CO$_2$，N$_2$それぞれの純粋なガスを用いて25℃で測定された等温線の，100 kPaでのCO$_2$，N$_2$の吸着量比をCO$_2$選択性とする。実際には，ほとんどの排ガスにはN$_2$以外にO$_2$も含まれ，また混合ガスでの吸着では，別種ガスの吸着によりCO$_2$の吸着量が低下する現象（共吸着）が生じるが，特殊な場合を除けば，前記の簡単な計算で得られる値からは極端に異なることは少ない。

　表1にゼオライトF-9HAと前記のPCP/MOFの吸着等温線（25℃）から読み取ったCO$_2$，N$_2$の吸着量（mL（STP）/g）及びCO$_2$選択性を示す。

　ELM-11以外で最も選択性が高いPCP/MOFがHKUST-1の18，最も低いのがA520の9で，2倍の差があるが，ゼオライトF-9HAが14であることから，主なPCP/MOFのCO$_2$選択性は，ゼオライトと極端には変わらないことがわかる。一方で，ELM-11のCO$_2$選択性は，200超と，1桁以上大きい。これは，ELM-11以外の多孔体は，ガス分子を収容する細孔が元々存在し，その空間に各種のガス分子が収容される細孔吸着が原理であるのに対し，ELM-11は，前述の通り，包摂体形成のメカニズムでCO$_2$を吸着する。このため，常温域では包摂体を形成しないN$_2$，O$_2$はほとんど吸着されず，結果としてCO$_2$選択性が非常に高くなる。ELM-11と類似構造を有

第10章　PCP, MOF による省エネルギー型ガス分離技術の進展と今後の展望

表1　ゼオライトおよび各種 PCP/MOF の CO_2, N_2 吸着量と CO_2 選択性（25℃, 100 kPa）

材料	CO_2 吸着量	N_2 吸着量	CO_2 選択性
F-9HA	128	9	14
HKUST-1	109	6	18
CALF-20	83	7	12
CAU-23	68	5	14
CAU-10-H	51	5	10
A520	43	5	9
UiO-66-H	37	4	9
PCN-245	26	2	13
ELM-11	71	0.3	237

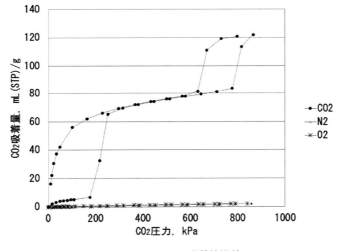

図9　ELM-13 の吸着等温線

する ELM-13 の CO_2, N_2, O_2 の 0℃の吸着等温線を図9に示す[12]。ELM-13 も，ELM-11 と同様に，積層構造が変化することで CO_2 をゲート的に吸着するが，ELM-11 と異なり，200 kPa 付近で1段目の吸着が生じ，さらに 800 kPa 付近でもう一段の CO_2 吸着が生じる。N_2, O_2 の吸着量は 900 kPa で 2 mL (STP)/g 程度に過ぎないため，CO_2 選択性は，約60と，ELM-11 には劣るものの，細孔吸着メカニズムの PCP/MOF やゼオライトと比較すると非常に大きな値を示す。これら ELM の CO_2 選択性は，純粋なガスの測定での吸着等温線からの計算値であるが，混合ガスを利用した実験でも，CO_2 選択性は非常に高く，共吸着は起きにくいと考えられている[12,13]。このように極端に大きな CO_2 選択性は CO_2 分離効率を高め，装置の小型化に寄与し得る。

7 ゲート型 PCP の実用化検討

ゲート型 PCP/MOF は，ELM-11 に限らず，賦形や SOx，NOx 等の排ガス中の夾雑物への耐性，数年にわたる長期的な安定性等，明らかにされていない点もある。一方で，ELM-11 に関しては，詳細な PSA 分離シミュレーション等から，ゼオライトやほとんどの非ゲート型の PCP/MOF に対して，CO_2 分離効率の点で大きな優位性があることが明らかにされてきた[14]。このような背景のもと，NEDO グリーンイノベーション基金事業/CO_2 の分離回収等技術開発プロジェクトにおいて，「革新的分離剤による低濃度 CO_2 分離システムの開発」のテーマで，柔軟性 PCP を利用した高効率な CO_2 分離を目指すプロジェクトが始まっている[15]。2022 年から 9 年間で事業規模は 2 社で 84 億円と，過去の国内外の PCP/MOF の国家プロジェクトと比較しても非常に長期で大型のプロジェクトである。プロジェクトは始まったばかりで，社会実装はまだ先のことであるが，ゲート型 PCP/MOF を利用したシステムにより，高効率な CO_2 分離が実用化されることが期待されている。

文　　献

1) 多孔体を利用した CO_2 分離には，加圧-常圧サイクルの PSA の他，常圧-減圧の VSA，加圧-減圧の PVSA や，圧力スイングではなく温度スイング（TSA 法）など，多様な様式が存在するが，本稿では簡略化のために PSA と表記する
2) 上代洋，日本製鉄技法，**417**，38 (2021)
3) すべてのデータは著者の実測値。個々の情報は PCP/MOF の元報またはまとめサイト等を参照されたい：https://crystalsymmetry.wordpress.com/nets/mofs/
4) 斉間等ほか，JFE 技報，**32**，44 (2013)
5) J.-B. Lin *et al.*, *Science*, **374**, 1464 (2021)
6) 高木正人，生産と技術，**64** (1)，25 (2012)
7) D. Danaci *et al.*, *Mol. Syst. Des. Eng.*, **5**, 212 (2020)
8) D. Li *et al.*, *Chem. Phys. Lett.*, **335**, 50 (2001)
9) (a) A. Kondo *et al.*, *Nano Lett.*, **6** (11)，2581 (2006)，(b)近藤篤ほか，表面，**49** (5)，172 (2011)，(c)上代洋，ペトロテック，**38** (8)，573 (2015)，(d)鄭キンほか，ペトロテック，**47** (1)，2 (2024)
10) 近年，ゼオライトでも構造が変化し，明瞭なゲート的なガス吸着特性を示す例が報告されている：Y. Higuchi *et al.*, *ACS Appl. Mater. Interfaces*, **15**, 38463 (2023)
11) Y. Cheng *et al.*, *Langmuir*, **27**, 6905 (2011)
12) A. Kondo *et al.*, *Dalton Trans.*, **49**, 3692 (2020)
13) H. Kanoh *et al.*, *J. Colloid Interface Sci.*, **334**, 1 (2009)

第10章　PCP，MOF による省エネルギー型ガス分離技術の進展と今後の展望

14)　(a) Y. Takakura *et al.*, *ACS Sustainable Chem. Eng.*, **10**, 14935 (2022)，(b) J. Fujiki *et al.*, *Chem. Eng. J.* **460**, 141781 (2023)，(c) S. Sugimoto *et al.*, *J. Adv. Manuf. Process.*, e10165 (2023)，(d) 上代洋ほか，分離技術，**53** (5)，293 (2023)，(e) Y. Takakura *et al.*, *International J. Greenh. Gas Control*, **138**, 104260 (2024)

15)　NEDO グリーンイノベーション基金事業，CO_2 の分離回収等技術開発プロジェクト：
https://www.nedo.go.jp/news/press/AA5_101541.html

第11章　MOFを基盤とした省エネルギーCO$_2$回収システム

堀　彰宏*

1　人類は空を見上げる時代へ

　人類の進化の歴史を振り返ると，ダーウィンが説いたように，私たちは環境に適応しながら生存の道を切り拓いてきた。かつて私たちの先祖は四足歩行で地を這い，やがて二足歩行へと移行し，ついには空を見上げるようになった。そして今，エネルギーと資源の視点においても，同じような進化が起ころうとしている。これまで人類は，常に下を向いて生きてきた。地面を掘り，石炭はないか，石油はないかと地下資源を求め，それを燃やすことで文明を築き上げてきた。人類の歴史は，エネルギー資源の変遷とともに進んできたといっても過言ではない（図1）。19世紀には，石炭が蒸気機関車や石炭火力発電所，製鉄所などで利用され，産業革命を引き起こし，社会の仕組みそのものを劇的に変えた。20世紀に入ると，液体である石油が自動車，船，飛行機の動力源として，また火力発電や家庭用熱源として使われ始め，産油国や石油関連企業が急速に台頭し，その恩恵を享受する時代が到来した。

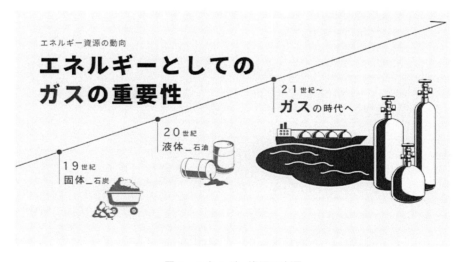

図1　エネルギー資源の変遷

---

*　Akihiro HORI　SyncMOF㈱　取締役

第 11 章　MOF を基盤とした省エネルギー CO_2 回収システム

　しかし，気候変動という地球規模の課題が突きつけられ，CO_2 削減が急務となった今，私たちはついに顔を上げ，空に散らばった CO_2 をどのように回収して，地下貯留する，あるいはメタンなどの資源として利用する方法を模索し始めた。今，エネルギーの主役は固体や液体から気体へと移り変わろうとしている。石炭や石油の燃焼によって必然的に発生する CO_2 は，温室効果ガスとして地球温暖化を引き起こすため，「脱・炭素」という言葉が世界的にスローガンとなっている。CO_2 を排出しない社会とは，「脱・石炭，脱・石油」社会にほかならない。19 世紀から続く化石燃料依存の社会構造を，水素やアンモニアといったカーボンフリーのエネルギー資源を基盤とした社会へと，今，世界規模での大変革が進行中である。また，水素同位体を用いる核融合発電においても，これらのガスを如何に制御するかが，その成否を分ける重要な要素となっている。

　これらの新しいエネルギー資源は，常温・常圧で気体であり，従来の固体や液体と違って混ざりやすく，拡散しやすく，エネルギー密度が低いという難題を抱えている。この扱いにくい気体を効率的に分離・回収・濃縮できる素材として，私たち SyncMOF ㈱ が世界に先駆けて量産した金属有機物構造体（MOF：Metal Organic Framework）[1, 2] は世界中から注目を浴びている。

　さらに，カーボンニュートラルが世界共通の長期的目標となった現在，炭素税の導入も相まって，企業の成長はもはや環境への配慮なしには語れない時代に突入した。排出した CO_2 を大気中から分離回収する技術を持つ国や企業が，CO_2 回収技術を持たない企業の未来を左右する時代が到来したのだ。さらに，宇宙に目を向ければ，地球で培った CO_2 濃縮技術は大いに役に立つと考えられる。宇宙は，真空であるから，CO_2 は貴重な炭素源である。CO_2 を無駄なく回収して，資源として利用しようという試みも始まっている。ここからは，MOF が持つ分子レベルの小さな孔に目を向け，その中に秘められた大きな時代の変革を覗いてみよう。

2　新しいナノポーラス材料・MOF による気体の分離・回収・貯蔵の挑戦

　「ガスを分離・濃縮する技術」と聞くと，多くの人にとって馴染みのない，遠い世界の話に思えるかもしれない。しかし，実は私たちは日常的に，この高度な分離技術を無意識のうちに利用している。それこそが，「呼吸」という生命活動である。

　私たちは，窒素が約 78%，酸素が約 21% を占める空気の中から，酸素だけを選択的に体内に取り込み，生命を維持している。この役割を担うのが，血液中のヘモグロビンである。ヘモグロビンは，肺で酸素を瞬時に捕捉し，体内の酸素濃度が低い組織では，それを無理なく放出する。これは極めて高効率な「酸素の分離・濃縮・放出システム」であり，生物が長い進化の過程で獲得してきた驚異的な分子メカニズムである。このヘモグロビンの分子構造に目を向けると，興味深い特徴が見えてくる。中心には鉄を含むポルフィリン環を持つ「Metal-Organic」な構造をしているのである。さらに，海洋生物のイカやタコなどは，より希薄な水中の酸素を効率的に取り込むために，ヘモグロビンの鉄を銅に置き換えたような分子「ヘモシアニン」を利用している。

金属有機構造体（MOF）研究の動向と用途展開

自然界は，必要に応じて金属や有機分子を変更することで，環境に最適化した分離・濃縮システムを生み出してきた。

　金属と有機分子を骨格の構成要素とする MOF は，まさにこのような自然の分子機能を模倣した材料といえる。気体を分離し，回収し，そして貯蔵する技術は，非常に高度な挑戦である。例えば，空気は主に窒素と酸素から構成され，その中にわずかに混じった CO_2 が含まれている。この中から CO_2 だけを取り除くことは簡単なことではない。また CO_2 回収の研究は進んでいるが，さらに効率的な技術が求められている。ミクロの視点で見ると，窒素，酸素，そして CO_2 はそれぞれ異なる性質を持っている。CO_2 は弱酸性の気体であり，塩基性の液体や固体を使って回収する酸・塩基反応がこれまで研究で多く利用されてきた[3]。

　このような基本的な物性を理解し，それに基づいてナノポーラス材料をデザインし，CO_2 を選択的に閉じ込め，濃縮する「孔」を作り出すことが求められている。まるで，人間がそれぞれの趣味嗜好に合わせた家を選ぶように，分子もまた自分にぴったりの空間を見つけることができれば，その空間に集まり，選択的に濃縮される。この分子に合った空間を構築できる材料として，新しいナノポーラス材料・MOF が注目されている。

　MOF を使って大気中の CO_2 を除去するためには，CO_2 に合った空間を設計することが必要である。MOF を合成する科学者は，いわばナノ空間の建築家であり，狙った気体を自在に制御できるかは，その建築家の腕にかかっている。読者の皆様も，ナノ空間の建築家になったつもりで読み進めて頂くと，この技術の魅力がより深く理解できるだろう。

　例えば，積み木で作ったお城は少しの外力で壊れてしまうが，プラスチック製のブロック玩具で作れば，少々触れたぐらいではびくともしない。それはブロックに結節点があるからだ。また，結節点があることで，あらかじめ組み上げられる構造が決まっている。MOF の構成要素である架橋された有機配位子と金属イオンは，この結節点の役割を果たし，自動的に構造物を形成する（図2）。一般的に，MOF は金属イオンと有機配位子の溶液を混ぜ合わせることによって合成する。混ぜるだけで，骨格の構成要素が組み上がり，自己集積によって構造物が得られる。このようにして，ナノ空間を簡単に手に入れることができるのである。

　他のナノポーラス材料と比較した場合，MOF の特徴として，有機配位子の性質を MOF 骨格の機能としてナノ空間に直接反映できること，そして金属イオンの配位数が多様な構造を生み出す可能性があることが挙げられる。合成前に意図した空間を設計することができるため，特定のガスを選択的に分離・濃縮することが可能となる。まるで，建築前に建物を特定の趣味嗜好に合わせて設計し，それに共感する人々だけを集めることができるようなものだ。

　例えば，有機配位子にヒドロキシル基を導入すれば，ナノ空間を親水性にして大気中の水を効率的に集める MOF を合成できる。また，有機配位子の一部にアミノ基を導入すれば，大気中の希薄な CO_2 を濃縮する MOF も容易に合成できる。様々な MOF の論文を読むと，合成時に高温・高圧下で長時間反応させるような反応が多くみられるが，実際，我々が企業として行っているのは，空時収量を格段に上げるための合成レシピ改善である。後述するが，大気中から CO_2

110

第 11 章　MOF を基盤とした省エネルギー CO_2 回収システム

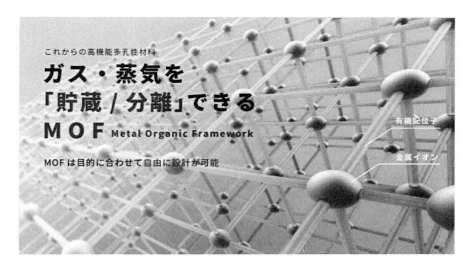

図2　様々な金属イオンと有機配位子を選択し合成することで得られる MOF（Metal-Organic Framework）の概念図

を直接回収する（DAC：Direct Air Capture 用）MOF も大量に合成され，公的機関で既に導入が進んでいる。このような大規模合成が，MOF の実用化を大きく後押ししている。

3　高機能ナノポーラス材料の開発を目的とした最先端物性測定技術

結晶構造の予測が難しいことは，J. Maddox が Nature 誌で「One of the continuing scandals in the physical sciences」[4]と表現したように，長い間，科学者たちにとって大きな課題であった。しかし，MOF はその結晶性固体という特性から，ナノ空間やその吸着構造が可視化することが可能となり，これが高機能 MOF の次々とした創製さに繋がる一因となった。特に，放射光 X 線を用いた末 X 線回折実験は，その可視化を支える重要な技術である。

19 世紀から始まった有機合成化学は，炭素と水素を基盤とし，ヘテロ元素を組み合わせることで，膨大な数の分子を生み出してきた。その後，20 世紀に台頭した超分子化学は，個々の分子を構成単位として高次の分子集合体を形成し，1 分子では実現不可能な機能を集団的に持たせることを可能にした。これらの画期的な材料群の開発には，X 線構造解析などの観測技術の急速な進展が不可欠であり，その発展が新たな素材を生む出すための基礎となった。

MOF の研究においても，合成された材料のありのままの構造を可視化し，分子配列と物性の相関を解明することが重要であった。著者は，MOF の構造を精密に解析するために，放射光施設を活用している。これにより，MOF のナノ空間を自在に設計し，その内部に取り込まれた分子のクラスターのサイズや構造，クラスター内やクラスター間の相互作用の大きさといった，構造的・物理的・化学的パラメータを思い通りに制御することができるようになった。

金属有機構造体（MOF）研究の動向と用途展開

　MOFを用いたガス分離濃縮器の開発も，こうした基盤技術の上に成り立っている。私たちは，MOFのナノ空間をいかに精密にデザインするかを徹底的に追求し，それがどのように物性に影響を与えるかを実験と理論で検証してきた。その結果，ターゲットとするガス分子を効率的に捕捉し，濃縮するための最適な構造を見出し，実用化に向けた一方を踏み出すことができた。

　この章では，MOFのナノ空間を設計するための思想と，その規則配列が生み出す新奇の物性について，研究の裏側を交えながら紹介していく。

3.1 MOFとガス分離濃縮技術の進化

　著者は，MOFとそのナノ空間に吸着した分子の配列構造を直接観察するために，放射光粉末X線回折測定とMEM（最大エントロピー法）/リードベルト法[5]を駆使している。図3に示すのは，著者らが理化学研究所の物質科学ビームラインBL44B2で構築したガス吸着下での放射光X線回折装置である[6]。BL44B2では，標準的な回折計にガス導入可能なX線回折用冷凍機を組み合わせることで，4Kから478Kまでの幅広い温度領域で，ミリケルビン単位の高精度温度制御下でMOFの結成からガス導入までの連続測定が可能となっている。ガス圧調整は，自動ガス吸着システムに接続することでボンベ圧までの自動制御が可能で，ガス圧の変化を自動的に記録し，吸着量に合わせたX線回折パターンが取得できる。また，この冷凍機は可動式であり，

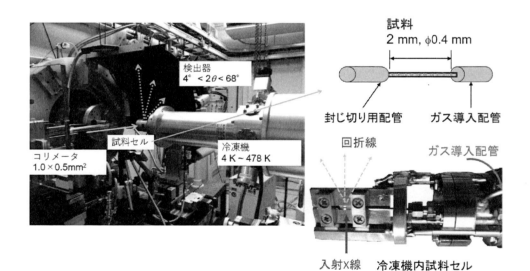

図3　理化学研究所・物質科学ビームライン（BL44B2@SPring-8）の外観写真
コリメータで1.0×0.5 mm²に集光された放射光は，冷凍機に設置された光学窓から入射し，φ0.4 mmのガラスキャピラリに充填した粉末試料に照射される。回折線は冷凍機に設置されたベリリウム窓から透過し後方の検出器で観測される（左写真）。粉末試料は，試料セルと熱接触を行うことで4～478 Kまで温度調整が可能である。また，ガラスセルの下方は封じ切り，他方はステンレスチューブのガス配管に接着し，冷凍機外部のガス圧力自動制御装置に接続することで，高精度にガス圧が調整できる（右写真）。

第11章　MOFを基盤とした省エネルギーCO₂回収システム

SACLA（SPring-8 Angstrom Compact Free Electron Laser）に移設することでMOFがガスを捕捉する過程を動的に観察することにも利用されている。

3.2 高機能MOF材料のナノ空間設計

ガス社会の構築に向けて，運搬が難しいガスをボンベに濃縮する技術が求められている。一般的に，爆発性ガスはガスボンベでの濃縮が難しく，安全に運搬することが容易ではない。例えば，アセチレンガスは非常に反応性が高く，わずか2気圧で分解爆発する。このようなアセチレン分子を安定的に吸着・濃縮する機能が，MOFのナノ空間に付与できれば，新しいガスボンベ開発へと繋がると言える。

CPL-1と呼ばれるMOFは，非常に小さな一次元のナノ空間を有し，その表面には塩基性の酸素分子が露出するように設計されている[2]。ガス吸着下X線回折実験の結果，直線的な形状を持つアセチレン分子は，細孔壁の酸素分子方向に傾き，まるで樽徂分子に包み込まれるように取り込まれていることが明らかになった（図4）。さらに，細孔内のアセチレンは，爆発限界の約200倍の密度まで濃縮されていることが分かった。このようなMOFの特性を活かし，SyncMOFでは，MOFをボンベに充填し，様々なガスを安全に大量輸送できるボンベを大手メーカーと共同開発している。このようにMOFは，ナノ空間に意図した機能を盛り込める。さらに，近年ナノ空間の構造を分離濃縮したいガス分子の形に変化させて効率的に選択分離できるMOFも開発

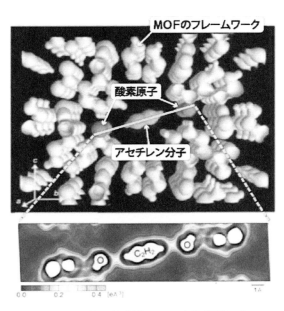

図4　放射光X線回折実験により直接観測したMOF
　　　ナノ空間内のアセチレン分子の配列構造
アセチレン分子がMOFの細孔表面の酸素原子に両側から強く捕捉されている様子。

されている。

　ここでは配位結合の柔軟性を活かした吸着分離材を紹介する。生体血液中のヘモグロビンタンパク質は酸素を効率よく運搬することが知られている。ヘモグロビンは構造の中に4つの酸素と相互作用可能な鉄イオンサイトを有し，1つの部位が酸素を取り込もうとすると，残りの3つの部位が酸素を取り込みやすいようにタンパク質全体の形を変える。一酸化炭素（CO）中毒の原因は，COが空気中の酸素よりも早く，このサイトに吸着するからである。こうしたヘモグロビンと同じ機能を持ったMOFが，生体模倣したMOFとしてScience誌で広く知られるようになった[7]。困難であったCOと窒素分子を高効率で実現するMOFである。

　COは反応性が高いため，MOFで簡単に分離回収できれば，単に排ガスではなくなり，酢酸合成などの化学原料として使用できる。排ガスはごみではなく，資源化する技術も分離精製技術の進歩であり，MOFはその一端を担っている。

3.3　高機能 MOF 分離膜

　MOFの社会実装においては，SyncMOFで開発したMOFの大量合成プロセスは欠かせないが，それに加えて成形加工技術が重要である。MOFは合成直後，粉末の結晶性固体であるため，そのままガス分離装置に入れてしまうと，バルブや圧力計など多くの機器の故障につながる。我々は，MOF粉体をペレットや膜に加工成形して後述の機器に組み込んでいる。MOFの成形加工技術は，次の2点において難しい。まず1点目は，MOFを成形加工する際は，MOFの粒子同士を固めるため，バインダーを用いることが多い。バインダーは一般的に高分子材料であるため，MOFのナノ細孔に高分子が入ってしまい，ガスの吸着現象を阻害する可能性がある。さらに，MOFはガス吸着時に構造変化を伴いながらガスを細孔内部に取り込むものもある。このような場合，MOF粒子同士を固めてしまうと，構造変化を阻害してしまい吸着現象が誘起されない。したがって，MOFの成形加工を行う場合は，粒子同士は柔軟性を担保しながら，なおかつその高分子がMOFの細孔を占有しないようにする必要がある。このような難点をクリアしながら，MOF膜を形成し，ナノレベルでガスの吸着阻害を起こさないことを放射光実験で確認されている。Dip Coating法，スプレーコーティング法など各種方法でMOFが膜化されている。

4　加速する MOF の社会実装

　岸田首相は「スタートアップ x ダイバーシティ＝日本復活への鍵！」と位置づけ，2022年を「スタートアップ創出元年」とした。SyncMOFはMOFの社会実装を目指して創業した名古屋大学発スタートアップ企業である。2021年末に岸田首相とCIC Tokyoで訓示を頂戴したスタートアップとして，ナノポーラス材料・MOFの社会実装への取り組みについて紹介したい。

第11章　MOF を基盤とした省エネルギー CO_2 回収システム

4.1　MOF を活用した新しいガス輸送インフラ

　ガス燃料は世の中の様々な機器を動かすための動力源である。そのため，ガスも電気と同じくその動力の源を消費者へ安全に届け，利用できるようにすることが求められる。ターゲットとなるガスの特性に合わせて，MOF ナノ空間の構造・表面特性を適切に設計することでガスを効率的に貯蔵できるため，MOF をボンベに詰め込むことで大量にガスを運搬することができる。経済産業省でも長年「Power to Gas」が検討されているが，これはエネルギーをガスとして貯蔵する試みである。SyncMOF では，MOF の貯蔵能力に着目した企業と共同で，新たなガスボンベ「MOF IoT Gas Cylinder」を開発している（図 5 (a)）。

　ボンベ内に MOF を詰めることで既存のガスボンベと同じ大きさのまま，今までの数倍の容量のガスを収納して運搬することができる。例えば数往復必要だったボンベ配送が 1 往復で済み，大幅に配送コストを削減することができる。さらに，IoT デバイスを装着することでガス残量をリアルタイムで「見える化」する。ガスを利用する現場では，ボンベの残圧を人が目視確認し，残量が少なくなったら発注するルーティンワークが行われている。一方，配送側では利用状況，つまり受注タイミングが分からないため適切な人材配置が行えない。ガスの利用現場，配送側いずれも課題になっている。この新規のガスボンベは，そういった非効率な世界を変える，新しいインフラ構築を目指している。

　ガスの種類，時間，温度，圧力といったデータは，ボンベに取り付けた IoT デバイスを通じてクラウドに集積される。残量を知るには通常のガスボンベでは，圧力のみで良いが，MOF にガスが吸着しているため，すべての温度・圧力範囲で吸着特性評価をする必要がある。これらのデータから MOF のガス貯蔵能力を示す 3D マップを描き，本データベースを基に「ガス残量」を算出する（図 5 (b)）。このようなデータを計測して取得する吸着特性評価装置は市販されていないため，SyncMOF ではガス物性装置の独自開発も行っている。われわれの測定装置を用いた実測データの集約だけではなく，シミュレーションによるボンベに対するガス貯蔵量も算出も容易に行える（図 5 (b)）。シミュレーションによる使用温度領域，圧力領域での安全性の担保は欠かせない。

　こうしてボンベを企業内の全工場に導入すれば，全てのガスデータが一元管理できる。ガスが漏れているときも自動でアラートを出し，ガス残量が一括で可視化されるので，安全な利用の実現はもちろん，使用量把握や追加発注といった管理も容易となる。また，ボンベに GPS を搭載することで，ボンベが設置された位置を地図上で確認できる。特定エリアのボンベのガス残量などを，リアルタイムで知ることができる。

　今まで人力に頼っていた，データを「集める」「貯める」「処理する」「表示する」という過程をクラウド上で自動化し，今まで分からなかったデータを可視化する。ガスの貯蔵とはまさにエネルギーの貯蔵のことであり，そのエネルギーはデジタルデータとして「見える化」される必要がある。

金属有機構造体（MOF）研究の動向と用途展開

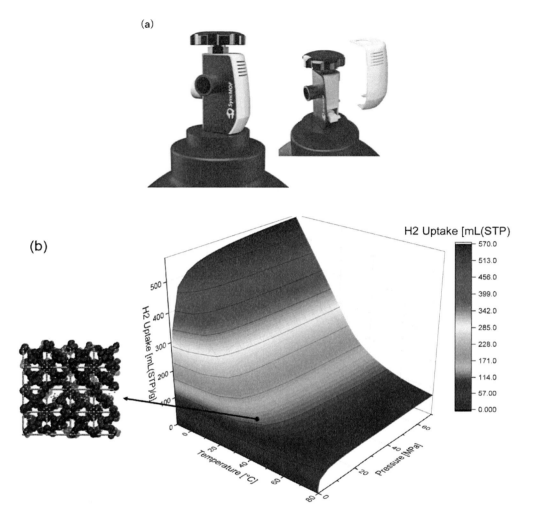

図5 (a) MOF IOT Gas Cylinder の写真
　　計測・通信機能を搭載したガスボンベは，従来の工場配管を変更することなく接続できるように設計されている。
　　(b)圧力・温度からボンベ内のガス残量を導出するための 3D ガス吸着特性データ，および任意の温度，圧力での水素吸着構造

4.2　MOF を利用した工場排気・大気中の CO_2 直接回収装置と新しい金融商品

　CO_2 の排出制限は，地球温暖化を防ぎ，持続可能な社会を実現するために喫緊の課題である。CO_2 を固定化する技術には，バイオマスや勅物に吸収させる生物化学的な方法，地中や海中に埋める物理的な隔離方法，アミン化合物溶液による化学吸収法などが挙げられる。これらの技術は CO_2 の大気拡散を低減することはできるが，吸収・隔離した CO_2 を取り出すことは難しい。すなわちこれらは不可逆的なプロセスである。

第11章　MOFを基盤とした省エネルギーCO₂回収システム

　MOFで構築されるCO₂「回収」技術は，回収したCO₂を好みのタイミングで再度取り出して，利用できることが特徴的である。つまり「可逆的な」プロセスの技術と位置付けられる。これにより，CO₂を必要とする事業の需要に応えることができる。温室効果ガスとして吸収・隔離すべきものとされるCO₂だが，水素と反応させればメタン製造（メタネーション），ポリカーボネート製品などにリサイクル可能な資源としても期待される。

　経済産業省のグリーンイノベーション基金のもと，MOFによるCO₂回収が行われる。SyncMOFでもCO₂回収MOFを新規に開発して，このMOFを利用した「CO₂回収機：SyncMOF-DAC」を製作している。本装置を国内企業に導入し，PoC（Proof of Concept，概念実証）を実施している（図6）。実際には，CO₂だけでなく，提携先企業の要請に応じたMOFを選定することで，メタンや水素同位体といった資源ガスの分離回収を行っている（水素同位体分離は，低温PSA装置で行っている）。さて，世界共通の長期的な目標となった「脱炭素」は，一見すると無関係と思われる金融機関・保険機関も巻き込み，地球温暖化防止の政策としてだけでなく，カーボンクレジットという新しい「金融商品」を生み出した。脱炭素を基軸としたビジネスモデルを構築できない企業は，これまでのように融資・投資が受けられず，今後のビジネスの拡張が望めなくなった。それに伴い，様々な脱炭素化に向けた取り組みの中で，CO₂回収技術が注目されるのは必然の流れである。

　工場排ガスなどCO₂濃度の高い大規模集中発生源からのCO₂回収だけでなく，大気中など極低濃度CO₂の直接回収（DAC：Direct Air Capture）も開発が進められている。このようなDAC技術を日本から発信できれば，世界的なカーボンニュートラルに貢献できるだけでなく，多国間排出権取引と結びつけ，我が国の産業競争力の強化につなげることができる。多国間排出

図6　MOFを搭載したSyncMOF-DAC
圧損をさけるため，MOFは粉体ではなく，ハニカム成型体を利用している。本写真はPSA式（Pressure Swing Adsorption）3塔式CO₂回収装置であるが，排ガス組成および流量に合わせて，2塔式，TSA（Temperature Swing Adsorption）式単管装置もPoC用に提供している。

金属有機構造体（MOF）研究の動向と用途展開

権取引のルール形成で他国に先手を取られれば，当該国に我が国の経済発展を抑制されることになりかねない。脱炭素技術を背景に日本としてルール形成に参入することが重要である。SyncMOF が国内企業と行っている CO_2 回収技術は，脱炭素の戦略的な取り組みの一環である。国際的な舞台での脱炭素のルールメイクに先導的な立場を取ることができれば，エネルギー資源が少ないとされる日本が世界的な産業競争力を獲得する可能性が期待できる。なかでも MOF による脱炭素は先述の通り CO_2 再資源化にも優位性がある。工場排ガス由来の CO_2 再資源化は，不燃ガスである CO_2 を，都市ガスの主成分であるメタンに変換するメタネーション技術により行われようとしている。工場で CO_2 を分離回収したとしても CO_2 が現場に貯まる一方で，困ってしまう。農産業では，野菜や植物を育成する過程で，光合成を促進させるために CO_2 を大量に買い付けているが，残念ながら CO_2 を運搬するインフラ整備が行われていないので，回収した CO_2 は現場から直接利用者に届ける必要がある。メタンに変換することができれば，大手ガスメーカーが保有する導管がすでに地下に整備されているので，CO_2 排出企業は，エネルギー（メタン）供給企業へと変身できる。このように，エネルギーであるガス資源を社会全体で共創し，資源循環を行う産官学民参加型のプロジェクト「COI-NEXT」も 2022 年 10 月より始動し，SyncMOF は名古屋大学，トヨタ自動車，東邦ガス，リンナイ等の参画機関と手を取り合ってMOF の社会実装を進めている。本プロジェクトでは，2023 年度内に DAC からのメタネーションを行うことが計画されている。また，東邦ガス㈱は当社が大量生産を行った MOF を用いて低コストな CO_2 回収プロセスを検証しており，それによると従来 CO_2 回収プロセスと比較して電気消費量が 8 割削減できる可能性があると報道している。

　産業界での CO_2 分離回収技術開発は，このように日々進んでいるが，民間での CO_2 回収の取組みも忘れてはならない。CO_2 がどの程度簡単に分離回収できるかは，漢書「趙充国伝」にあるように「百聞は一見に如かず」の言葉通り，データを並べるより動画をご覧いただいた方が分かりやすい。以下，全国各地で実際行われている MOF を用いた DAC 事業について SyncMOF の公式 YouTube を参照しながら，本文を読んでいただきたい[8]。

　一例として SyncMOF が環境先進都市・白馬村で行った CO_2 回収事業についてご紹介したい。白馬村では，ゼロカーボンビジョンの実現を目指し，2050 年までに白馬村での CO_2 排出量実質ゼロを掲げて様々な取組みを行っている。このような取組みに対して，SyncMOF は 2022 年 12月 19 日に白馬村に，大気中の CO_2 を濃縮することができる MOF を寄贈した。村民自らがMOF の使途を議論し，スキー・スノーボードをしながら CO_2 を「無理なく・楽しく」回収する方法を考案し，SyncMOF はその製品化を行った。図 7 は，Syllego（シレーゴ）という大気中の CO_2 を回収する製品である。一見すると，GoPro のような小型軽量のアクションカメラのようだが，Syllego では映像を撮っているわけではなく「CO_2 を取っている」のである。Syllego はギリシャ語で「取る」という意味である。「SyncMOF の MOF で走りながら（＝Go），CO_2 を取る」ということが製品名の由来となっている。Syllego 前方の空気孔から大気を取り込み，Syllego 内の MOF デバイスに大気が送り込まれる。MOF デバイスでは大気中の CO_2 のみを

118

第 11 章　MOF を基盤とした省エネルギー CO$_2$ 回収システム

図7　白馬村で市民自らが考案した MOF 活用事例
市民が MOF を用いて CO$_2$ を回収する取り組みが世界で初めて行われた。「無理なく，楽しく」CO$_2$ を回収する SyncMOF 社製 Syllego をヘルメットに装着する女子フリースタイル・モーグル元選手・上村愛子氏，スキー選手・丸山淳也氏とスノーボーダー・鹿川晴可氏。

MOF で選択的に濃縮する。スキー・スノーボードの滑走スピードに応じて，装置内部に送り込まれる大気圧が上昇するが，大気圧の上昇に応じて，MOF デバイスのシールが開く仕組みになっている。したがって，滑走スピードが速く高い技術を有したスキー・スノーボーダーほど，CO$_2$ 回収効率が上がることになる。現在，回収した CO$_2$ は，白馬村村内の温泉で使用され炭酸泉として利用され，スキー・スノーボーダー自身が創り出すスノーリゾートの新しい癒しの場として検討されている[9]。なお，動画では，元モーグル日本代表選手の上村愛子氏の現役引退 11 年ぶりのモーグルによる CO$_2$ 回収，炭酸泉での利用もご覧いただける。

　本製品は，「走りながら」CO$_2$ を回収する技術のため，モビリティ関係企業で展開される可能性がある。走行中の自動運転自動車に Syllego を装着し，夜間 CO$_2$ を自動で回収し，翌朝ビニールハウスで CO$_2$ を放散し野菜を育てる。単に自動車を乗り物として考えるのではなく，街の中で「役に立つモノ」「環境に良い影響を与えるモノ」へと変えるきっかけになるかもしれない。この活動は，NHK 国内放送，国際放送により国内外に発信され注目を浴びている。

　また，本製品は 2024 年 9 月 23 日，三重県名張市で開催された「第 55 回中部日本サイクリング大会 in 名張（三重）名張市政施行 70 周年記念大会」においても展開され，サイクリングを楽しみながら CO$_2$ 回収が行われた。大会参加者は約 300 人，マルシェ参加者は 1,000 人に上る。

119

金属有機構造体（MOF）研究の動向と用途展開

2025年2月7日には北川市長より「第1回CO$_2$回収サイクリング優勝者」としてCO$_2$の回収量がもっとも多かった，愛三工業レーシングチーム・草場啓吾選手が表彰される[10]。

SyncMOF㈱が開発するDAC技術は，年々実装が進み，民間企業への導入も加速している。当社のDACシステムに用いるMOFは，大気中にわずかに含まれるCO$_2$（400 ppm）を除湿することなく，メタネーションを可能にするレベルまで高濃度に濃縮できる。また，MOFは60℃という低温で再活性化できるため，一般的な向上排熱（80℃程度）を利用したCO$_2$回収プロセスにも応用可能である。この特性を活かし，複数の企業や自治体での導入が進んでいる。例えば，広島県にあるアヲハタ㈱では，イチゴの生育促進にSyncMOF㈱のDACシステムが導入されている。また，東京電力パワーグリッド㈱の子会社・㈱アジャイルエナジーXは，当社のDAC装置とビットコインマイニングシステムを組み合わせた「究極の循環経済」の創出に向けたプロジェクトを進めている。さらに，名古屋電機工業㈱とSyncMOF㈱は，学校の校舎内で発生するCO$_2$回収・利活用を通じた教育カリキュラムの実証実験を2024年8月より開始している。この教育プログラムでは，SyncMOF㈱の技術を活用して教室内のCO$_2$を回収し，回収したCO$_2$をトマトなどの野菜の生育促進に利用する。生徒たちは，MOF容器に充填されたCO$_2$をビニールハウスに運び，ハウス内でCO$_2$を解放することで，植物の光合成を促進し，CO$_2$が資源として活用されるプロセスを実体験することができる[11]。このように，私たちが大気中で邪魔者扱いしているCO$_2$も，SyncMOF㈱のDACシステムを通じて，子どもでも簡単に利活用できるという実例が示された。2024年10月，300年の歴史を誇る「だんじり祭」でも，だんじりの曳き手が，Syllegoを装着し，CO$_2$回収が行われた[12]。一般市民がMOFを使ってDACを行った実例を紹介したが，動画をご覧いただければわかるように，参加者全員が「楽しそう」であることが重要である。CO$_2$回収は，とても楽しい取り組みである。

ここまでMOFの優位性について触れてきたが，重要なのは，MOFは単なる粉末結晶にすぎないということである。MOF本来の性能を最大限に引き出すためには，MOFをデバイスとして製品に組み込み，正確なデータに基づいて温度や圧力を精密に制御することが不可欠である。著者は，図3のような高度なガス計測技術を駆使しながら，製品開発に必要な技術を獲得してきたと考えている。SyncMOF㈱は，高度な技術基盤を活用することで，自己資金のみで成長を遂げた希少な材料ベンチャーであり，単なる材料開発にとどまらず，計測技術を含む一気通貫の開発体制を構築することで実用化を実現した。

ものづくりの基本である5M（Material, Method, Machine, Man, Measurement）を全て集約することで，MOFは単なるガス分離材料にとどまらず，世界経済を左右するキーマテリアルとなり得るのである。SyncMOFの社名に含まれる「Sync」は"synchronized"（同期・調和）を意味している。この言葉は，単にMOFの合成という化学分野にとどまらず，MOFを成型・加工する材料工学，そしてMOFを機械に組み込んで製品化する機械工学など，さまざまな学問領域を調和・連携させることで，新しい技術を生み出していくという思いが込められている。SyncMOFが展開する「気体の自在制御技術」は，19世紀以来の石炭・石油社会をCO$_2$回収技

第11章　MOFを基盤とした省エネルギーCO_2回収システム

術により負荷なく継続させるだけでなく，水素やアンモニアというカーボンフリーの気体資源を基盤とする社会への大変革を目指す，日本の国家的戦略の一環でもある。

　これまで，地球で邪魔者扱いされているCO_2の分離濃縮技術について触れてきた。しかし，宇宙に目を向ければ，CO_2は貴重な炭素源である。CO_2を効率よく回収できればメタンをはじめ様々な「役に立つもの」を生み出すことができる。SyncMOF㈱は，2023年のG7広島サミットで日本を代表する技術として紹介され，2025年の日本国際博覧会（大阪・関西万博）においては，スペシャルパートナーとして協賛し，大阪ヘルスケアパビリオンの常設展で全世界に発信される予定である。万博が掲げる「Reborn」である。我々の技術で，邪魔者扱いされているCO_2が役に立ちヒーローに生まれかわる瞬間を世界に発信していこうと考えている。また，常設展に加えて，2025年6月15日には「ヒーローになるCO_2」と題して，CO_2回収ライブ，Jリーグと連携したCO_2回収サッカーなど市民参加型のイベントを計画している。MOFを活用したDAC技術は，万博で全世界的に浸透していくであろう。

文　　　　献

1)　S. Kitagawa & R. Matsuda, *Coord. Chem. Rev.*, **251**, 2490（2007）
2)　R. Matsuda *et al.*, *Nature*, **436**, 238（2005）
3)　L. M. Mulloth & J. E. Finn, report NASA/TM-1988-208752（1988）
4)　J. Maddox, *Nature*, **355**, 201（1988）
5)　Y. Kubota *et al.*, *Coord. Chem. Rev.*, **251**, 2510-2521（2007）
6)　K. Kato *et al.*, *J. Synchrotron Radiat.*, **27**, 1172-1179（2020）
7)　H. Sato *et al.*, *Science*, **343**, 167（2014）
8)　YouTube：https://www.youtube.com/@SyncMOF
9)　YouTube：https://www.youtube.com/watch?v=e0-Vni4UnZM&t=9s
10)　YouTube：https://www.youtube.com/watch?v=83ggGwFrAMw&t=68s
11)　YouTube：https://www.youtube.com/watch?v=SjrHcCHo13A&t=53s
12)　YouTube：https://www.youtube.com/watch?v=qCJRgALjWX8

第12章　直接転換法によるMOFモノリス合成方法

酒井　求[*]

1　MOF賦形化技術の背景

　金属有機構造体（MOFあるいはPCP）の研究の発展にともない，今後は工業的な普及が期待されている。MOFのさらなる普及のためには，そのハンドリング性の向上が必要不可欠である。
　他の多孔質吸着材と比較してもMOFは低密度であり，合成直後の粉体のままでの利用はしづらいといった課題がある。具体的には，飛散しやすいことや帯電しやすいことが，そのハンドリングを難しくしている。研究室レベルでの取扱いでも，微粉末の飛散や，静電気による器具への張付き等に難儀することもしばしばである。工業的にも，粉末のまま吸着材として使用することは，大きな圧力損失の原因となるだけでなく，粉末の消散および飛散した粉末による配管閉塞といった様々な問題を引き起こす。また，シリカやカーボン，ゼオライト等の無機多孔体と異なり，MOFは有機金属化合物の一種であるため，（金属種に依るが）その吸入は基本的に有害と考えるべきであり，安全性の観点からもハンドリング性向上は急務である。そのため，MOFをmm〜cmサイズの成型体に加工する手法（本稿では賦形化技術と呼ぶ）が盛んに検討されている[1,2]。

　MOFの賦形化における最大の課題は，焼成・焼結による造粒方法が適用できないことである。ゼオライト等の無機多孔質材料で頻繁に用いられる，バインダーとともに焼成する賦形化技術を転用することができず，新たな賦形化手法の開発が必要である。また，MOFは従来型の多孔性吸着材と比較して，ガス吸脱着時の体積変化が大きいことも賦形化を難しくする一因である。例えば，加圧成形に成功しても，吸脱着に伴う体積変化によって再度微粉化する，あるいはガスの吸脱着が緩慢化する等の課題がある。他方で，高圧でペレット化することで，結晶性が低下し，MOFの吸脱着特性が一部失われる報告も存在する[3,4]。これらの先行研究は，柔軟性を保ちつつ，強度を担保する賦形化技術の重要性を示唆している。

2　既存のMOF賦形化技術

　ここでは，これまでに提案あるいは開発されてきたMOFの賦形化技術について紹介する。賦形化技術は材料の観点からみると①ポリマーとの複合化，②無機材料との複合化，③MOF単体での賦形化に大別できる。

---

　[*]　Motomu SAKAI　早稲田大学　先進理工学部　応用化学科　講師

第 12 章　直接転換法による MOF モノリス合成方法

2.1　有機高分子複合型

　有機高分子中に MOF 粒子を分散させる手法は，最も簡便な賦形化技術であり，その報告例も極めて多い[5,6]。ポリマー系材料との複合は，低コストである点が大きなメリットである。従来のポリマー成型技術を用いて，容易に糸状・布状の MOF 成型体を得ることができる。一方，吸着材としての熱・化学的安定性が，ポリマー材料に制約されるデメリットがある。例えば，一部の MOF の優れた耐熱性（＞200℃）等が活かせなくなることが考えられる。また，ポリマーと複合化することで，吸着材としての嵩密度が小さくなることも課題である。

　ポリマーと MOF の混合物を成型する方法，ポリマー上で MOF 合成を行う方法等が報告されている。国内でも，水溶性高分子を含む水溶液中に MOF を分散させ，凍結乾燥させて賦形化するユニークな手法が開発されている[7]。

2.2　無機複合型

　無機材料との複合は，とくに熱安定性の高い MOF の特徴を最大限活用できるといった特徴がある。ただし，一般に高コストとなることが課題である。また，無機材料が MOF と比べて高密度であるため，単位重量当たりでの吸着量が小さくなりがちな点も注意が必要である。

　金属あるいは金属酸化物粒子・メッシュの表面に MOF を結晶化させる手法[8~10]や，MOF を混錬したセラミックスのグリーン体を押出あるいは 3D プリント等で成型する手法が報告されている[11~14]。国内からも，シリカネットワークを有するマシュマロゲルと MOF を複合化させた材料が開発されている[15]。

2.3　MOF 単体型

　MOF のみあるいはわずかな添加物を加えて賦形化する技術は，MOF 材料の吸着特性を最大限活かせる理想的な方法である。ただし，機械的強度・繰り返し使用に対する安定性が低いことが多く，これらの向上が課題である。高圧でプレスする方法[4,5]や，スプレードライ技術を用いて成型する手法[16,17]などが報告されている。

　また，複合化する材料の種類以外に，賦形化するタイミングでも分類が可能である。すなわち，(a)賦形化後に MOF 合成を行うもの，(b) MOF 合成と賦形化を同時に行うもの，(c) MOF 合成後に賦形化するものに分類することもできる。

　各技術について定量的に比較することは難しいが，おおよその利点と欠点について，表 1 にまとめる。

　最終的にどのような手法が採用されるかは，各アプリケーションに求められる材料の姿と許容されるコストで決まるが，多くの選択肢を用意しておくことはアプリケーションの幅を広げるうえでも重要である。

123

金属有機構造体（MOF）研究の動向と用途展開

表1　賦形化技術の分類と特徴

		複合化する材料		
		i) 有機高分子	ii) 無機物	iii) なし
賦形化する
タイミング	a) MOF の結晶化前	利点：低コスト，
成型の自由度	利点：高い安定性	利点：材料自身の
吸脱着特性を保持
	b) MOF の結晶化と同時	欠点：熱・化学的
安定性の制限，低
い嵩密度	欠点：高コスト，
低い重量当たりの
吸着量	欠点：低い機械的
強度，繰り返し使
用への耐久性
	c) MOF の結晶化後			

3　直接転換法による MOF モノリス合成

3.1　概要

賦形化後の形状は種々あるが，その中でもモノリス形状は，充填剤としてハンドリングしやすいこと，圧力損失が小さいことが利点である。著者の研究グループは近年，金属酸化物あるいは金属モノリスから直接 MOF モノリスを得る手法を開発した。本手法は，MOF の中心金属となる試薬を外部から投入せず，金属・金属酸化物モノリス自身を MOF の金属源とする点を特徴とする。すなわち，原料となるモノリスを，有機リガンドを含んだ水溶液中で加熱するだけで，MOF モノリスを得ることができる。上述の分類では，ii-a に該当し，合成後の賦形化工程を必要とせず簡便に cm スケールの MOF モノリスを得ることが可能である。

本稿では，α-Al_2O_3 モノリスからの MIL-96（Al）モノリスの合成と銅多孔体モノリスからの HKUST-1 モノリス合成について紹介する。詳しい手法やデータについては，原著を参考にされたい[18, 19]。

3.2　方法

3.2.1　α-Al_2O_3 管状モノリスを原料とした MIL-96（Al）モノリス合成

外径 10 mm，内径 7 mm，長さ 10 mm のアルミナ管を原料モノリスとして，MIL-96（Al）モノリスを合成した。トリメシン酸および硝酸を含む水溶液中で原料モノリスを加熱することで，MIL-96（Al）モノリスを得た。合成時の硝酸濃度（0〜0.7 M）や温度（423〜473 K），時間（1〜14 days）をパラメータとして合成条件を変化させ，MIL-96（Al）の結晶化挙動を調べた。得られたモノリス（および沈殿粉末）は，エタノールで洗浄後，383 K で乾燥させた。

得られた MIL-96（Al）モノリスについて，77 K での N_2 吸着試験から細孔容積を評価した。また，298 K での CO_2 吸脱着特性についても評価を行い，その特性を既報[20]に従って合成した MIL-96（Al）粉末と比較した。

原料モノリスと MIL-96（Al）モノリスの圧壊強度を測定した。横倒しにした管状モノリスを上下から圧縮し，破壊された時点での応力を評価した。

第12章　直接転換法によるMOFモノリス合成方法

3.2.2　銅多孔体モノリスを原料としたHKUST-1モノリス合成

HKUST-1モノリスは，スポンジ状の銅多孔体モノリスを原料に用いて合成した。トリメシン酸と硝酸，エタノールを含む水溶液中で加熱して得られたモノリスをエタノールで洗浄後，383 Kで乾燥させた。合成温度を353～393 K，合成時間を1～120 h，硝酸濃度を0～0.13 Mの範囲で変化させ，その結晶化挙動を調べた。得られたモノリスについて，N_2およびCO_2の吸着等温線を取得し，市販のHKUST-1粉末（BasoliteC300, Sigma-Aldrich）と比較した。

3.3　結果と考察
3.3.1　MIL-96（Al）モノリスの結晶化挙動

図1に硝酸濃度を変化させた際のAl転化率とモノリス中のMIL-96（Al）の重量割合を示す。硝酸濃度が低い場合は，Alの溶出が遅く，MOFの結晶化は相対的に早い。そのため，溶出したAlが速やかにモノリス上で成長し，MOF重量割合は時間経過とともにゆっくりと増加した。硝酸濃度が大きくなると，$\alpha\text{-}Al_2O_3$の溶解速度が相対的に早くなるため，Al転化率が全体的に大きくなる。このとき，溶液中にAl^{3+}が拡散していくため，モノリス上だけでなく，溶液中でもMOF結晶が生成・沈殿した。

同様に，硝酸濃度を固定し合成温度を変化させた実験からも結晶化挙動を考察した。その結果，合成温度が高いほど，MOFの結晶化速度が相対的に早くなることが明らかとなった。すなわち，高温で合成することで，溶液中での核発生・成長の割合が小さくなり，モノリス上で成長する結晶の割合が大きくなる傾向が得られた。

図2に，MIL-96（Al）モノリス結晶化における合成温度と硝酸濃度の影響の模式図を示す。MIL-96（Al）生成には，始めに$\alpha\text{-}Al_2O_3$の溶解が必須である。溶解が起こると，MIL-96（Al）の結晶化が始まるが，この際結晶化が十分速い場合にはモノリス上に，遅い場合にはモノリス上・溶液中の両方に結晶が生成する。図3に，原料である$\alpha\text{-}Al_2O_3$モノリスとMIL-96（Al）モ

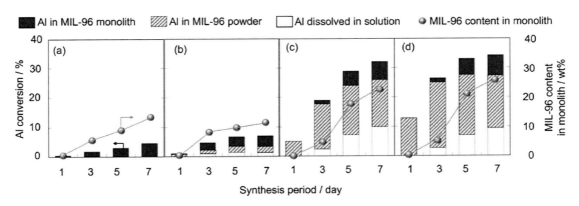

図1　硝酸濃度および結晶化時間がMIL-96（Al）の結晶化挙動に与える影響
硝酸濃度：(a) 0, (b) 0.1, (c) 0.5, (d) 0.7 M[18]

金属有機構造体（MOF）研究の動向と用途展開

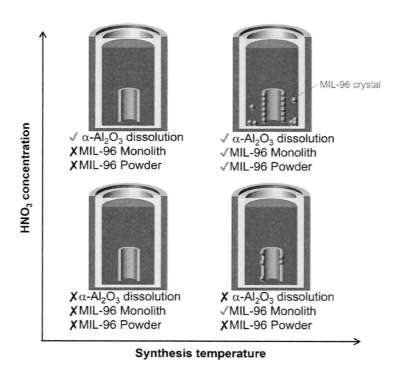

図2　MIL-96（Al）モノリス結晶化における合成温度と硝酸濃度の影響[18]

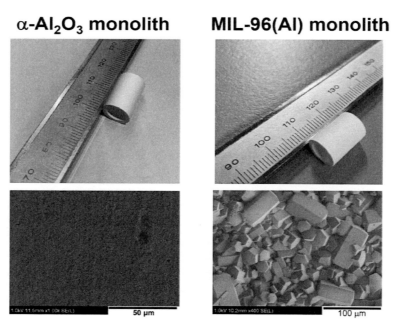

図3　α-Al₂O₃ モノリスと MIL-96（Al）モノリスの外観と FE-SEM 像

第12章　直接転換法による MOF モノリス合成方法

ノリスの外観と FE-SEM 像を示す。合成後には，表面が MIL-96（Al）結晶で完全に覆われていることがわかる。

3.3.2　HKUST-1 モノリス合成の結晶化挙動

図4に銅多孔体モノリスと HKUST-1 モノリスの外観と FE-SEM 像を示す。MIL-96（Al）と同様に，モノリス表面が完全に MOF 結晶で覆われている様子が見てとれた。

HKUST-1 モノリスの結晶化挙動についても，おおむね MIL-96（Al）と同様の傾向が見られた。とくに銅多孔体モノリスの溶解速度は硝酸濃度に強く依存するため，硝酸を添加しない場合は HKUST-1 結晶が生成しなかった。一方，硝酸を添加すると，Cu^{2+} の溶出が速やかに起こるため，モノリス上および溶液中での結晶化が同時に進行する様子がみられた。図5に HKUST-1 モノリスの結晶化挙動のイメージを示す。

3.3.3　直接転換法による MOF モノリス成長挙動のまとめ

本手法による MOF モノリス合成を成功させるコツは，モノリスを一部溶解させること，および溶解した金属種をすみやかに MOF に転換させることにある。モノリスの溶解速度が小さい場合は，金属源が供給されないため，MOF モノリスが形成されず，MOF 粉末も生成しない。原料モノリスが溶解し，かつ迅速に MOF への転換が進行する場合，モノリス上で MOF の結晶化が進行し，MOF モノリスが得られる。一方，原料モノリスの溶解速度が大きすぎる場合，バルクで核発生が進行するため，MOF モノリス以外に多量の MOF 粉末が生成する。

MOF モノリスを得るためには，加える無機酸の量や結晶化温度をパラメータとして，原料モノリスの溶解速度と結晶化速度をコントロールする必要がある。無機酸の量（濃度）はとくに溶解速度に，結晶化温度は MOF の結晶化速度に大きく影響する。ただし，いずれのパラメータも，原料モノリスの溶解・MOF の結晶化速度に相互に作用するため，独立した制御については今後の課題である。

図4　銅多孔体モノリス(a)と HKUST-1 モノリスの外観(b)と FE-SEM 像(c)
（文献[19]より許可を得て転載）

金属有機構造体（MOF）研究の動向と用途展開

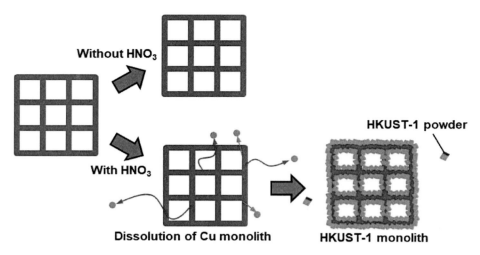

図5　HKUST-1 モノリスの結晶化挙動
（文献[19]より許可を得て転載）

例えば，金属モノリスの溶解は金属酸化物モノリスの溶解と比較して非常に早いため，溶解が過剰に進行しバルクでの結晶生成量が多くなりやすい。また，原料モノリスの表面積も溶解速度に大きく影響するため，同じ材質でも形状等によってMOFモノリス形成挙動が変化することがわかっている。

3.3.4　MOFモノリスの吸脱着特性と機械的強度

モノリス上に生成したMOF結晶は，MIL-96（Al）およびHKUST-1のいずれも粉末状の結晶とほとんど変わらない細孔容積およびCO_2吸脱着特性を有していた。図6にHKUST-1モノリスおよび粉末へのN_2吸着等温線（77 K）とCO_2吸着等温線（298 K）を示す。例えば，100 kPaにおけるモノリスおよび粉末に対するCO_2吸着量はそれぞれ，118 cm^3（STP）g^{-1}と107 cm^3（STP）g^{-1}であった。また，比表面積もそれぞれ1,374 m^2 g^{-1}と1307 m^2 g^{-1}であり，同等の値を示した。

合成前後での機械的強度は，母体のモノリスの強度およびMOFへの転換率に大きく依存する。例えば，MIL-96（Al）モノリス中のMOF重量割合が約10 wt%と30 wt%の時，その圧壊応力は，原料であるα-Al_2O_3モノリスと比較して約80%と50%となった。母体としたモノリスよりは劣るものの，MIL-96（Al）モノリスのようにセラミック管を原材料とする場合には，十分な強度を保つことが明らかとなった。

第12章　直接転換法によるMOFモノリス合成方法

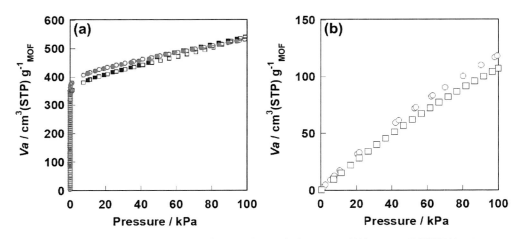

図6　HKUST-1 モノリス（○）および粉末（□）のN$_2$吸着線とCO$_2$吸着等温線
(a) N$_2$ at 77 K，(b) CO$_2$ at 298 K（文献[19]より許可を得て転載）

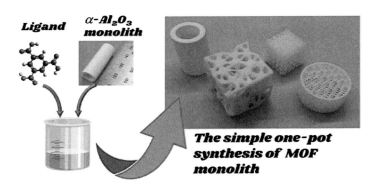

図7　3Dプリンターで成型したモノリスを用いて合成したMIL-96（Al）[18]

4　直接転換法のまとめと展望

　本手法では，原料モノリスを金属源として用いることで，ワンポット合成で簡便にMOFモノリスを得ることが可能である。種々のモノリス成型技術と組み合わせることで，多様な形状のMOFモノリスが得られる可能性がある。例えば，図7は，3Dプリンターで成型したα-Al$_2$O$_3$モノリスを原料として合成したMIL-96（Al）モノリスの写真である。また，モノリスだけでなく，粒子への展開も可能である。今後は，様々な種類のMOFへの適用可能性を検討したい。
　また，本手法は基板とMOF結晶を直接結合させることができる点が，各種コーティング手法との違いである。基板上にMOF層を形成させる必要のあるセンサーや分離膜合成等への応用が期待できる。

金属有機構造体（MOF）研究の動向と用途展開

文　　献

1) J. Hou *et al.*, *Chem. Sci.*, **11**, 310-323 (2020)
2) B. Valizadeh *et al.*, *Polyhedron*, **145**, 1-15 (2018)
3) D. Bazer-Bachi *et al.*, *Powder Technol.*, **255**, 52-59 (2014)
4) G. Blanita *et al.*, *Int. J. Hydrogen Energy*, **39**, 17040-17046 (2014)
5) L. Wang *et al.*, *Coord. Chem. Review*, **398**, 213016 (2019)
6) Y. Zhang *et al.*, *J. Am. Chem. Soc.*, **138**, 5785-5788 (2016)
7) 平出翔太郎ら，ガス吸着材成形体およびその製造方法，特開 2024-172985
8) Y. Chen *et al.*, *Angew. Chem. Int. Ed.*, **55**, 3419-3423 (2016)
9) J. Kim *et al.*, *Adv. Funct. Mater.*, **29**, 1808466 (2019)
10) H. Liang *et al.*, *J. Mater. Chem. A*, **6**, 334-341 (2018)
11) S. Lawson *et al.*, *ACS Appl. Mater. Interfaces*, **10**, 19076-19086 (2018)
12) P. Kusgens *et al.*, *J. Am. Ceram. Soc.*, **93**, 2476-2479 (2010)
13) E. V. Ramos-Fernandez *et al.*, *Appl. Catal. A General*, **391**, 261-267 (2011)
14) S. Lawson *et al.*, *ACS Appl. Mater. Interfaces*, **12**, 56108-56117 (2020)
15) 堀内悠ほか，複合材料及びガス吸着材並びに複合材料の製造方法，特許 7148133
16) A. Carne-Sanchez *et al.*, *Nature Chemistry*, **5**, 203-122 (2013)
17) L. Garzon-Tovar *et al.*, *Chem. Eng.*, **1**, 533-539 (2016)
18) M. Sakai *et al.*, *ACS Appl. Mater. Interfaces*, **15**, 22395-22402 (2023)
19) M. Sakai *et al.*, *Chem. Lett.*, **53**, upae109 (2024)
20) V. Benoit *et al.*, *J. Mater. Chem. A*, **6**, 2081-2090 (2018)

第13章 DACへの応用を目的としたSIFSIX 金属有機構造体へのCO_2吸着機構の解明

宮川雅矢[*1]，樋口隼人[*2]，高羽洋充[*3]

1 はじめに

大気中のCO_2濃度は産業革命以降増え続けており，最も代表的かつ深刻な環境問題となっている。温室効果ガス世界資料センターの発表によると，世界平均濃度は1990年では355 ppmであったが，2020年には415 ppmに増加しており，排出を抑制する取り組みは国際的に行われている。産業活動ではCO_2だけでなくH_2, N_2, O_2, H_2O, C_2H_4などさまざまなガスが排出されるため，これら混合ガスから選択的にCO_2のみを高いエネルギー効率で分離する技術は工業的に重要である。

2 混合ガスからのCO_2の分離

CO_2の分離技術については化学吸収法・深冷分離法・膜分離法・吸着分離法などが知られており，このうち化学吸収法によるCO_2回収はすでに実用化されている。化学吸収法とは塩基性溶液にCO_2を通して吸収させる手法で，モノエタノールアミンやジエタノールアミンを主成分とする溶液がよく用いられるためアミン吸収法とも呼ばれている。この手法はカルバミン酸などを生成させる化学反応を伴うため非常に高いCO_2選択性を示す一方で，反応後の溶液からCO_2を回収するときには吸収時に形成された化学結合を切るために溶液の加熱が必要となる。この温度は120℃程度であり，大規模な吸収塔を用いることも踏まえると，エネルギー効率や回収コストには課題がある。また，吸収と脱離を繰り返すことで吸収材が劣化することも避けられない。

深冷分離法ではCO_2を含む混合ガスを冷却，液化させることでCO_2を蒸留して分離する，炭化水素を含む混合ガスからの分離には適するが，冷却過程を必要とするため特に低濃度の混合ガスからのCO_2分離においてはコストに課題がある。

膜分離法は有機高分子（ポリアミンやポリイミドなど）から成る膜を用いた分離技術であり，加熱や冷却といったプロセスを必要としないため分離に必要なエネルギーコストが低いという利点がある。天然ガスのCO_2分離膜についてはすでに市販されているものの向上の余地は大きく，

＊1 Masaya MIYAGAWA 工学院大学 先進工学部 環境化学科 助教
＊2 Hayato HIGUCHI 工学院大学 先進工学部 環境化学科 助手
＊3 Hiromitsu TAKABA 工学院大学 先進工学部 環境化学科 教授

金属有機構造体（MOF）研究の動向と用途展開

高い分離性能とCO$_2$透過係数が両立した膜の開発は現在も望まれている。

　吸着分離法は，後述するように近年注目されている分離法である。この方法では，吸着材を用いてCO$_2$を高圧の混合ガスから分離，固定する。その後，加熱あるいは減圧といった操作によってCO$_2$を脱着，回収する。吸着材には分子サイズ（<1 nm）の細孔を有する多孔質材料を用いることが多く，特に金属種と配位子の種類によって細孔径や極性を制御可能な金属有機構造体（MOF）での検討は近年増加傾向である。

3　SIFSIXによるCO$_2$吸着と課題

　MOFは秩序性の高い細孔構造を有することから，低分子のガス吸着特性が盛んに研究されてきた。KitagawaらによるCH$_4$，N$_2$，O$_2$の可逆吸着はその代表例であり[1]，HKUST-1, MOF-74やUiO-66, ZIF-8, MIL-101などさまざまなMOFで報告されている。配位子には，TiF$_6^{2-}$やGeF$_6^{2-}$，NbOF$_5^{2-}$といった原子団がしばしば含まれ，これらを含むMOFはTIFSIX, GEFSIX, NbOFFIVEと呼ばれる。SiF$_6^{2-}$を配位子とするSIFSIXはガス吸着特性に優れることが知られている[2,3]。細孔径は配位子にもよるが10 Å以下であるため，CO$_2$ (3.3 Å)，N$_2$ (3.6 Å)，O$_2$ (3.5 Å)，CH$_4$ (3.8 Å)，H$_2$O (3.8 Å) を取り込むことができ，これらガス種の吸着・分離に適している。例として，SIFSIX-3-Cuの構造を図1(a)に示す。ピラジン環とSiF$_6^{2-}$が直交しており，3.5 Åの細孔を形成している。

　SIFSIXでは，SIFSIX-3-CuやSIFSIX-3-Znが大気中のCO$_2$濃度と同程度である400 ppmでもCO$_2$を吸着することが知られている[4]。このような性質は直接空気回収技術（Direct Air Capture；DAC）への応用に適しているといえるが，CO$_2$だけなくO$_2$，N$_2$，H$_2$Oも細孔に取り込まれうる。また，SIFSIXは多くのMOFと同様に水蒸気耐性には課題が残っている。たとえば，有機配位子として3,3',5,5'-tetramethyl-1H,1'H-4,4'-bipyrazoleを含むSIFSIX-18-Ni-β（図1

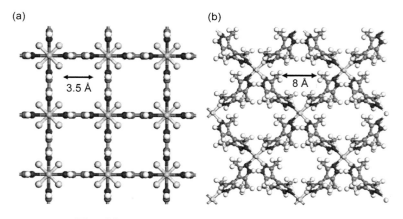

図1　(a) SIFSIX-3-Cu, (b) SIFSIX-18-Ni-β の構造

第13章 DACへの応用を目的としたSIFSIX金属有機構造体へのCO₂吸着機構の解明

(b))は他のMOFと比べて水蒸気耐性に優れるが,相対湿度が50％を超えると構造の劣化が起きる[5]。さらに,CO_2の吸着量はH_2Oと比べて少ないという課題もある。すなわち,DACへの展開を見据えると,SIFSIXは水蒸気耐性およびCO_2吸着量どちらもさらに向上させる必要がある。しかし,水蒸気を含む混合ガスを用いたときの吸着選択性やMOFの耐久性に関する検討は十分におこなわれていない。また,SIFSIXに限っても,金属イオンと配位子の組み合わせの多さを鑑みると細孔構造に基づいて水蒸気耐性や吸着特性について各論的に解明することは容易ではない。

4 量子化学計算による吸着特性の探究

前述のようにSIFSIX-18-Ni-βは水蒸気耐性に優れるため,他のSIFSIXと比べてH_2Oが吸着しづらい可能性がある。そこで,量子化学計算(DFT/GGA-PBEレベル)を用いてH_2O,CO_2をそれぞれ含むSIFSIX-18-Ni-βの構造を周期境界条件下で最適化した。得られた細孔構造を図2(a)〜(d)に示す。H_2O,CO_2ともに8Åの細孔内で配位子のCH_3基と相互作用している。また,H_2Oの吸着エネルギーを算出したところ-45.6 kJ mol^{-1}であった。この値は疎水的で知られるZIF-8(-44.7 kJ mol^{-1})と同程度であり[6],配位子が2,5-dihydroxyterephthalateであるMg-MOF-74,Ni-MOF-74ではそれぞれ-65 kJ mol^{-1},-59 kJ mol^{-1}であることから,SIFSIX-18-Ni-βの水蒸気耐性はH_2Oが細孔内に吸着しづらいことに由来すると考えられる。なお,

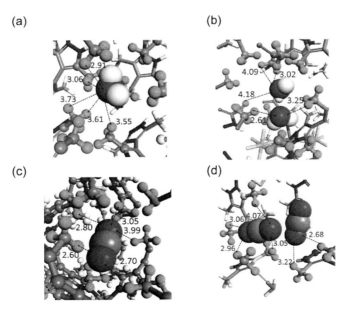

図2 吸着質を含むSIFSIX-18-Ni-βの細孔構造
(a)H_2O 1分子, (b)H_2O 2分子, (c)CO_2 1分子, (d)CO_2 2分子

SIFSIX-18-Ni-β では CO_2 の吸着エネルギーは H_2O のそれよりもやや小さく -35.4 kJ mol^{-1} であった一方で，N_2 では -28.0 kJ mol^{-1} であったことから，SIFSIX-18-Ni-β では N_2 は吸着しづらいことがわかる。実際，500 ppm における CO_2 吸着量の実験値は 0.4 mmol g^{-1} と，1 bar における N_2 吸着量（0.04 mmol g^{-1}）の 10 倍であることから，量子化学計算の結果は実験結果を十分に説明できている。

H_2O，CO_2 の吸着エネルギーについて，他の SIFSIX-3-M（M = Fe, Co, Ni, Cu, Zn）についても同様に求め，比較した結果を図3に示す。SIFSIX-3-M における CO_2 の吸着エネルギーは Fe を除いて $-35 \sim -40$ kJ mol^{-1} であり，SIFSIX-18-Ni-β と同等かやや大きい。SIFSIX-3-Ni における H_2O，CO_2 の吸着構造を図4に示す。図2に示した SIFSIX-18-Ni-β の場合とは異なり，H_2O は配位子に含まれる芳香環とも相互作用している。このような配位子との相互作用の違いが，SIFSIX-18-Ni-β よりも大きな吸着エネルギーを与えたと考えられる。

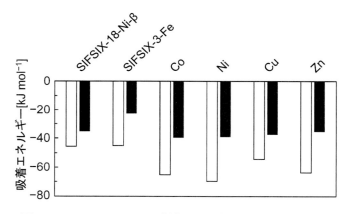

図3　SIFSIX における H_2O（白），CO_2（黒）の吸着エネルギー

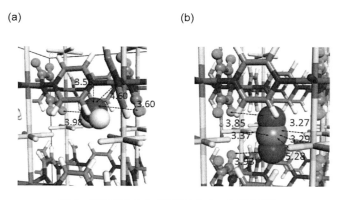

図4　吸着質を含む SIFSIX-3-Cu の細孔構造
(a) H_2O，(b) CO_2

第13章　DACへの応用を目的としたSIFSIX金属有機構造体へのCO₂吸着機構の解明

5　拡散障壁エネルギーによるH₂O, CO₂の細孔内拡散の評価

MOFをDACへと展開する際には，CO₂の吸着エネルギーだけでなく吸着速度も大きいことが望ましい。吸着速度は固気界面で分子がMOF内に取り込まれたのちに起きる細孔内拡散と関係しているため，隣り合う細孔への分子の移動に関する拡散障壁エネルギーに基づいてSIFSIX-18-Ni-βおよびSIFSIX-3-Mの拡散性を評価した。具体的には，図5のように拡散前後の構造最適化計算をおこない，これらをもとに遷移状態の構造を最適化することで拡散障壁エネルギー

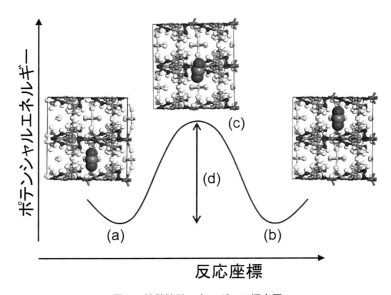

図5　拡散障壁エネルギーの概念図
(a)拡散前，(b)拡散後，(c)遷移状態，(d)拡散障壁エネルギー

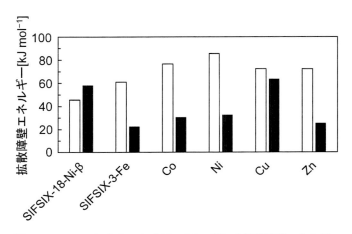

図6　SIFSIXにおけるH₂O（白），CO₂（黒）の拡散障壁エネルギー

金属有機構造体（MOF）研究の動向と用途展開

を求めている。

SIFSIX-18-Ni-β における H_2O, CO_2 の拡散障壁エネルギーについて，SIFSIX-3-M と比較した結果を図6に示す。SIFSIX-3-M では CO_2 の方が H_2O よりも低い値であるため，細孔内を素早く拡散できると考えられる。しかし，SIFSIX-18-Ni-β では大小関係が逆転しており，H_2O は CO_2 よりも細孔内を拡散しやすい。このことから，SIFSIX-18-Ni-β の水蒸気耐性は前述のように吸着エネルギーの小ささに由来するものであり，また CO_2 の吸着速度を向上させるためには配位子設計が重要であることがわかる。

6 NbOFFIVE の構造多様性と吸着特性との関係

NbOFFIVE-1-Ni は SIFSIX-3-Ni の SiF_6^{2-} を $NbOF_5^{2-}$ に置き換えた MOF である。有機配位子がピラジンであるため ZIF-8 や SIFSIX-3-Ni のような疎水的な細孔を有し，SIFSIX-18-Ni-β と類似した水蒸気耐性を示し，良好な CO_2/N_2 選択性で 400 ppm の CO_2 を吸着可能である[5,7]。ただし，NbOFFIVE-1-Ni では図7(a)～(d)に示すように O 原子の配置が異なる4種類の構造が考えられ，それぞれがどのように特徴的な吸着特性と関係しているかはわかっていない。そこで，それぞれの構造を最適化したところすべてについて計算は収束し，①→④→②→③の順に安定であることがわかった。

H_2O, CO_2, N_2 の吸着エネルギーを SIFSIX-18-Ni-β, SIFSIX-3-M と同様に量子化学計算で求めた結果を表1に示す。①④の構造では N_2 の吸着エネルギーが正の値であることから，NbOFFIVE-1-Ni では形成される細孔が必ずしも吸着サイトとして機能するとは限らず，これが

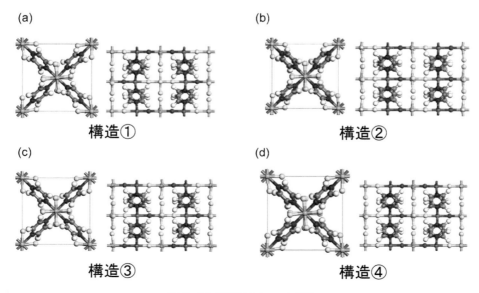

図7　NbOFFIVE-1-Ni の構造

第 13 章　DAC への応用を目的とした SIFSIX 金属有機構造体への CO_2 吸着機構の解明

表 1　NbOFFIVE-1-Ni における H_2O, CO_2 の吸着エネルギー

（単位は kJ mol^{-1}）

種類	H_2O	CO_2	N_2
①	−60.9	−37.7	29.2
②	−70.5	−44.3	−23.4
③	−77.3	−46.0	−24.9
④	−60.8	−39.0	31.0

表 2　NbOFFIVE-1-Ni における H_2O, CO_2
の拡散障壁エネルギー

（単位は kJ mol^{-1}）

種類	H_2O	CO_2
①	19.4	83.8
②	74.4	56.0
③	83.9	51.5
④	123	105

CO_2/N_2 選択性を示す由来である可能性がある。②③の構造について，H_2O, CO_2 の吸着エネルギーを SIFSIX-18-Ni-β, SIFSIX-3-M の結果（図 3）と比べると，H_2O, CO_2 どちらも SIFSIX-18-Ni-β, SIFSIX-3-M よりも大きい値となった。これについては，細孔径が 3.5 Å と小さく細孔内で配位子と強く相互作用したためと考えられる。

　NbOFFIVE-1-Ni について，H_2O, CO_2 の拡散障壁エネルギーの結果を表 2 に示す。構造によって同じ分子種でも値は大きく異なるだけでなく，H_2O, CO_2 の大小関係も異なるという結果が得られた。分子はエネルギー障壁が低い経路で拡散しやすいため，H_2O は①の構造中で，CO_2 は②③の構造中で比較的拡散しやすいと考えられる。実験で扱われる NbOFFIVE-1-Ni は各構造を含むと考えられるが，局所的な構造を制御することができれば，理想的な吸着特性を示す MOF を創製できる可能性がある。

文　　　献

1)　M. Kondo *et al.*, *Angew. Chem. Int. Ed.*, **36**, 1725（1997）
2)　B. Bayati *et al.*, *Phys. Chem. Chem. Phys.*, **26**, 17645（2024）
3)　K. A. Forrest *et al.*, *Cryst. Growth Des.*, **19**, 3732（2019）
4)　J. Liu *et al.*, *ACS Sustainable Chem. Eng.*, **7**, 82（2019）
5)　S. Mukherjee *et al.*, *Sci. Adv.*, **5**, 9171（2019）
6)　P. Küsgens *et al.*, *Mesoporous Microporous Mater.*, **120**, 325（2009）
7)　P. M. Bhatt *et al.*, *J. Am. Chem. Soc.*, **138**, 9301（2016）

【第3編：MOF の触媒としての機能と用途】

第14章　MOF の特徴を活かした触媒利用

澤野卓大[*]

1　はじめに

Metal-Organic Frameworks（MOF）は金属塩と有機化合物（有機リンカー）から合成される結晶性の多孔性物質であり，その規則的な孔に様々な物質を吸着させることができる。吸着能力が注目され，MOF は現在，ガス吸着[1)]，ガス分離[1)]，化学センサー[2)]，ドラックデリバリー[3)]など幅広い領域で盛んに研究されている。MOF を不均一系触媒として利用した研究も行われており，MOF 触媒の再利用，生成物への MOF からのコンタミネーションを防ぐなどの一般的な不均一系触媒としての利点があるだけでなく，MOF の特徴を生かすことで従来の触媒では実現できなかった高い活性や選択性を実現することができる[4~6)]。例えば，MOF に担持された触媒は固定されていることから均一系触媒とは異なる状態にあるため，高い触媒活性を示したり（Site-Isolation Effect），2つの触媒が近い状態を作り出すことで協働作用を持たせたりできることが知られている。その一方，MOF の特性を十分に活用するためには，MOF の精密な設計を行うことが必要不可欠である。MOF では利用できる反応スペースは限られていることから，効率良く反応させるために必要なスペースが提供されないことで，収率やエナンチオ選択性が低くなることがしばしば起こる。

本稿では BINAP，キラルジエン，単座ホスフィンといった重要な配位子を組み込んだ MOF と，MOF の金属クラスター部分（SBU）を触媒として利用した著者らの研究を紹介する。また，3次元構造をもつ MOF と対照的に2次元構造をもつ Metal-Organic Layer（MOL）の触媒利用について紹介することを通して，MOF の触媒利用の方法について解説する。

2　MOF の触媒利用

MOF は構成するいくつかの部分を触媒として利用することができ，①有機リンカー，②形成される SBU，③ MOF 内に取り込んだ物質，④有機リンカーが配位した金属触媒，を利用する方法などが存在する（図1）。④の方法を用いる場合，あらかじめ金属触媒が取り込まれた有機リンカーを用いて MOF を合成する方法と，MOF を合成後に金属触媒を取り入れる方法が存在する。後者は Post-Synthetic Metalation と呼ばれ，様々な反応に応用できることからより汎用性の高い方法である[7)]。しかしながら，MOF 合成の際に用いる金属塩に対して，有機リンカー

---

[*]　Takahiro SAWANO　島根大学　材料エネルギー学部　材料エネルギー学科　准教授

金属有機構造体（MOF）研究の動向と用途展開

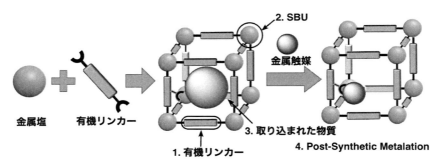

図1　MOFの触媒利用方法

に組み込まれた配位子が反応することで，目的とするMOFが合成できなくなる可能性があるため，配位子と金属塩の適切な選択が必要である。

3　BINAPを基盤としたMOF触媒

　MOFの触媒利用が近年発展してきている一方，MOF触媒による不斉反応は報告例が限られており，Ti/BINOL-MOF触媒を用いたアルキル亜鉛の不斉1,2付加反応[8]やMn/Salen-MOF触媒を用いたアルケンの不斉エポキシ化反応[9]などが代表例として挙げられる。MOF触媒を用いた不斉反応の困難な点は，活性点周りに十分なスペースが確保できない場合やMOFの安定性が低い場合には，エナンチオ選択性が低下することである。筆者らは，代表的な不斉配位子の1つであるBINAPを組み込んだUiO構造を有するMOF触媒の作製を行った[10]。ジルコニウム塩とテレフタル酸およびその類似化合物から作製されるUiO構造は，酸，塩基などに対して化学的に安定なだけでなく，熱的・物理的にも安定であることから，幅広い反応条件に適用可能であり，触媒のプラットフォームとして適している[11～13]。BINAPを基盤とした2つの伸長したカルボン酸を有機リンカーとして合成し，塩化ジルコニウムとDMF中で120℃，3日間反応させることで，UiO型のBINAP-MOFを合成した（図2）。単結晶X線構造解析から，合成したMOFは，8面体と4面体から形成されるUiO構造であり，1つの辺の長さは23Åであった。加えて，TGAから孔内に60％の溶媒を含んでいることや，brilliant blue R-250を吸着させた際に13.5 wt％含むことから，BINAP-MOFは広い孔を有していることが示された。これは，大きな有機リンカーをデザインしたためであり，不斉反応を行うために適したMOFである。合成したMOFはRuやRhによってメタル化させることが可能であり，金属触媒を取り込むことはICP-MSとXAFSによって確認した（Ru·BINAP-MOFとRh·BINAP-MOF）。ICP-MSの結果から，BINAP部分に33％のRhと50％のRuがそれぞれ配位されることが分かった。また，XAFSの結果から，RuにはBINAP，2つの臭素，2つのMeOHが配位していることが示唆され，Ruが取り込まれた目的とするMOF触媒が形成された。加えてPXRDの結果から，RuやRhが

第14章　MOFの特徴を活かした触媒利用

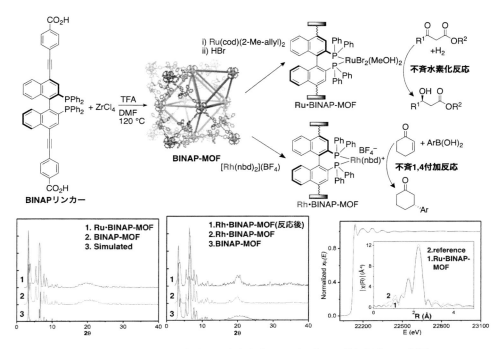

図2　BINAP-MOFの合成と不斉水素化および不斉1,4付加反応への利用
Adapted with permission from J. M. Falkowski, T. Sawano, T. Zhang, G. Tsun, Y. Chen, J. V. Lockard, and W. Lin *J. Am. Chem. Soc.* **2014**, *136*, 5213-5216. Copyright 2014 American Chemical Society.

MOFに取り込まれた後もUiO構造を保っており，触媒として利用可能であることが分かった。Ru・BINAP-MOFはβ-ケトエステルやアルケンの不斉水素化反応，Rh・BINP-MOFはα,β-不飽和ケトンへのアリールボロン酸を用いた不斉1,4付加反応に用いることができた。いずれの反応でもエナンチオ選択性は，対応する均一触媒による反応と同等か少し低い程度であり，スペースが大きいMOFが作製されたことで理想的な不斉認識が行われたことを示している。加えて，不斉1,4-付加反応では対応する均一触媒による反応よりも最大3倍程度の高い活性を示し，MOFの有効性が示された。

4　有機リンカーの混合によるMOF空間の拡張

BINAP-MOFは空間が広くなるようにデザインされている優れた触媒である一方，BINAPおよび取り込まれた金属触媒がかさ高いため，MOFの反応空間を圧迫しており，いくつかの反応で問題となる。例えば，遷移金属触媒を用いた1,6-エンインの不斉環化反応は立体選択的かつ原子効率的に炭素－炭素結合を形成するための強力な手法であるが[14]，多くの場合，複数の環で形成された剛直な遷移状態や中間体を経由して反応が進行する。実際に，1,6-エンイン化合物の

金属有機構造体（MOF）研究の動向と用途展開

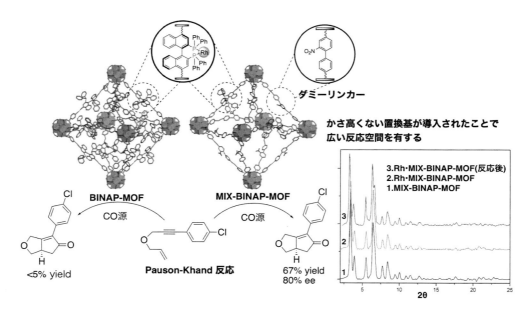

図3 反応空間を広げた MIX-BINAP-MOF の合成
Adapted with permission from T. Sawano, N. C. Thacker, Z. Lin, A. R. McIsaac, and W. Lin, *J. Am. Chem. Soc.* **2015**, *137*, 12241-12248. Copyright 2015 American Chemical Society.

Pauson-Khand 反応に対して，Rh・BINAP-MOF はほとんど活性を示さなかった（図3）。これは，反応が進行するために必要な大きな2環性のロダサイクルを形成することが困難であり，また基質が反応点に近づきにくいためだと考えられる。そこで，BINAP の有機リンカーと立体的に空いているダミーのリンカーを1：4の割合で混ぜることで，MOF 内のスペースを空けた MIX-BINAP-MOF を合成した[15,16]。MIX-BINAP-MOF は BINAP-MOF と同じ UiO 型の PXRD パターンを示した。実際に Rh・MIX-BINAP-MOF は Pauson-Khand 反応に対して非常に高い触媒活性を示し，対応する均一系の触媒よりも10倍以上の高い活性を示すことが分かった。また，反応後も結晶性が保たれ，再利用して使用することができた。

5 光学活性なジエン MOF 触媒

BINAP 以外の重要な不斉配位子を組み込んだ MOF として，光学活性なジエン配位子を組み込んだ UiO 型の MOF（Diene-MOF）を開発した（図4）[17]。光学活性ジエン配位子は林[18]と Carreira[19]によってそれぞれ開発され，ロジウム触媒によるイミンへの不斉1,2付加反応や α, β-不飽和カルボニル化合物への不斉1,4付加反応などに対して非常に優れた配位子である[20]。キラルジエンを組み込んだ合成した有機リンカーとジルコニウム塩から，Diene-MOF を作製し，Rh によってメタル化させた。この Rh・Diene-MOF はアルドイミンへのアリールボロン酸を用いた

第 14 章　MOF の特徴を活かした触媒利用

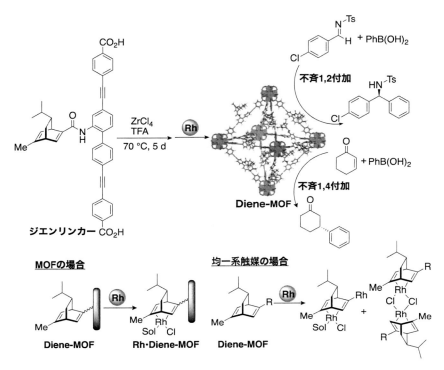

図 4　光学活性なジエン MOF の合成と触媒反応への利用
Reproduced from Ref. 17 with permission from the Royal Society of Chemistry.

不斉 1,2 付加反応に対して，対応する均一系触媒よりも 5 倍程度高い活性を示した。ジエン錯体は不活性な 2 量体を形成しやすいが，MOF に閉じ込められたジエン錯体は孤立しているため，お互いのジエン錯体が近づけず，活性が高い単量体の状態を保っているためであると考えられる。実際に，XAFS の結果から，MOF ではロジウム・ジエン錯体が単量体で存在している一方，対応する均一系ではモノマーとダイマーの 2 つの状態が混在している。加えてこの Rh·Diene-MOF は，何度もエナンチオ選択性および収率を損なうことなく再利用することができた。これは，反応条件で MOF の結晶性が損なわれず，さらに Rh および Zr の溶液へのリーチングが少なかったためである。Rh·Diene-MOF は α,β-不飽和ケトンへの不斉 1,4-付加反応に対しても高い活性を示し，TON は最大 13,400 であった。

6　単座ホスフィン MOF

単座ホスフィンは代表的な配位子であり，触媒化学の多くの場面で利用されている。単座ホスフィンは，金属触媒に複数個配位することが可能であり，配位する数を制御することは金属触媒の電子的および立体的環境を調整する上で重要である。例えば，カップリング反応に利用される

単座ホスフィン配位子であるBuchwald配位子は，リンと金属の比をその立体障害から1：1に制御し，高い活性を実現している。MOFに担持された金属触媒は，空間的に孤立していることから1：1で配位する状態を選択的に形成できるが，単座ホスフィンを基盤としたMOFの例は非常に限られている[21]。著者らは，ジルコニウムから構成されるSBUをもつ，新たな単座ホスフィンMOFを達成した（P$_1$-MOF，図5）[22]。得られたMOFはイリジウムやロジウムを導入可能であり，Rh・P$_1$-MOFの単結晶からSBUはZr$_6$(μ$_3$-O)$_4$(OH)$_4$とカルボキシラートから構成されるが，UiO構造と異なり，12個のカルボキシラートの内10個だけジルコニウムと結合している。ロジウムが導入されたP$_1$-MOF触媒は，アルケンやカルボニル化合物のヒドロシリル化反応や水素化反応に対して用いることができた。Rh・P$_1$-MOFの活性は対応する均一系触媒やwilkinson触媒よりも高く，TONは186,000や440,000と高かった。また，イリジウム触媒が導入されたMOF触媒は，アリール基のC-Hホウ素化反応に対して活性を示した。これらのP$_1$-MOF触媒は反応中にほとんど流出されず，さらに数多く繰り返し利用可能であり，不均一触媒であることの利点も示されている。

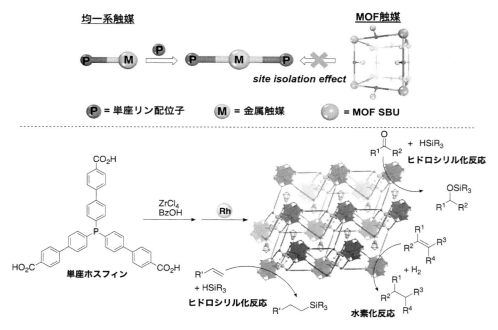

図5 単座ホスフィンMOFを用いた触媒反応

Adapted with permission from T. Sawano, Z. Lin, D. Boures, B. An, C. Wang, and W. Lin, *J. Am. Chem. Soc.* 2016, *138*, 9783-9786. Copyright 2016 American Chemical Society

第14章　MOFの特徴を活かした触媒利用

7　Ce-MOFのSBUを利用した触媒

MOFを触媒として利用する方法は有機リンカー部分に配位子を導入し，金属触媒を取り込むだけでなく，SBUの金属を利用する方法も効果的である[23]。しかしながら，SBU触媒は，金属の不飽和サイトを利用してLewis酸として用いたり，ヒドロキシ基をBrønsted酸として利用したりする場合がほとんどであり，MOFの特性を十分に活かせていないものが多い。著者らは，セリウムのSBUを適切に修飾することで魅力的な触媒を作りだした（図6）[24]。ランタノイド触媒はポリマー化反応やヒドロアミノ化反応などに用いられ，かさ高いCp*環によって保護された触媒が多く利用される。著者らはより立体障害が少ないセリウム触媒を作り出すことで活性を高めた。トリメシン酸と$(NH_4)_2Ce(NO_3)_6$を反応させることで，CeをSBUに持つMOF（Ce-MOF）を合成した。XAFSの解析からSBUは，$Ce^{IV}_6(\mu_3-O)_4(\mu_3-OH)_4(OH)_6(OH_2)_6$の構造であり，MOF-808と類似の構造であるが，セリウムの大きなイオン半径のために，Ce-Ceの長さは3.74 Åとより大きく，一番大きな孔の大きさは22 Åであった。触媒活性をもつセリウムは$LiCH_2SiMe_3$とHBpinを反応させることで得られた。まず$LiCH_2SiMe_3$とCe-MOFを反応させたところ，$(\mu_3-OLi)Ce(OH)_2]Li(CeOH-MOF)$のSBUと$SiMe_4$が得られた。これは，ICP-MSから得られたLiとCeの比や，副生成物の$SiMe_4$がNMRで検出されたことや，XAFSの結果から判断した。続いて，HBpinと反応させたところ，活性種であるCe^{III}-H MOFを作ることができた。これは，$Ce^{IV}H_2$を経由して$Ce^{III}H(THF)$が得られたと考えられる。Ce^{III}-H MOFが

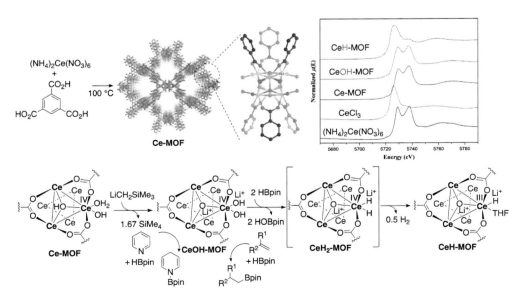

図6　Ce-MOFによる触媒反応

Adapted with permission from P. Ji, T. Sawano, Z. Lin, A. Urban, D. Boures, and W. Lin, *J. Am. Chem. Soc.* **2016**, *138*, 14860-14863. Copyright 2016 American Chemical Society.

生成したことは，XAFS の結果だけではなく，副生する H_2 の GC による検出や HOBpin の NMR による検出から確かめられた。加えて，Ce^{III}-H MOF は HCl と反応して水素を放出した。CeOH-MOF はアルケンのヒドロホウ素化反応の触媒として用いることができた。加えて，報告例が少ないピリジンの4位選択的なヒドロホウ素化反応も CeOH-MOF によって実現された[25, 26]。

8 Metal-Organic Layer（MOL）触媒

上記に示したように MOF は3次元構造をもった多孔性物質であり，孔の空間を利用することで多くの魅力的な触媒が報告されている一方，基質が MOF 内の反応点まで到達する必要があるという欠点が存在する。とりわけ，大きな基質や生成物の場合，拡散に制約が生じる。大きな空間を作るために有機リンカーを長くする方法もあるが，構造が壊れやすくなるともにインターペネトレーションが起こりやすくなる。そこで著者たちは TPY-MOL 触媒を開発した（図7）[27]。MOL は MOF と同様に金属塩と有機リンカーから合成できる物質であるが，MOF と異なり2次元構造もつ物質であり，基質が活性点に近づきやすいという利点がある[28]。ターピリジンを含む有機リンカーとハフニウム塩から MOL を合成したところ，$Hf_6(\mu_3\text{-O})_4(\mu_3\text{-OH})_4(HCO_2)_6$ を SBU としてもつ TPY-MOL が得られた。TEM および AFM による観察から，TPY-MOL は薄いシート状であり，ほとんどが 1.2 nm 程度の厚さの単層の状態であると分かった。この厚さは，Hf_6 から作られる SBU のファンデルワールスサイズと一致する。コバルトでメタル化させた TPY-MOL はアリール基のベンジル位での C-H ホウ素化反応を進行させた。C-H ホウ素化はこ

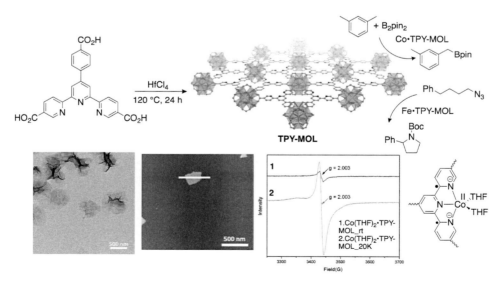

図7　TPY-MOL の触媒利用
Reproduced from Ref. 27 with permission from the Royal Society of Chemistry.

第 14 章　MOF の特徴を活かした触媒利用

れまで広く研究されている一方，ベンジル位での C-H ホウ素化はそれほど多くない[29]。Co・TPY-MOL 触媒の活性は均一系触媒よりも 20 倍以上高く，かつ均一系触媒はアレーンの C-H ホウ素化を選択的に進行させた。均一系触媒反応では，不活性なコバルトナノパーティクルと $Co(tpy)_2$ が生成することから活性が低かったと考えられる[30]。XAFS，EPR，GC などのいくつかの実験から，Co・TPY-MOL 触媒の活性種は 2 価のコバルトに THF が 2 つ配位し，ビラジカルであることが分かった。また DFT 計算から Co が正電荷，ターピリジンが負電荷を帯びており，コバルトが 2 価であることと一致する。加えて，鉄触媒が導入された TPY-MOL は分子内 sp^3 C-H アミノ化反応に対して，均一系触媒よりも 30 倍以上の活性を示した。

9　まとめ

以上のように，MOF を触媒利用した著者らの研究を紹介した。MOF を触媒として効率的に利用するためには，孔の大きさや触媒の配置など設計を十二分に考慮することが必要不可欠である。厳密に設計された MOF は単なる不均一系触媒ではなく，均一系触媒反応では実現が困難な高い活性や特異的な選択性を示す。また最近では，MOF 内部で複数の金属や有機リンカーが隣接することで協働作用を示す触媒研究も発展しつつある。MOF 触媒は，均一系触媒と同等な性質を実現できるという段階から，MOF の特性を利用した研究に移行しつつあり，今後 MOF 触媒の研究が進行していくことが期待される。

文　　　献

1) F. Li *et al.*, *J. Environ., Chem. Eng.*, **10**, 108300 (2022)
2) M. Allendorf *et al.*, *Chem. Rev.*, **112**, 1105 (2012)
3) R. Zare-Dorabei *et al.*, *Langmuir*, **40**, 22477 (2024)
4) R. Zou *et al.*, *Chem. Rev.*, **120**, 12089 (2020)
5) J. Gascon *et al.*, *Chem. Rev.*, **120**, 8468 (2020)
6) F. Dong *et al.*, *J. Mater. Chem. A*, **11**, 3315 (2023)
7) C. J. Doonan *et al.*, *Chem. Soc. Rev.*, **43**, 5933 (2014)
8) W. Lin *et al.*, *J. Am. Chem. Soc.*, **127**, 8940 (2005)
9) S. T. Nguyen *et al.*, *Chem. Commun.*, 2563 (2006)
10) J. M. Falkowski *et al.*, *J. Am. Chem. Soc.*, **136**, 5213 (2014)
11) K. P. Lillerud *et al.*, *J. Am. Chem. Soc.*, **130**, 13850 (2008)
12) K. P. Lillerud *et al.*, *Chem. Mater.*, **22**, 6632 (2010)
13) K. Chattopadhyay, *Mater. Adv.*, **5**, 51 (2024)
14) Y.-P. Han *et al.*, *Adv. Synth. Catal.*, **366**, 1220 (2024)

15) T. Sawano *et al., J. Am. Chem. Soc.*, **137**, 12241 (2015)

16) A. Morsali *et al., Angew. Chem. Int. Ed.*, **58**, 15188 (2019)

17) T. Sawano *et al., Chem. Sci.*, **6**, 7163 (2015)

18) T. Hayashi *et al., J. Am. Chem. Soc.*, **125**, 11508 (2003)

19) E. M. Carreira *et al., J. Am. Chem. Soc.*, **126**, 1628 (2004)

20) Y. Huang & T. Hayashi, *Chem. Rev.*, **122**, 14346 (2022)

21) H.-C. Zhou *et al., Angew. Chem. Int. Ed.*, **63**, e202315075 (2024)

22) T. Sawano *et al., J. Am. Chem. Soc.*, **138**, 9783 (2016)

23) J, Jiang & O. M. Yaghi, *Chem. Rev.*, **115**, 6966 (2015)

24) P. Ji *et al., J. Am. Chem. Soc.*, **138**, 14860 (2016)

25) Z. H. Li *et al., J. Am. Chem. Soc.*, **137**, 4916 (2015)

26) C. Gunanathan *et al., Org. Lett.*, **18**, 3402 (2016)

27) Z. Lin *et al., Chem. Sci.*, **9**, 143 (2018)

28) D. Zhong *et al., Sci. China Mater.*, **66**, 839 (2023)

29) B. Chattopadhyay *et al., Chem. Soc. Rev.*, **51**, 5042 (2022)

30) P. J. Chirik *et al., Organometallics*, **36**, 142 (2017)

第15章　可視光応答型 MOF 光触媒の開発と
水分解系および光分子変換への応用

堀内　悠[*1]，松岡雅也[*2]

1　はじめに

多孔質材料がもたらすナノレベルの細孔空間は，古くから，木炭や活性炭に代表される炭素材料において，脱臭，調湿，濾過といった，その吸着能を活かした応用に利用されてきた。さらには，ゼオライトやメソポーラスシリカを始めとする均一な細孔径を有する多孔質材料が見出され，分子篩効果によるガスの選択的な分離・貯蔵など，精密な用途開発が実現されてきている。また，材料の多孔性は，大きな比表面積や細孔容積に基づいて物質の多量吸着を促すのみならず，細孔骨格上の活性サイト数の増加にも寄与するため，触媒材料としての利用においても重要な要素となる。このような性質を利用し，様々な機能性材料の開発が進められる中，より発展的な機能実現の観点から，多孔性金属錯体（MOF：Metal-Organic Framework）への関心が高まっている。MOF は，有機-無機ハイブリッド型の多孔質材料であり，その構成要素である金属酸化物クラスター（または金属イオン）と架橋性有機配位子の組合せの多様性から，極めて自由度の高い材料設計が可能となる。これまで，この構造の自由度を活かし，細孔径の精密制御や細孔骨格への表面機能性の付与を中心とした材料開発が進められてきた。より近年では，MOF が結晶性の均一な骨格構造を有することから，電子構造の計算・設計の行いやすさを活かした光機能性材料の開発，特に，エネルギー問題の解決に向けた光触媒材料開発も進展している。光触媒の分野では，太陽光エネルギーの有効利用の観点から，太陽光スペクトルの大部分を占める可視光を吸収し，反応を駆動できる可視光応答型光触媒の開発が求められている。これまで，有機色素や金属錯体の精密分子設計を通した均一系の可視光応答型光触媒や，半導体型のバルク化合物を基盤に異元素ドーピングや固溶体の形成技術を駆使した不均一系の可視光応答型光触媒が開発されてきた。ボトムアップ的に有機部位と無機部位の規則配列を可能にする MOF においては，このように培われてきた光触媒の設計指針を包含した材料開発が期待される。実際に，架橋性有機配位子の光吸収を利用する設計，金属酸化物クラスターの光吸収を利用する設計，またその両者が関与する架橋性有機配位子から金属酸化物クラスターへの電荷移動（LCCT：Ligand-to-Cluster

---

* 1　Yu HORIUCHI　大阪公立大学　大学院工学研究科　物質化学生命系専攻　応用化学分野
　　准教授
* 2　Masaya MATSUOKA　大阪公立大学　大学院工学研究科　物質化学生命系専攻
　　応用化学分野　教授

Charge Transfer）に基づく光吸収を利用する設計など，多彩な光触媒材料設計が行われている。本章では，これら光吸収過程によって分類される様々な MOF 光触媒の開発事例について，筆者らの最近の研究成果を中心に紹介する。

2　有機配位子の光吸収を利用する MOF 光触媒

　可視光応答型 MOF 光触媒の開発における合理的な設計指針は，分子設計論がよく確立されている有機部位に光機能性をもたせる手法である。有機分子や金属錯体の分野では，光吸収特性や反応性を精密に制御した分子設計が可能であり，このようにあらかじめ設計された分子を架橋性有機配位子に用いることで，優れた光機能性部位を有する MOF 光触媒が実現される。本設計は，骨格構造の一部として均一系の分子状光触媒を MOF に組み込むことで，不均一系光触媒へと転換させる触媒設計であると言える。この際，MOF 構造の高い規則性により，高密度に，かつ凝集させることなく活性部位を導入できるため，触媒反応の高効率化への貢献も期待される。

　このような背景のもと，Lin らは，Ir 錯体を架橋性有機配位子とする MOF 光触媒を設計した[1]。この MOF 光触媒では，Ir 錯体が可視光吸収部位として機能し，その後の細孔内に固定化された Pt ナノ粒子への電荷移動を通して光触媒作用を発現する。本 MOF 光触媒を用いて，電子供与体存在下，可視光照射下における光水素生成反応が実現されている。また，Yaghi らは，Re 錯体を導入した MOF 光触媒（Re-MOF）を合成し，可視光照射下での CO_2 還元反応を実現している[2]。同論文では，Ag ナノキューブの周囲に Re-MOF を成長させることでコア@シェル構造を構築し，Ag ナノキューブによるプラズモン共鳴効果を利用した反応活性の向上を報告するなど，複合的な MOF 光触媒開発も進展している。これら 2 つの報告では，MOF 合成時に，架橋性有機配位子として，あらかじめ合成した金属錯体を導入している。このような直接導入法に加え，ビピリジンジカルボン酸に代表される，錯形成部位をもつ有機分子を架橋性有機配位子として MOF 合成を行った後に錯形成反応により金属錯体を構築する Post-Synthetic Modification（PSM）も汎用的な手法として利用されている。

　一方，筆者らは，代表的なポルフィリン系色素であるテトラキス 4-カルボキシフェニルポルフィリン（TCPP）の光機能性に着目した可視光応答型の MOF 光触媒の開発を実現してきた[3]。TCPP からなる可視光応答型 MOF 光触媒（MOF-525(Zr)）は，原料にオキシ塩化ジルコニウム八水和物と TCPP を用いて，DMF 中でのソルボサーマル法により合成した。得られた MOF 光触媒は，均一な細孔構造とそれに由来する $1485\ \mathrm{m^2\,g^{-1}}$ という高い比表面積を有していた。また，その拡散反射 UV-vis スペクトルには，波長およそ 750 nm までの幅広い可視光領域に TCPP の光吸収とよく対応する Soret 帯と Q 帯由来の吸収が認められた。このように調製された可視光吸収可能な MOF，MOF-525(Zr)，を光レドックス反応の一種であるフェニルボロン酸のヒドロキシル化反応に応用した。光レドックス反応は，可視光照射下で，基質の一電子酸化・還元反応を進める光触媒を介して分子変換を行う反応系である。常温かつ可視光を利用した

第15章 可視光応答型 MOF 光触媒の開発と水分解系および光分子変換への応用

穏やかな条件で反応が進行することから，消費エネルギーの低減に加え，副反応の抑制も可能な環境負荷の少ない分子変換プロセスとして注目されている。緑色 LED 光（$\lambda = 523$ nm）照射の下，MOF-525(Zr) を光触媒としてフェニルボロン酸のヒドロキシル化反応を行うと，若干の誘導期の後，目的生成物のフェノールが得られ，9 h の反応後には収率 100% に達した（図1）。一方，TCPP 分子を均一系の光レドックス触媒として用いた場合，同様の反応条件下，反応時間 9 h での収率は 63% に留まった。TCPP 分子が低活性となった要因として，反応溶液中で分子会合が生じていることが，反応溶液の UV-vis 吸収測定により確かめられている。したがって，TCPP を MOF 骨格に導入することで，高分散かつ高密度に固定化された状態で TCPP が光機能性部位として働いたために，MOF-525(Zr) は有効活性点数の点で優れた不均一系光レドックス触媒として機能したと結論された。また，図2に示すように，MOF-525(Zr) は，光レドックス反応における基質適用範囲も広く，様々なアリルボロン酸から対応するフェノール類を高収率で与えた。加えて，再利用試験の結果，MOF-525(Zr) は耐久性に優れ，複数回の反応に適用可能な固体触媒として機能していることが明らかとなった。以上の成果は，均一系の分子触媒を不均一系触媒へと転換するためのプラットフォームとしての MOF の有用性を示していると言える。

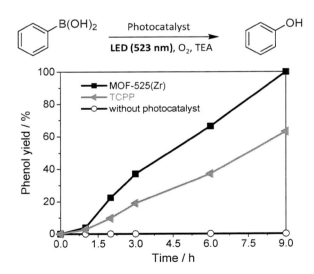

図1 MOF-525(Zr) と TCPP 分子を光レドックス触媒とする可視光照射下におけるフェニルボロン酸のヒドロキシル化反応

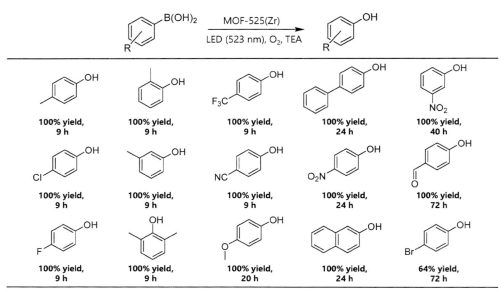

図2 MOF-525(Zr)を光レドックス触媒とする可視光照射下におけるアリルボロン酸のヒドロキシル化反応に対する基質適用範囲

3 金属酸化物クラスターの光吸収を利用する MOF 光触媒

　前節では，合理的な分子設計が可能な有機分子や金属錯体を，架橋性有機配位子かつ光機能性部位とする可視光応答型 MOF 光触媒の開発指針を紹介した。一方，MOF 骨格中の金属酸化物クラスターは，数核からなるクラスターを形成していることから，同部位を半導体量子ドット様活性点として捉え，材料設計を行うことが可能となると考えられる。実際の金属酸化物クラスターの電子構造に着目すると，酸化物系の半導体で見られるような酸素の O-2p 軌道と金属の d 軌道が関与する光吸収を示すことが多い。O-2p 軌道は比較的深い準位に位置するため，光触媒として利用する際には高い酸化力の発現が期待される。太陽光エネルギーの貯蓄を可能にする人工光合成系の反応として，光触媒水分解による水素製造や CO_2 の光触媒還元反応が検討されているが，MOF 光触媒の分野ではしばしば電子供与体を添加した半反応系で，還元反応用の光触媒特性を評価した研究事例が多い。これは，前節のように，架橋性有機配位子の光吸収に基づく光触媒プロセスを設計した場合，水の酸化反応を進めるに足る十分な酸化力が実現されにくいことに起因している。人工光合成系の構築には，水を電子源とする反応，すなわち水の酸化反応を促進可能な光触媒開発を進めることもまた重要であるため，金属酸化物クラスターの光吸収を利用する光触媒設計に寄せられる期待は大きい。

　このような背景のもと，筆者らは鉄酸化物クラスターが組み込まれた細孔骨格を有する Fe 系

第15章　可視光応答型 MOF 光触媒の開発と水分解系および光分子変換への応用

MOF に着目した[4]。酸化鉄は，可視光吸収が可能な狭いバンドギャップをもつ半導体光触媒であるが，粒子内での正孔移動度が低いことが電荷再結合を促すため，高い光触媒活性が実現されにくい。細孔骨格内に高分散かつクラスターサイズで鉄酸化物種を構築できる MOF では，光生成した正孔が直接的に表面反応に寄与できるようになることで，優れた光触媒活性の発現につながることが期待される。

　Fe 系 MOF 光触媒として，細孔径の大きな MIL-101(Fe) 型の骨格構造（細孔径 12 Å および 16 Å）を有する MOF を選定し，鉄酸化物クラスターの原料に塩化鉄六水和物を，架橋性有機配位子としてテレフタル酸を用い，DMF 中でのソルボサーマル法を通して MOF 合成を行った。得られた MOF は，目的とする細孔骨格構造を形成しており，またその構造に基づく 2000 m^2 g^{-1} を超える高い比表面積を有していた。加えて，鉄酸化物クラスターに由来するおよそ 600 nm に吸収端をもつ可視光吸収の可能な材料であることも明らかとなった。続いて，合成された MIL-101(Fe) の水の酸化反応に対する光触媒特性を評価した。反応は，電子受容体としての硝酸銀を含む水溶液に MIL-101(Fe) を分散させ，可視光（$\lambda > 420$ nm）を照射することで行った。その結果，可視光の照射開始とともに酸素の生成が確認され，MIL-101(Fe) が水の酸化を促進可能な可視光応答型光触媒として機能することが明らかとなった。また，図3に示すように，光の照射波長を変化させると，MIL-101(Fe) の光触媒活性は，鉄酸化物クラスター由来の吸収強度に依存した変化を示したことから，MOF 中の鉄酸化物クラスターによる光吸収を起源として水の酸化反応が進行していることが確かめられた。さらに，様々な種類の Fe 系 MOF において，クラスターの構造や細孔の構造が光触媒活性に及ぼす影響を評価した結果，Fe(III) 八面体三核クラスターからなり，かつ大きな細孔サイズを有することが反応の効率的な進行に貢献することを見出した（表1）。MIL-101(Fe) は，これら条件をいずれも満たしていることから，検討した Fe 系 MOF の中で最も高い光触媒活性を示し，またその活性はバルク酸化鉄

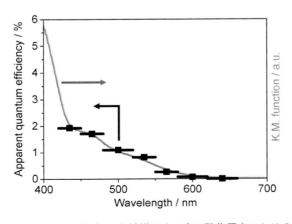

図3　MIL-101(Fe) を光触媒とする水の酸化反応における作用スペクトル

金属有機構造体（MOF）研究の動向と用途展開

表1　各種 Fe 系 MOF を光触媒とする可視光照射下における水の酸化反応

Entry	MOF photocatalyst	Building unit[a]	Pore diameter [Å]	Evolved O_2 [μmol]
1	MIL-101(Fe)	$Fe_3F(H_2O)_2O(BDC)_3$	12, 16	14.7
2	MIL-53(Fe)	$Fe(OH)(BDC)$	8.5	1.48
3	MIL-88(Fe)	$Fe_3O(BDC)_3Cl \cdot nH_2O$	8	5.07
4	MIL-100(Fe)	$Fe_3F(H_2O)_2O(BTC)_3$	5.5, 8.6	0.19
5	MIL-126(Fe)	$Fe_3O(BPDC)_3Cl \cdot nH_2O$	10.2	3.40

Reaction conditions: Photocatalyst (10 mg), 0.1 M AgNO$_3$ aq. (3 mL), Xe lamp with cut-off filter (λ > 420 nm), for 9 h. [a]BDC: 1,4-benzenedicarboxylic acid, BTC: 1,3,5-benzenetricarboxylic acid, BPDC: biphenyl-4,4-dicarboxylic acid.

（α-Fe$_2$O$_3$）と比較して7倍程度高い数値を示した。これは，MIL-101（Fe）において，光触媒活性部位として機能する鉄酸化物クラスター中で光生成した正孔が基質である水分子に容易にアクセスできたためであると考えられ，MOF の構造を利用した材料設計の有用性を示している。

　一方，水の酸化反応の一般的な反応中間体として，様々な反応性ラジカル種が関与することが知られているが，これらラジカル種が反応基質でなく，MOF の有機部位と反応し，反応失活や MOF の構造崩壊を引き起こすことが懸念された。特に，最も汎用的な架橋性有機配位子であり，MIL-101（Fe）にも用いられているテレフタル酸は，ヒドロキシラジカルの検出試薬としても知られている。そこで，筆者らは，テレフタル酸の置換基（X）を様々に変化させた MIL-88（Fe）型の Fe 系 MOF（MIL-88（Fe）-X）において，置換基の種類が水の酸化反応活性に及ぼす影響を評価した[5]。その結果，図4に示すように，置換基の電子求引性の強さに応じた活性序列を示し，テトラフルオロテレフタル酸を用いて合成した MIL-88（Fe）-4F において最も大きな活性向上効果が認められた。置換基を導入していないテレフタル酸からなる MIL-88（Fe）-4H においては，反応後の試料からテレフタル酸を抽出し，^{1}H NMR 測定を行うと，テレフタル酸のヒドロキシ化が進行していることが確かめられている。したがって，MIL-88（Fe）-4F の高い活性は，電子求引性基によりベンゼン環の電子密度が低下することで，ヒドロキシ化が抑制されたことに起因すると結論された。このように，特に酸化反応に適用する際には，光触媒活性部位としての金属酸化物クラスターの設計のみならず，架橋性有機配位子の種類の影響も考慮し，材料設計を行う必要があることがわかる。

　また，筆者らは，二元機能触媒の設計の観点から，金属酸化物クラスターの光触媒特性に加え，架橋性有機配位子に塩基触媒特性を付与した MOF の合成を検討した[6]。Zr 酸化物クラスターと2-アミノテレフタル酸からなる UiO-66（Zr）-NH$_2$ は，前者が光触媒活性部位，後者が塩基点として機能することが期待される。この予測の下，UiO-66（Zr）-NH$_2$ を，光触媒アルコール酸化反応とクネーフェナーゲル縮合反応を逐次的に行うワンポット反応へと応用した。図5に示すよう

154

第15章 可視光応答型 MOF 光触媒の開発と水分解系および光分子変換への応用

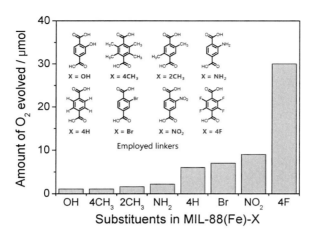

図4 MIL-88(Fe)-X を光触媒とする可視光照射下における水の酸化反応
挿入図は MIL-88(Fe)-X の合成に用いた架橋性有機配位子を表す。

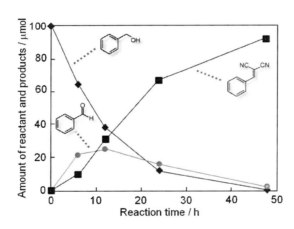

図5 UiO-66(Zr)-NH₂ を二元機能触媒とする紫外光照射下，363 K におけるワンポット反応

に，ベンズアルデヒドとマロノニトリルを反応基質として，紫外光照射下，363 K で反応を行うと，中間体であるベンズアルデヒドを経由してベンジリデンマロノニトリルが高収率で得られた。このように，無機部位と有機部位にそれぞれ異なる機能を付与することが可能な MOF は，ワンポット反応を促進する多機能触媒を設計する上で有用なプラットフォームとなりえる。

4 LCCT 遷移に基づく光吸収を利用する MOF 光触媒

LCCT（Ligand-to-Cluster Charge Transfer）遷移は，架橋性有機配位子から金属酸化物クラ

金属有機構造体（MOF）研究の動向と用途展開

スターへの電荷移動の過程であり，Garcia らが，Zn 酸化物クラスターとテレフタル酸からなる MOF（MOF-5）において，有機部位に局在化する励起状態とは異なる寿命の長い励起状態を見出し，その過程を捉えたことを契機に応用研究が進展してきた[7]。このような，有機部位，無機部位の両者が関与する電荷移動過程は，有機無機ハイブリッド材料である MOF ゆえの特徴的な挙動であり，新規な光機能性材料の開発に期待がもてる。特に，電荷移動を通して，有機部位と無機部位に渡る空間的に広がった励起状態を形成し，電荷分離が促されるため，光触媒用途に適していると考えられる。Li らは，可視光吸収可能な 2-アミノテレフタル酸と Ti 酸化物クラスターからなる MOF である MIL-125(Ti)-NH$_2$ を用いると，LCCT 遷移を通して，電子供与体を含むアセトニトリル溶媒中における可視光 CO_2 還元反応が進行することを見出した[8]。筆者らも，同時期に MIL-125(Ti)-NH$_2$ の光触媒利用を着想し，MIL-125(Ti)-NH$_2$ が可視光応答型の水素生成反応を促進する光触媒として機能することを報告した[9]。加えて，架橋性有機配位子の選定を通した長波長光利用や[10]，架橋性有機配位子の一部を欠損させる配位子欠陥制御による高活性化など[11]，MOF の構造を活かした材料設計を実現してきた。それら成果の一部を以下に紹介する。

　可視光応答型 MOF 光触媒としての MIL-125(Ti)-NH$_2$ は，オルトチタン酸テトラプロピルと 2-アミノテレフタル酸を原料として，DMF 溶媒中でのソルボサーマル法により調製した。得られた MOF は，1101 m^2 g^{-1} という高い比表面積によって裏付けられる多孔質構造を形成しており，その骨格構造は，アミノ基をもたないテレフタル酸を用いて調製される従来型の MIL-125(Ti) の構造と一致した。加えて，波長 500 nm 付近までの可視光を吸収可能な材料となっており，目的とする可視光応答型の MOF が得られたことが確認された。従来型の MIL-125(Ti) は波長 350 nm 以下の紫外光にのみ光吸収を示す材料であることから，架橋性有機配位子の選定を通して，光吸収可能な波長域を大きく拡大できていることがわかる。続いて，MIL-125(Ti)-NH$_2$ を電子供与体を含む水溶液に分散させ，溶存酸素を除去し，可視光照射を行った後，液体窒素温度で ESR 測定を行うと，Ti^{3+} 種に由来するの明瞭な ESR シグナルが観測された。この結果は，架橋性有機配位子である 2-アミノテレフタル酸による光吸収を起源として，その励起電子が Ti 酸化物クラスターへと移動し，クラスター中の Ti^{4+} 種の還元を引き起こしたことを示している。すなわち，MIL-125(Ti)-NH$_2$ における光吸収が LCCT 遷移であるが明らかとなった。MIL-125(Ti)-NH$_2$ においてこのような電荷移動が生じていることは，Walsh と Gascon らのグループらにより，密度汎関数理論（DFT）に基づく計算化学を通した電子構造解析からも確かめられている[12]。一方，同じ 2-アミノテレフタル酸を架橋性有機配位子とする MOF であっても，Zr 酸化物クラスターや Hf 酸化物クラスターからなる MOF においては，光励起過程が架橋性有機配位子内のみに局在化するという計算結果も報告しており，MOF 光触媒設計における有機部位，無機部位の組み合わせ選定の重要性が伺える。第 2 節では，TCPP と Zr 酸化物クラスターとを組み合わせた MOF が用いられたが，架橋性有機配位子を光機能性部位とする上で，有機部位と無機部位とのエネルギー準位のマッチングの整合性がとれている。

第15章　可視光応答型 MOF 光触媒の開発と水分解系および光分子変換への応用

　図6に，MIL-125(Ti)-NH₂ を光水素生成反応に適用した結果を示す。反応は，可視光照射下（λ>420 nm），電子供与体としてのトリエタノールアミンを含む水溶液を用いて行い，反応前に光析出法による Pt 助触媒の担持を行っている（Pt/MIL-125(Ti)-NH₂）。Pt/MIL-125(Ti)-NH₂ を光触媒として用いると，光照射開始とともに水素の発生が認められ，9 h に渡り安定して水素生成反応が進行した。また，Pt/MIL-125(Ti)-NH₂ は，波長およそ 500 nm までの可視光を利用して本反応を促進可能であることが，作用スペクトル測定により確かめられた。一方，メタノールやエチレンジアミン四酢酸（EDTA）を電子供与体として用いた際には反応の進行が認められず，MIL-125(Ti)-NH₂ のより実用的な利用のためには酸化力の向上が重要となることが示唆された。そこで，吸収スペクトル測定と CV 測定を駆使し，さらなる吸収波長の拡大と酸化力の向上に向けた架橋性有機配位子の選定を検討した結果[10]，ビス(4'-(4-カルボキシフェニル)ターピリジン)ルテニウム(II)錯体（Ru(tpy)₂）が，2-アミノテレフタル酸と比較してより長波長の光を吸収でき，かつより深い HOMO 準位を有していることが明らかとなった（図7A）。実際に，Ru(tpy)₂ を用いて MOF を合成し（Ti-MOF-Ru(tpy)₂），光水素生成反応を行ったところ，メタノールや EDTA を電子供与体として反応が進行することが確かめられた。また，利用可能な波長域は，Ru(tpy)₂ の光吸収を反映した 620 nm 程度まで大きく延長した（図7B）。

　MIL-125(Ti)-NH₂ を基盤とする可視光応答型光触媒の開発は，その後も大いに進展しており，例えば Gascon らは，MOF の細孔内部に Ship-in-a-bottle 法を用いて電極触媒活性に優れたコバロキシム錯体を導入することで，光水素生成活性を著しく向上させることに成功している[13]。また，金属硫化物などとの複合化を通して，Z スキーム型の反応システムの構築を検討している研究事例も報告されている[14,15]。一方，筆者らは，MIL-125(Ti)-NH₂ に対する活性向上のための新たなアプローチとして，配位子欠陥制御を着想した[11]。配位子欠陥制御は，MOF 骨格から架橋性有機配位子の一部を化学処理や熱処理を通して取り除き，金属酸化物クラスター上に反応

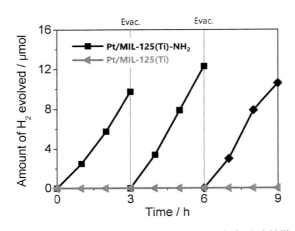

図6　Pt/MIL-125(Ti)-NH₂ と Pt/MIL-125(Ti) を光触媒とする可視光照射下における光水素生成反応

金属有機構造体(MOF)研究の動向と用途展開

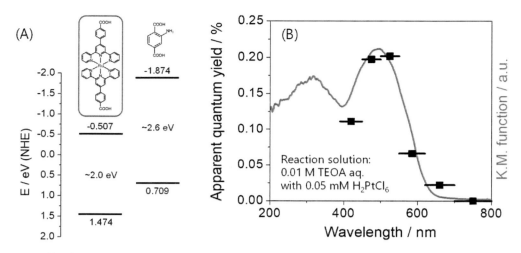

図7 (A)吸収スペクトル測定とCV測定から推定した架橋性有機配位子の電子構造,および(B) Ti-MOF-Ru(tpy)$_2$を光触媒とする光水素生成反応における作用スペクトル

性の高い配位不飽和サイトを形成する有用な手法であるが,電子遷移過程を正確に議論するために高結晶化度のMOFを取り扱うことの多いMOF光触媒分野では,研究の中心には位置づけられてこなかった。しかし,Pt助触媒を担持していないMIL-125(Ti)-NH$_2$を光触媒として用いた際,光水素生成反応の進行はほとんど確認できず,黄色から黄緑色へのMIL-125(Ti)-NH$_2$の色彩変化が観測される。この現象は,LCCT遷移によりTi酸化物クラスター中に生成した励起電子がTi^{4+}種のTi^{3+}種への還元を引き起こしていることを示しており,プロトン還元を促進する活性サイトがTi酸化物クラスター上に存在していないと考えられる。配位子欠陥の導入を通して,Ti酸化物クラスター上に配位不飽和サイトを形成することができれば,新たな活性点を創出し,光水素生成反応の促進につながるものと期待される。このような背景の下,MIL-125(Ti)-NH$_2$に配位子欠陥を導入するための条件検討を行った結果,電子供与体を含む水溶液中にMIL-125(Ti)-NH$_2$を分散させた後,313 Kの温和な加熱と可視光の照射を行うことで,処理時間の経過にともないMOF骨格からの2-アミノテレフタル酸の脱離が穏やかに進行することを見出した。2-アミノテレフタル酸の脱離には,熱と光の同時印加が必要であったが,これは,光照射下で生成するTi^{3+}種上では2-アミノテレフタル酸との結合が弱められるため,そのサイトにおいて温和な加熱にて2-アミノテレフタル酸の脱離が進行したものと考えられる。この配位子欠陥を導入したMIL-125(Ti)-NH$_2$(D-MIL-125(Ti)-NH$_2$)を可視光照射下での光水素生成反応に用いると,光照射開始とともに水素が生成し,その生成量は光熱処理の時間の増加,すなわち配位子欠陥量の増加とともに向上した(表2)。過剰に光熱処理を施すとMOF構造が崩壊してしまい,活性低下につながるが,最適な9 hの処理後のD-MIL-125-NH$_2$の反応活性は,Pt助触媒を担持したMIL-125(Ti)-NH$_2$に匹敵した。このように,光熱処理を通したMOFへの配

第15章　可視光応答型MOF光触媒の開発と水分解系および光分子変換への応用

表2　配位子欠陥を導入したMIL-125(Ti)-NH$_2$を光触媒とする
可視光照射下における光水素生成反応

Entry	MOF Photocatalyst	Photo- & heat-treatment	Treatment time [h]	Amount of H$_2$ evolved [μmol]
1	Pt/MIL-125(Ti)-NH$_2$	No	–	9.06
2	MIL-125(Ti)-NH$_2$	No	–	0
3	D-MIL-125(Ti)-NH$_2$	Yes	3	2.38
4	D-MIL-125(Ti)-NH$_2$	Yes	9	10.1
5	D-MIL-125(Ti)-NH$_2$	Light only	9	0
6	D-MIL-125(Ti)-NH$_2$	Heat only	9	0.07

Reaction conditions: Photocatalyst (10 mg), 0.01 M TEOA aq. (2 mL), 293 K, Xe lamp
with cut-off filter (λ > 420 nm), for 3 h.

位子欠陥制御は，熱触媒のみならず，光触媒に対しても適用可能な，優れた触媒活性点を構築するための有用技術であると言える。

5　おわりに

　本章では，MOFを利用する可視光応答型光触媒の設計指針について，光吸収過程による分類を行い，筆者らの最近の研究成果を中心としたMOF光触媒の開発事例とともに紹介した。分類の1つ目は，架橋性有機配位子の光吸収を利用するMOF光触媒の設計であり，均一系光触媒として機能する有機分子，金属錯体を架橋性有機配位子に用いることで，不均一系光触媒への転換を可能とする光触媒設計を取り扱った。2つ目は，金属酸化物クラスターの光吸収を利用するMOF光触媒の設計であり，半導体光触媒として利用される金属酸化物でMOF骨格を構築することで，クラスターサイズで高分散に金属酸化物種を存在させることが可能となるために，優れた光触媒特性が実現されている。最後の分類は，架橋性有機配位子と金属酸化物クラスターの両者が関わるLCCT型の電荷移動を通した光吸収を利用するMOF光触媒の設計である。有機部位，無機部位のエネルギー準位のマッチングを考慮し，組み合わせることで，電荷移動を通して空間的に広がった寿命の長い励起状態が形成されるため，光触媒に適した電荷分離状態を利用する材料設計が可能となっている。加えて，このような電子構造の設計のみならず，細孔骨格の反応性制御や配位子欠陥構築による活性点構造制御など，新たなMOF光触媒の設計指針が導入されてきていることも紹介した。MOF光触媒の化学は，有機部位，無機部位の組み合わせがもたらす構造の自由度の高さにより，大きな広がりを見せている。さらに，電子構造の設計において有用な量子化学計算が身近なツールとなってきている今，より高機能なMOF光触媒が開発されていくことは想像に難くない。MOF光触媒分野の今後のさらなる発展に期待したい。

文　　献

1) C. Wang *et al.*, *J. Am. Chem. Soc.*, **134**, 7211 (2012)
2) K. M. Choi *et al.*, *J. Am. Chem. Soc.*, **139**, 356 (2017)
3) T. Toyao *et al.*, *Chem. Commun.*, **51**, 16103 (2015)
4) Y. Horiuchi *et al.*, *Chem. Commun.*, **52**, 5190 (2016)
5) Z. Lionet *et al.*, *J. Phys. Chem. C*, **123**, 27501 (2019)
6) T. Toyao *et al.*, *Catal. Sci. Technol.*, **4**, 625 (2014)
7) M. Alvaro *et al.*, *Chem. Eur. J.*, **13**, 5106 (2007)
8) Y. Fu *et al.*, *Angew. Chem., Int. Ed.*, **51**, 3364 (2012)
9) Y. Horiuchi *et al.*, *J. Phys. Chem. C*, **116**, 20848 (2012)
10) T. Toyao *et al.*, *Chem. Commun.*, **50**, 6779 (2014)
11) Y. Horiuchi *et al.*, *J. Catal.*, **392**, 119 (2020)
12) M. A. Nasalevich *et al.*, *Sci. Rep.*, **6**, 23676 (2016)
13) M. A. Nasalevich *et al.*, *Energy Environ. Sci.*, **8**, 364 (2015)
14) X. Zhang *et al.*, *J. Hazard. Mater.*, **405**, 124128 (2021)
15) G. Wang *et al.*, *Angew. Chem., Int. Ed.*, **62**, e202218460 (2023)

第16章 過酸化水素製造を指向した MOF 光触媒の開発

近藤吉史[*1]，関野　徹[*2]，山下弘巳[*3]

1 はじめに

　カーボンニュートラルの実現を目指す現代社会において，再生可能エネルギーを利用した持続可能で安定したエネルギー供給技術の構築は喫緊の課題である。再生可能エネルギーの一つである太陽光エネルギーは，永続的かつ膨大なエネルギー供給源であり，地理的制約がないという特出した利点がある。しかし，太陽光は悪天候や夜間に利用できないという時間的な制約を伴うため，現在主に用いられている太陽光発電と蓄電池の併用だけに留まらない新しい太陽光エネルギー貯蔵・利用技術の開発が強く求められている。この課題に対する有望なアプローチの一つとして，光触媒を用いて太陽光エネルギーを化学エネルギーに変換する人工光合成が注目されている。特に水からの水素製造に関する光触媒研究が多数報告されており，近年光触媒パネルの実証実験も行われている[1,2]。しかしながら，水素は常温常圧で気体であり，安全性の観点から高エネルギー密度での常温常圧下での取り扱いは困難である。そのため，前述の条件下で高い体積エネルギー密度を持ち，貯蔵・輸送・利用が容易なエネルギーキャリアの利用が望まれる。

　この条件を満たす燃料として，過酸化水素（H_2O_2）が有望視されている。H_2O_2 は常温常圧で液体であるため，高エネルギー密度かつ簡便な貯蔵・運搬・利用が可能である[3]。また，H_2O_2 を燃料電池に利用することで，電気エネルギーとしてエネルギーを取り出すことが可能である。H_2O_2 燃料電池は，水素の二室型燃料電池に匹敵する出力電圧（1.09 V）を持ちながら，高価な隔膜が不要な一室型燃料電池であるため，コスト削減や小型化が期待されている[4]。H_2O_2 は，地球に豊富に存在する酸素の二電子還元反応や水の二電子酸化反応を光触媒で進行させることで合成できる[3,5]。そのため，地球に豊富に存在する酸素と水，そして太陽光エネルギーを利用して H_2O_2 を製造し，その H_2O_2 を燃料電池で活用する持続可能なエネルギーシステムを構築することが可能である（図1）。

　H_2O_2 製造する光触媒としては，酸化チタンやバナジン酸ビスマスなどの酸化物半導体だけでなく，グラファイト状窒化炭素（g-C_3N_4）などの有機半導体や金属有機錯体等，これまで多様な材料が検討されている[6~8]。しかし，依然として H_2O_2 生成量は低く，さらなる高活性化が求

＊1　Yoshifumi KONDO　大阪大学　産業科学研究所　助教

＊2　Tohru SEKINO　大阪大学　産業科学研究所　教授

＊3　Hiromi YAMASHITA　大阪大学　大学院工学研究科　マテリアル生産科学専攻　教授

金属有機構造体（MOF）研究の動向と用途展開

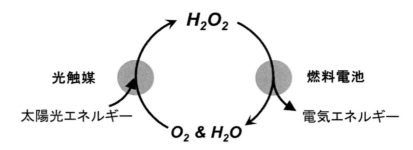

図1　光触媒を用いた H_2O_2 製造と H_2O_2 燃料電池による持続可能なエネルギーシステム

められている。そのためには，他の光触媒反応の場合と同様に，光吸収特性の向上，励起電子-正孔の再結合の抑制，反応点への電子移動の促進などの光触媒材料の光化学的物性や，酸素還元反応や水の酸化反応における H_2O_2 生成選択性を向上させる必要がある[3]。さらに H_2O_2 生成反応の大きな課題は，生成物である H_2O_2 が反応中に分解してしまう点である。例えば，酸化チタンを用いた H_2O_2 生成反応では，生成した H_2O_2 の大部分は水へと分解されてしまい，H_2O_2 選択性は最大でも33％に留まっている[9]。このような背景から，H_2O_2 生成量を増加させるための光触媒材料の特性改善に加え，H_2O_2 生成選択性の向上や光触媒による H_2O_2 分解の抑制を達成する材料設計や，新しい反応場の開拓が強く求められている。

筆者らは，H_2O_2 生成反応を駆動する光触媒材料として，Metal-Organic Framework（MOF）と呼ばれる材料群に注目している。MOF は金属酸化物クラスターと有機リンカーが二次元もしくは三次元的に配位して構築される，無機-有機ハイブリッド材料であり[10,11]，高い比表面積や多くの露出活性サイトを有するといった特長がある。さらに，MOF のナノ細孔空間や有機リンカーの官能基には単原子触媒やナノ粒子を安定的に固定することが可能で，それらが触媒活性の向上に寄与することが報告されている[10,12,13]。MOF は，無機部位や有機部位を適切に組み合わせることで，細孔構造や物理化学的特性を自由に制御できる高いデザイン性を備えている。筆者らは，このような MOF の柔軟な機能拡張性を活用し，H_2O_2 生成反応を指向した MOF 光触媒の開発や反応場の新規設計に取り組んでいる[3,14,15]。本稿では，筆者らが取り組んだ MOF の光触媒的 H_2O_2 生成反応系の構築，MOF 光触媒の構造設計，および疎水性 MOF を用いた二相反応場への応用に関する研究を紹介する。

2　有機リンカーをチューニングした MOF 光触媒による H_2O_2 生成

酸化チタンをはじめとする酸化物半導体の多くは，紫外光照射下でしか H_2O_2 生成反応を駆動できないという課題を潜在的に抱えている。この制約を克服するため，筆者らは MOF の光学特性と MOF の光吸収サイトである有機リンカーとの関係に着目した[10]。例えば，テレフタレート系のリンカーを有する MOF では，MOF の光吸収特性が有機リンカーに修飾された官能基の電

第 16 章　過酸化水素製造を指向した MOF 光触媒の開発

子特性，特にハメット則に基づくパラメータと線形相関を持つことが報告されている[16]。具体的には，Ti-MOF の一例である MIL-125 の場合，有機リンカーに電子供与性の高いアミノ基（例：2-アミノテレフタレート）を修飾することで，MOF の光吸収領域を紫外域から可視域へ拡張することが可能である（図 2a）[12,17,18]。筆者らは，この可視光応答性を有するアミノ基修飾 Ti-MOF（MIL-125-NH$_2$）を光触媒として利用し，MOF を光触媒とした H$_2$O$_2$ 生成反応を世界で初めて実現した（図 2b）[19]。MIL-125-NH$_2$ を用いた H$_2$O$_2$ 生成反応の推定反応機構を図 2c に示す。MIL-125-NH$_2$ に可視光を照射すると，有機リンカー部位で光励起が生じ，励起電子と正孔が生成する。励起電子は有機リンカーからクラスターへと移動し，クラスターの金属種である Ti^{4+} を Ti^{3+} に還元する。このような有機リンカーからクラスターへの電子移動は Linker-to-Metal Charge Transfer（LMCT）と呼ばれている。クラスターへ移動した励起電子は酸素を一電子還元しスーパーオキシドラジカルアニオン（O$_2$·$^-$）を生成する。生成した O$_2$·$^-$ は不均化反応を経て，H$_2$O$_2$ へと変換される。一方，LMCT 後にリンカー部位に残存する正孔は酸化反応を引き起こす。

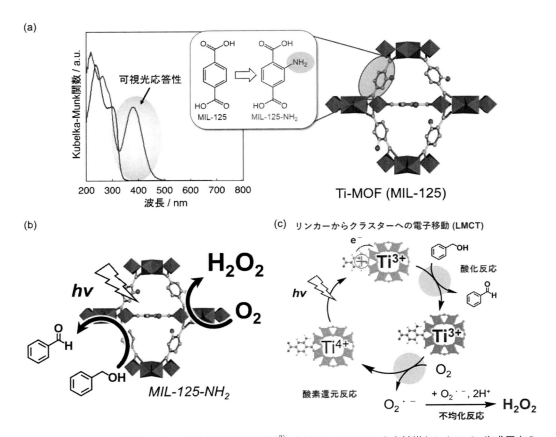

図 2　(a) Ti-MOF の有機リンカーと光吸収特性の関係[3]，(b) MIL-125-NH$_2$ を光触媒とした H$_2$O$_2$ 生成反応の概略図[3]，(c) MIL-125-NH$_2$ での H$_2$O$_2$ 生成反応の推定反応機構の概略図[3,19]

この一連のプロセスにより，MIL-125-NH$_2$は可視光のエネルギーを利用した酸素還元による H$_2$O$_2$製造を実現していると考えている。

さらなる H$_2$O$_2$生成量の向上を目指し，①反応機構と②MOF 光吸収特性の二つの視点から MIL-125-NH$_2$光触媒の高活性化の検討を行った[19~21]。MIL-125-NH$_2$を光触媒として用いる場合，酸素分子はまず一電子還元されて O$_2$$^{\cdot-}$へと変換される（式1）。その後，不均化反応を介して，H$_2$O$_2$が生成する（式2）。

$$O_2 + e^- \rightarrow O_2{}^{\cdot-} \tag{1}$$

$$2O_2{}^{\cdot-} + 2H^+ \rightarrow H_2O_2 \tag{2}$$

$$O_2 + 2H^+ + 2e^- \rightarrow H_2O_2 \tag{3}$$

つまり，逐次的な酸素の二電子還元反応を経る場合，直接的な酸素の二電子還元反応（式3）とは異なり，不均化反応（式2）の効率が H$_2$O$_2$生成量に大きく影響する。加えて，この過程で生成される反応性の高い O$_2$$^{\cdot-}$と H$_2O_2$が反応し，H$_2O_2$が分解される場合がある（式4）。

$$2O_2{}^{\cdot-} + H_2O_2 \rightarrow 2OH^- + 2O_2 \tag{4}$$

したがって，式2の不均化反応をより効率的に進行させ，式4の分解反応を抑制することが重要である。筆者らは，MIL-125-NH$_2$にニッケル酸化物ナノ粒子を担持することで，O$_2$$^{\cdot-}$の不均化過程（式2）を促進し，H$_2O_2$生成量を大幅に向上させることに成功している[19]。本手法では安価な金属酸化物担持することで，O$_2$$^{\cdot-}$の反応性を制御し，90％を超える高い選択性で H$_2O_2$を得ることができる。本研究で得られた知見は，酸化チタンやルテニウム錯体など，多種多様な光触媒にも応用可能であると期待される。

加えて，MOF の有機リンカーをチューニングすることで，光吸収特性をさらに向上させることも可能である。具体的には，π 共役の大きなピレン基を有する有機リンカーの MOF 構造内への導入や，有機リンカーのアミノ基に π 共役性の高い分子を共有結合させることが挙げられる。上記の有機リンカーのチューニングにより，光吸収特性を大幅に改善し，H$_2$O$_2$生成量を向上することができる[20,21]。

3 リンカー欠陥を導入した MOF 光触媒による H$_2$O$_2$生成

MOF 材料においても，酸化物半導体光触媒と同様に，構造欠陥の導入が光触媒活性を向上させる効果があることが報告されている[22,23]。筆者らは，MOF の構造欠陥の一種である「リンカー欠陥」に着目した（図3a）。リンカー欠陥とは，有機リンカーが欠落した構造欠陥を指す。リンカー欠陥導入法の一つとして，MOF のソルボサーマル合成時に酢酸等のカルボン酸を添加する手法が知られている。この手法は，合成時における有機リンカーとカルボン酸の金属酸化物クラスターへの配位に対する競合反応を利用したもので，カルボン酸の添加量を調整することで，欠

第 16 章　過酸化水素製造を指向した MOF 光触媒の開発

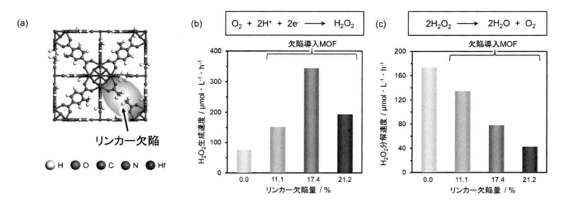

図3　(a)リンカー欠陥が導入された Hf-MOF[23]，(b) Hf-MOF におけるベンジルアルコールを電子源とした酸素還元による H_2O_2 生成反応での可視光照射1時間当たりでの H_2O_2 生成速度[23]，(c)欠陥導入 Hf-MOF の H_2O_2 分解速度[23]

陥導入量を制御することができる。筆者らも酢酸を添加剤とした本手法を用いて，Zr-MOF や Hf-MOF にリンカー欠陥を導入した。リンカー欠陥の導入により，H_2O_2 生成反応が大きく促進され，特に約17%のリンカー欠陥導入量で H_2O_2 生成量が最大値を示すことが明らかになった（図3b）[22,23]。

　リンカー欠陥導入による MOF の光触媒特性の向上要因は未解明な部分が多いものの，一部の報告ではそのメカニズムが明らかとなりつつある[24,25]。例えば，Zr-MOF においては，リンカー欠陥の導入により，有機リンカーからクラスターへの電子移動（LMCT）が促進されることで，光励起種の長寿命化し，光触媒活性が向上すると推定されている[24,25]。Hf-MOF の場合もリンカー欠陥導入後に Zr-MOF と同様に光触媒反応の促進が見られた（図3b）しかし，Hf-MOF に対する量子科学計算や実験結果から，リンカー欠陥導入後も LMCT は誘起されず，励起電子は有機リンカーに局在化していることが示唆され，前述の Zr-MOF の活性向上理由では説明がつかなかった[23]。筆者らの研究より，Hf-MOF においてリンカー欠陥が導入されることで，構造強直性が向上し，有機リンカーの非放射性緩和過程が抑制されたことが光触媒活性の向上に寄与していることを明らかになった[23]。この結果は，リンカー欠陥が Hf-MOF 内部での電荷分離を促進するのではなく，光触媒サイトである有機リンカー部位の活性を高めるという MOF の構造欠陥がもたらす新たな活性向上因子の発現を示唆するものである。

　興味深いことにリンカー欠陥を導入することによって，反応速度が向上するだけではなく，Hf-MOF の H_2O_2 分解能を低下させる効果があることも明らかになった（図3c）。リンカー欠陥による H_2O_2 分解抑制は，①MOF 内部の疎水性の向上により H_2O_2 の拡散が促進されること，②金属酸化物クラスターと H_2O_2 との反応性が低下することが挙げられる。つまり，リンカー欠陥は MOF の光触媒特性を向上させるだけでなく，表面化学特性の改質を通じても，H_2O_2 生成量の向上に寄与していると考えられる。

金属有機構造体（MOF）研究の動向と用途展開

リンカー欠陥導入 Hf-MOF は水に対する高い安定性を示すため，酸素と水からの H_2O_2 生成反応に利用することも可能である。本触媒をより高活性化するために，Ni 単原子助触媒の担持を施した。リンカー欠陥導入と Ni 単原子助触媒の担持を組み合わせることで，両者の相乗効果が発現し，H_2O_2 生成量が飛躍的に向上した。担持した Ni 単原子助触媒は，MOF で生成した正孔が Ni 単原子助触媒へ移動することで電荷分離を促進する効果と水の酸化反応において高い H_2O_2 生成選択性を持つことが分かった。以上から，構造欠陥による H_2O_2 生成量向上と光触媒活性向上要因を解明し，さらに助触媒の担持を組み合わせることによって，欠陥導入 MOF 光触媒のさらなる高機能化が可能であることを示した。

4 アルミニウム含有 MOF 光触媒による H_2O_2 生成

生成した H_2O_2 の分解抑制は，H_2O_2 生成量の向上に非常に大きく寄与する。既存の MOF 光触媒では，生成した H_2O_2 のうち 7 割以上の H_2O_2 は，反応中に分解してしまうことが報告されている[3]。MOF 光触媒において，H_2O_2 は主に MOF の酸化物クラスター上で分解が進行する。MOF の金属種の最適化を行った結果，Al-MOF が非常に低い H_2O_2 分解特性を有することが判明し，筆者らは H_2O_2 生成反応への Al-MOF の利用を検討した[26]。3 種類のアミン修飾 Al-MOF（Al-MIL-101-NH_2，Al-MIL-53-NH_2，Al-CAU-1）を用いて可視光照射下での酸素還元による H_2O_2 生成反応を行った。図 4a に Al-MOF を用いた可視光照射 1 時間当たりの H_2O_2 生成速度を示す。Al-MIL-101-NH_2 や Al-MIL-53-NH_2 では H_2O_2 の生成が確認された一方で，Al-CAU-1 や前駆体のみでは H_2O_2 が生成されなかった。これは Al-MIL-101-NH_2 や Al-MIL-53-NH_2 が酸素の一電子還元電位を満たす伝導帯下端を有していたのに対し，Al-CAU-1 ではそれを満たしていなかったことに起因すると考えられる。この結果は，MOF のトポロジーが光吸収特性や電子構造に大きく影響することを示唆している。興味深いことに，Al-MIL-101-NH_2 と Al-MIL-53-NH_2 は似た電子構造を持ちながらも，Al-MIL-101-NH_2 の H_2O_2 生成量が Al-MIL-53-NH_2 の約 13.5 倍高い値を示した。この要因は Al-MIL-101-NH_2 のクラスターに存在するルイス酸点が酸素への電子移動を促進させたためであると考えられる。

Al-MIL-101-NH_2 を用いた場合，酸化生成物に対する H_2O_2 の生成割合が 91％という既存の MOF 光触媒の H_2O_2 選択性を凌駕する値を示した（図 4b）。H_2O_2 分解反応試験において，Al-MIL-101-NH_2 と H_2O_2 を共存させた際に，H_2O_2 の分解がほとんど観察されなかったことから，Al-MIL-101-NH_2 の H_2O_2 との極めて低い反応性により，非常に高い H_2O_2 選択性をもたらしていると考えられる。つまり，MOF の金属酸化物クラスターの金属種の最適化やルイス酸点の付与によって，H_2O_2 生成量を向上させることが可能であることが示された。

Al-MOF でさらに高活性な触媒を開発するためには，光励起電子や正孔の長寿命化が求められる。しかし，Al クラスターの難還元性から，LMCT のようなリンカー・クラスター間の電子移動を利用することはできない。そのため，Al-MOF のような MOF では MOF 骨格内に 2 種類

166

第 16 章　過酸化水素製造を指向した MOF 光触媒の開発

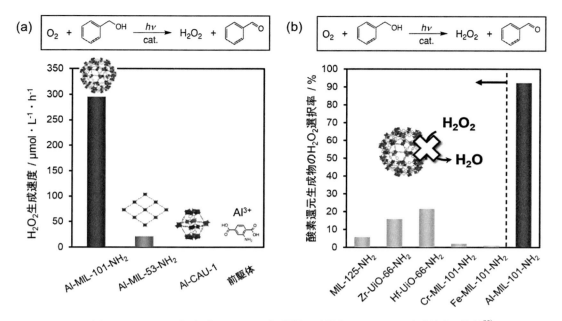

図 4　(a) Al-MOF での可視光（λ＞420 nm）照射 1 時間当たりの H$_2$O$_2$ 生成速度の比較[26]，
(b) 酸素の還元生成物における H$_2$O$_2$ の生成選択率の MOF 光触媒での比較[26]

の有機リンカーを組み込み，有機リンカー間のエネルギー移動を活用するアプローチが非常に有効である[27]。

5　疎水性 MOF 光触媒を用いた二相反応場での H$_2$O$_2$ 生成

これまでの単一相を用いた反応系では，生成した H$_2$O$_2$ と犠牲的還元剤であるアルコール，その酸化生成物が同一相に存在し，生成物である H$_2$O$_2$ のみを抽出することが困難であった（図5a）。さらに生成した H$_2$O$_2$ が MOF と反応して分解することによって，H$_2$O$_2$ 収率が低下することも懸念される[28]。そこで本節では，H$_2$O$_2$ の効率的な分離と生成量の向上を目的とし，水相と油相から成る二相反応系を開発した研究について紹介する[15,28〜31]。このアプローチは，犠牲的還元剤として用いていたベンジルアルコールが非極性溶媒であり，一方で H$_2$O$_2$ は極性分子であるため，H$_2$O$_2$ のみが水相に選択的に溶解する性質を活用したものである。

MOF を油相に選択的に分散させるために，MOF 合成後にアルキル基を修飾する手法を用いて MOF の疎水化を行った。具体的には，MIL-125-NH$_2$ 内の有機リンカーにあるアミノ基を利用し，カルボン酸の脱水反応によって，MOF にアルキル基を導入した。アルキル基修飾により，MOF の水に対する接触角が 30° から 124° へと大きく変化し，疎水性を発現した。MOF を水とベンジルアルコールから構成される二相反応系に分散させた結果を図 5b に示す[28]。疎水性 MOF

金属有機構造体（MOF）研究の動向と用途展開

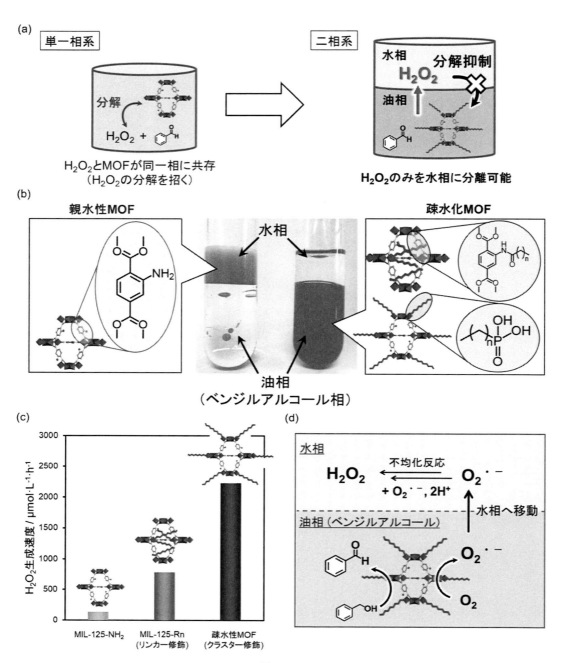

図5 (a)疎水性MOFを用いた二相反応系の概略図[28]，(b)親水性MOFと疎水性MOFを分散させた二相反応系の外観図[28,29]，(c)親水性MOFと疎水性MOF（リンカー修飾とクラスター修飾）による二相反応系での一時間当たりのH₂O₂生成速度[28,29]，(d)疎水化MOFの二相反応系での推定反応機構[28,29]

第 16 章　過酸化水素製造を指向した MOF 光触媒の開発

は下層の油相（ベンジルアルコール相）に選択的に分散し，親水性 MOF は上層の水相に選択的に分散した。疎水性 MOF を用いて，酸素雰囲気下で可視光照射による H_2O_2 生成反応を行った結果，H_2O_2 は水相に，ベンジルアルコールの酸化生成物であるベンズアルデヒドは油相にのみ生成した。二相反応系を用いることで，生成した H_2O_2 のみを選択的に水相へ分離することに成功した。図 5c に示すように有機リンカーをアルキル化した疎水化 MOF を用いることで，親水性 MOF に比べて H_2O_2 生成速度が約 4 倍に向上することが分かった。図 5d に二相反応系での推定反応機構を示す。光照射により MOF 内で生成した励起電子が酸素を一電子還元し，$O_2{}^{\cdot-}$ を生成する。生成した $O_2{}^{\cdot-}$ は素早く水相に移動し，水相での不均化反応により，H_2O_2 へと変換される。一方，MOF で生じた正孔は油相に存在するベンジルアルコールを酸化し，ベンズアルデヒドを生成する。疎水化 MOF を用いた場合，疎水性 MOF は油相，生成した H_2O_2 は水相に存在し，両者が空間的に分離されるため，H_2O_2 分解反応が大幅に抑制され，H_2O_2 生成量が大きく向上したと考えられる。

　興味深い点として，この二相反応系では水相の液量や pH 条件を最適化することによって，さらに H_2O_2 生成量を向上させることができる。水相の液量は H_2O_2 生成量に影響しないため，水相の液量を低下させることにより，H_2O_2 を濃縮することができる。さらに，水相の pH を下げることや塩化ナトリウム水溶液を水相に用いることで，H_2O_2 の安定性の向上と $O_2{}^{\cdot-}$ の不均化の促進により，H_2O_2 濃度が増加した。特筆するべきことは，pH<1.0 という強酸性条件でも，二相反応系では Ti-MOF が分解することなく，持続的に反応を進行させることが可能である点である。これは疎水性 MOF が油相に存在することで実現した二相反応系における大きな利点の一つである。

　リンカー修飾による MOF の疎水化では，細孔空間内に長いアルキル基が導入されることで，細孔内の基質の拡散性が低下する場合がある[28]。この課題に対応するために，筆者らはオクタデシルホスホン酸（OPA）を用いて，MOF の粒子表面のみを疎水化する手法を開発した[29]。この手法では，MOF の細孔空間を封鎖せずに，表面を効率的に疎水化することができる。OPA 修飾した MOF を用いた二相反応系で H_2O_2 生成反応を行った結果，リンカー修飾による疎水化 MOF と比較して，約 3 倍の H_2O_2 生成量の向上が見られた（図 5c）。これは，MOF 細孔内での反応基質（酸素やベンジルアルコール）の拡散性が向上したことに加え，生成した $O_2{}^{\cdot-}$ の拡散性の向上によって H_2O_2 の分解が抑制されたためであると考えられる。

　この OPA 修飾による疎水化と二相反応系は MOF の種類に関係なく応用可能である[14, 30, 31]。Zr 系 MOF においても，疎水化と二相反応系の組み合わせにより，H_2O_2 生成量が向上する[30]。Zr-MOF の Zr 酸化物クラスターに Ti を置換固溶させることによって，さらに光触媒活性が向上した。これは Ti 添加により，有機リンカーからクラスターへの電子移動が促進され，電子がクラスターに，正孔が有機リンカーにそれぞれ空間的に分離されることで，光励起電子と正孔の寿命が延びたためであると考えられる。つまり，二相反応系では疎水化する MOF の光触媒特性を向上させることによって，H_2O_2 生成量を増加させることができる。

169

これまで Fe のように H_2O_2 と反応性の高い元素が含まれている光触媒は H_2O_2 生成反応に利用することは極めて難しいとされてきた。しかし，二相反応系では光触媒と H_2O_2 が空間的に分離されるため，H_2O_2 分解反応が抑制され，高効率な H_2O_2 生成反応が実現可能である。実際，Fe を添加した Zr-MOF を疎水化し，二相反応系で用いたところ，H_2O_2 生成反応が高効率かつ持続的に進行した[31]。この結果は，H_2O_2 を光触媒のない水相に自発的に分離する二相反応系でにより，「光触媒と H_2O_2 との反応性」という材料設計上の制約を取り除き，光触媒の利用範囲を大幅に拡大させる可能性を示している。

本反応系は，H_2O_2 の生成・分離を同時に行う初めての実証例であるとともに，MOF の水に対する構造不安定性や H_2O_2 の光触媒共存条件下での不安定性に対して，反応場の構成からアプローチする独創的な試みといえる。さらに，本手法は MOF を触媒とした H_2O_2 の生成・利用のみならず，さらには他の触媒材料や液相生成物の簡便な分離が望まれる他の反応系への応用展開も可能である[15, 32, 33]。

6　おわりに

本稿では，MOF 光触媒のデザインから二相反応場の設計まで多岐に渡る H_2O_2 製造の高効率化手法を紹介した。一般的に，MOF 光触媒開発は MOF 内部における電子移動や電荷分離の観点から，多くの研究が進められてきた。しかし，H_2O_2 生成反応においては，生成した H_2O_2 の分解を抑制することが極めて重要であり，他の光触媒反応とは異なる触媒設計が求められる。その代表例として，難還元性金属種を含む MOF が H_2O_2 生成において優れた活性を示すことが挙げられる。MOF は無機材料と有機材料の特性を兼ね備えた橋掛け的な存在であり，両分野の知見や手法を融合し，高活性化を目指すことが可能である。しかしながら，飛躍的な活性向上を目指すためには，既存材料の視点からの改良ではなく，MOF ならではの特徴を生かした新しい光触媒材料の創製が不可欠である。MOF 材料の持つ機能拡張性はまだまだ大きな可能性を秘めており，H_2O_2 生成反応の高効率化のみならず，MOF の新しい光化学機能に関する基礎・応用研究が今後も進展することを期待している。

文　　献

1)　H. Nishiyama *et al.*, *Nature*, **598**, 304-307 (2021)
2)　Q. Wang & K. Domen, *Chem. Rev.*, **120**, 919-985 (2020)
3)　Y. Kondo *et al.*, *Chem.*, **8**, 2924-2938 (2022)
4)　Y. Yamada *et al.*, *Energy Environ. Sci.*, **8**, 1698-1701 (2015)

第 16 章　過酸化水素製造を指向した MOF 光触媒の開発

5) Y. Kondo *et al.*, *J. Mater. Chem. A*, **13**, 3701-3710 (2025)

6) K. Fuku *et al.*, *Appl. Catal. B Environ.*, **272**, 119003 (2020)

7) Y. Shiraishi *et al.*, *Nat. Mater.*, **18**, 985-993 (2019)

8) Y. Isaka *et al.*, *J. Mater. Chem. A*, **3**, 12404-12412 (2015)

9) Y. Shiraishi *et al.*, *ACS Catal.*, **3**, 2222-2227 (2013)

10) P. Verma *et al.*, *Catal. Rev.*, **63**, 165-233 (2021)

11) H. Yamashita *et al.*, *Chem. Soc. Rev.*, **47**, 8072-8096 (2018)

12) Y. Isaka *et al.*, *Catal. Sci. Technol.*, **9**, 1511-1517 (2019)

13) H. Hu *et al.*, *Nat. Chem.*, **13**, 358-366 (2021)

14) X. Chen *et al.*, *Phys. Chem. Chem. Phys.*, **22**, 14404-14414 (2020)

15) Y. Zhao *et al.*, *Appl. Catal. B Environ.*, **351**, 123945 (2024)

16) L. Shen *et al.*, *Phys. Chem. Chem. Phys.*, **17**, 117-121 (2015)

17) M.B. Chambers *et al.*, *J. Am. Chem. Soc.*, **139**, 8222-8228 (2017)

18) Y. Fu *et al.*, *Angew. Chem. Int. Ed.*, **51**, 3364-3367 (2012)

19) Y. Isaka *et al.*, *Chem. Commun.*, **54**, 9270-9273 (2018)

20) X. Chen *et al.*, *J. Mater. Chem. A*, **9**, 26371-26380 (2021)

21) X. Chen *et al.*, *J. Mater. Chem. A*, **9**, 2815-2821 (2021)

22) Y. Kondo *et al.*, *J. Phys. Chem. C*, **125**, 27909-27918 (2021)

23) Y. Kondo *et al.*, *ACS Catal.*, **12**, 14825-14835 (2022)

24) X. Ma *et al.*, *Angew. Chem. Int. Ed.*, **58**, 12175-12179 (2019)

25) A. De Vos *et al.*, *Chem. Mater.*, **29**, 3006-3019 (2017)

26) Y. Kondo *et al.*, *Chem. Commun.*, **58**, 12345-12348 (2022)

27) Y. Kondo *et al.*, *J. Mater. Chem. A*, **11**, 9530-9537 (2023)

28) Y. Isaka *et al.*, *Angew. Chem. Int. Ed.*, **58**, 5402-5406 (2019)

29) Y. Kawase *et al.*, *Chem. Commun.*, **55**, 6743-6746 (2019)

30) X. Chen *et al.*, *J. Mater. Chem. A*, **8**, 1904-1910 (2020)

31) X. Chen *et al.*, *ACS Appl. Energy Mater.*, **4**, 4823-4830 (2021)

32) Y. Zhao *et al.*, *Catal. Today*, **431**, 114558 (2024)

33) Y. Zhao *et al.*, *Catal. Today*, **425**, 114350 (2024)

第17章　金属ナノ粒子と多孔性金属錯体が一体化した高機能触媒の開発

小林浩和*

1　はじめに

　多孔性金属錯体（MOF）は，金属イオンと有機配位子の組み合わせによって，多様な構造を持つ材料である[1~3]。ゼオライトや活性炭といった従来の多孔質材料と比較すると，分子レベルでの設計自由度が非常に高く，細孔サイズを数Åから数nmの範囲で精密に制御できる。その結果，特定のガスを選択的に貯蔵・濃縮する機能を有している。さらに，MOFの細孔内環境（疎水性・親水性基や酸‐塩基性基の導入）を制御することで，その機能を拡張できる。加えて，MOF内の金属イオンの配位不飽和部位を活性点としたり，配位子の一部に触媒機能を付与したりすることで，不均一系触媒としての利用が可能である。近年では，金属ナノ粒子とMOFを組み合わせた複合材料の触媒応用にも注目が集まっている。ナノメーターサイズの金属粒子は，その大きさに依存した特異な触媒特性，電子特性，表面特性を示すため基礎物性から触媒科学，エネルギー・環境技術，ナノテクノロジーに関わる材料分野で，幅広く研究がなされている。このようなMOFと金属ナノ粒子の複合体では，MOFの細孔構造や内部環境を活かすことで，特定の基質を選択的に取り込み，貯蔵・濃縮した上で，内部の金属ナノ粒子で効率的に反応を進行させることが可能となる（図1）。さらに，触媒反応中に金属ナノ粒子同士の凝集を抑制する効果

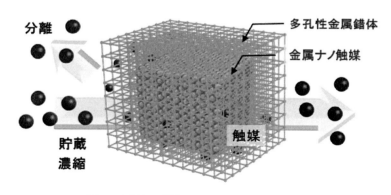

図1　金属ナノ粒子/MOF コア・シェル複合体

---

*　Hirokazu KOBAYASHI　九州大学　ネガティブエミッションテクノロジー研究センター　准教授

第 17 章　金属ナノ粒子と多孔性金属錯体が一体化した高機能触媒の開発

も期待され，シンタリングの防止による触媒寿命の向上にも寄与する。これらの特性を活かすことで，MOF と金属ナノ粒子の複合体は，従来の触媒を超える革新的な材料としての可能性を秘めている。本稿では，これらのハイブリッド材料に関する研究の進展について，筆者らの研究成果を中心に解説する。

2　金属ナノ粒子と MOF の複合化手法

金属ナノ粒子と多孔性金属錯体（MOF）を組み合わせた複合材料は，従来のナノ材料を上回る高い触媒効率や選択性を発揮する可能性があり，その有用性に注目が集まっている。この分野の研究は 2008 年以降，特に欧米を中心に活発に進められてきた。金属ナノ粒子と MOF を複合化する方法は，大きく「気相法」と「液相法」に分類される[4]。気相法では，昇華しやすい金属錯体を前駆体として利用し，MOF の細孔内に金属原料を導入した後，還元処理を施すことで金属ナノ粒子を形成する化学蒸気浸透法が主流となっている。一方，液相法では，MOF の存在下で金属前駆体を溶液中で還元し，複合化を行う手法が広く検討されている。これらの手法を適用し，MOF の細孔径と金属原料のサイズを最適化することで，さまざまな構造を持つ複合材料が開発されている。例えば，MOF の表面にナノサイズの金属触媒を担持した構造（図 2a）や，MOF 内部に金属ナノ粒子を埋め込んだ複合体（図 2b）などが報告されている。本章では，金属ナノ結晶の表面を MOF のナノ膜で被覆した複合材料（図 2c）について紹介する[5]。この構造では，MOF が持つガス濃縮機能や分子ふるい効果が付加されるだけでなく，MOF と金属ナノ粒子の界面接触が増大するため，両者の相乗効果がより強く発現すると期待される。

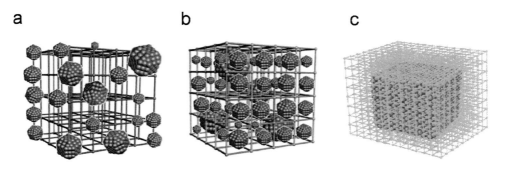

図 2　(a) MOF の表面に金属ナノ粒子が担持された複合物質，(b) MOF の内部に金属ナノ粒子を埋め込んだ複合物質，(c) 金属ナノ粒子表面に MOF のナノ膜が被覆した金属ナノ粒子/MOF コア・シェル複合体[5]

173

3 MOF被覆によるPtナノ結晶のCO酸化活性制御と耐久性向上

3.1 MOF被覆によるPtナノ粒子のCO酸化活性制御

白金（Pt）は燃料電池の電極触媒として広く利用されているが，一酸化炭素（CO）酸化反応においてはCOが強く吸着しやすく，触媒活性が低下する（CO被毒）という課題がある。現在，この問題を解決するために，Ptとルテニウム（Ru）を組み合わせたPt/Ru合金触媒が使用されている。本節では，MOFを用いた被覆技術によってPtナノ結晶のCO酸化活性を制御する手法について解説する[6]。MOFとしては，ジルコニウム（Zr）クラスターとテレフタル酸（BDC）から構成される三次元細孔構造を持つ $[Zr_6O_4(OH)_4(BDC)_6]$（UiO-66）に着目した（図3）[7〜9]。UiO-66（Zr）は高い耐水性と耐熱性を備えており，さらに，配位子や金属イオンを選択的に置換することで，構造を柔軟に設計できる点が特徴である。このため，Ptナノ粒子と組み合わせた際のPt/MOFの界面反応場の最適化に適していると考えられる。

平面性の高い {100} 面を結晶面に持つ立方体Ptナノ結晶と，Zr^{4+} およびテレフタル酸から構成されるUiO-66（Zr）との複合触媒をソルボサーマル法により合成した。透過型電子顕微鏡（TEM）観察の結果，粒径約9 nmのPtナノ結晶の周囲をUiO-66が均一に被覆していることが確認された（図4）。さらに，複合化条件（温度，反応時間，MOF前駆体の調製方法など）を詳細に検討することで，テレフタル酸にブロモ基（-Br），メチル基（-CH$_3$），アミノ基（-NH$_2$），ニトロ基（-NO$_2$），メトキシ基（-OCH$_3$）を導入したMOFや，Zr^{4+}をハフニウム（Hf^{4+}）に置き換えた複合体を合成した。

Pt/MOF複合材料のCO酸化活性を評価するため，固定床流通式反応装置を用い，混合ガス（He/CO/O$_2$＝49/0.5/0.5 ml・min^{-1}）を流通させながら触媒試験を実施した。その結果，

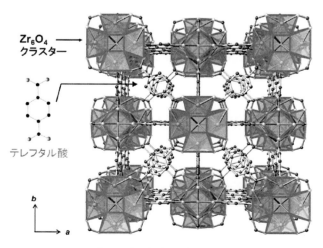

図3　$[Zr_6O_4(OH)_4(BDC)_6]$（UiO-66）

第17章　金属ナノ粒子と多孔性金属錯体が一体化した高機能触媒の開発

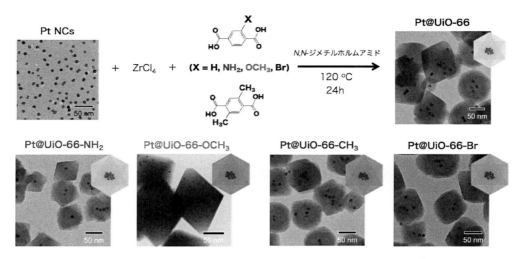

図4　Pt に UiO-66 およびその類似体が被覆した複合体の TEM 像[6]

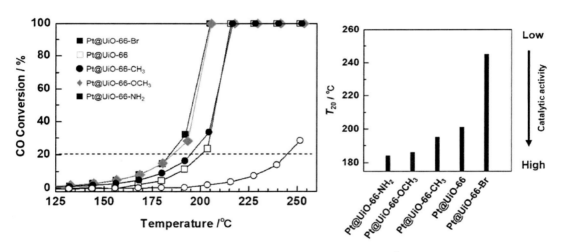

図5　UiO-66 の置換基による CO 酸化活性制御[6]

Pt@UiO-66 およびその誘導体は，テレフタル酸の置換基を調整することで CO 酸化活性を大幅に制御できることが明らかとなった（図5）。この結果は，合金化によって酸化活性特性を向上させる従来の手法とは異なり，MOF との複合化によって Pt 触媒の性能を制御できる新たなアプローチを示すものである。さらに，X 線光電子分光（XPS）測定の結果，UiO-66 被覆の有無によって Pt の電子状態には大きな変化がないことが確認された。一方，テレフタル酸の置換基導入に伴う Zr_6 クラスターの電子状態変化と CO 酸化活性の間には明確な相関が認められた。この結果から，Pt ナノ結晶と UiO-66 の Zr_6 クラスターとの界面において，CO 分子の反応性が変化していることが示唆される。

175

3.2 MOF 被覆による Pt ナノ粒子のシンタリング抑制

　MOF 被覆の効果を評価するため，CO 酸化反応における触媒の耐久性試験を実施した。Pt ナノ粒子を ZrO_2 に担持した Pt/ZrO_2 は 10 回の反応サイクル後，一酸化炭素の転化率が 50% に達する温度（T_{50}）が約 15℃ 上昇し，触媒活性の低下が確認された。一方，Pt@UiO-66 は 10 回の試験後も触媒活性の顕著な低下が見られず，MOF 被覆が耐久性の向上に寄与することが示唆された（図 6a）。さらに，Pt@UiO-66 および Pt/ZrO_2 の CO 酸化試験前後における構造変化を，収差補正電子顕微鏡を用いて解析した。図 6b に Pt/ZrO_2 の HAADF-STEM 像の結果を示す。これらの結果から，ZrO_2 上に担持された Pt ナノ結晶は，触媒反応後に粒径が 2 倍以上に成長していることが確認された。一方，UiO-66 で被覆した Pt ナノ結晶では，触媒評価前後で粒径の変化は認められなかった（図 6c）。このことから，UiO-66 による被覆が，Pt ナノ粒子のシンタリング（粒成長による活性点の減少）を効果的に抑制することを明らかにした。

3.3 Pt ナノ粒子の水性ガスシフト反応における UiO-66 の被覆効果

　Pt ナノ結晶は，水性ガスシフト反応（$H_2O + CO \rightarrow H_2 + CO_2$）において優れた触媒特性を示すことが知られている。一方，MOF は金属イオンと有機配位子から構成される多孔質材料であり，高い分子吸着能を有する。特に，MOF 細孔内に取り込まれた水分子は，バルク状態とは異なる物理・化学的特性を示すことが報告されているが，これらが化学反応に及ぼす影響については未解明な点が多い。本研究では，水性ガスシフト反応に高い活性を持つ Pt ナノ結晶を UiO-66 で被覆（Pt@UiO-66）することで，UiO-66 に吸着された H_2O および CO の反応性を調べた[10]。さらに，Pt を UiO-66 の表面に担持した触媒（Pt on UiO-66）との比較を通じて，MOF 被覆の効果を検討した（図 7）。

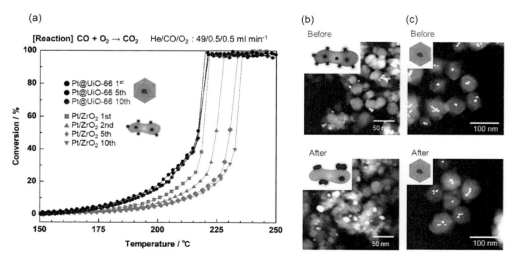

図 6　(a) CO 酸化触媒活性のサイクル試験と触媒評価前後の HAADF-STEM 像，(b) Pt/ZrO_2，(c) Pt@UiO-66[6]

第17章　金属ナノ粒子と多孔性金属錯体が一体化した高機能触媒の開発

触媒活性の評価は，固定床流通式反応装置を用い，混合ガス（$H_2O/CO/Ar=11.4/10/50$ ml・min^{-1}）を流通させることで行った（図8）。その結果，Pt on UiO-66は従来のPt on ZrO_2触媒と比較して，わずかに高いCO転化率を示した。UiO-66単体では触媒活性を示さないことから，MOF細孔内に吸着された水分子がPt表面のCOと効率的に反応し，触媒作用に寄与していることが示唆された。また，Pt@UiO-66は340℃において10.9%の転化率を示し，Pt on UiO-66の約1.4倍の活性を示した。これは，UiO-66細孔による水の濃縮効果が反応の促進に寄与しているためと考えられる[10]。

Ptナノ結晶の触媒活性向上の要因を解明するため，水流量を11.4から114 ml・min^{-1}に変化させ，320℃における触媒活性を評価した（図9a）。低水流量（11.4 ml・min^{-1}）では，Pt@UiO-66の活性がPt on UiO-66を上回った。しかし，水流量を57 ml・min^{-1}に増やすと，Pt on UiO-66の活性が相対的に向上し，Pt@UiO-66とほぼ同程度となった。さらに，水流量を114 ml・min^{-1}に増加させると，Pt on UiO-66の活性がPt@UiO-66を上回る逆転現象が観察さ

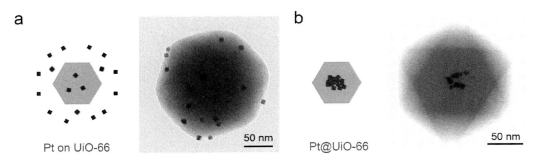

図7　(a) Pt on UiO-66および(b) Pt@UiO66のTEM像[10]

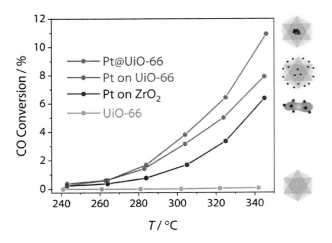

図8　水性ガスシフト反応におけるCO転化率の温度依存性[10]

金属有機構造体（MOF）研究の動向と用途展開

れた。この触媒活性のクロスオーバー挙動は，UiO-66 細孔内における水の濃縮と拡散の競合効果に起因すると考えられる（図9b）。そこで，UiO-66 細孔内での水の遅い拡散を最少限に抑えるため，より薄い UiO-66 シェルを有する Pt@UiO-66 を設計した（図9c）。合成時間を 24 時間から 3 時間に短縮することで，UiO-66 シェルの厚さを 80 nm から 40 nm へと制御し，薄膜型の複合触媒（Pt@UiO-66-40nm）を得た。触媒活性評価の結果（図9a），Pt@UiO-66-40nm は Pt@UiO-66 と比較して，より高い水性ガスシフト反応活性を示した。この活性向上は，UiO-66 細孔内における水の拡散経路が短縮されたことに起因すると考えられる[10]。この結果は，MOF の厚みを制御することで反応物の濃縮・拡散を制御し，触媒活性を向上させた初めての例であり，今後の触媒設計に新たな指針を提供するものである。

さらに，水性ガスシフト反応における複合体の置換基効果を検討したところ，Br 基を導入すると Pt@UiO-66 に比べて触媒活性が 0.6 倍に低下し，一方で Me_2 基を導入すると活性が 1.7 倍に向上することが確認された[11]。この結果は，MOF を構成する配位子の置換基を適切に選択し，細孔環境を戦略的に設計することで，吸着した水分子の化学状態や反応性を制御できることを示している。

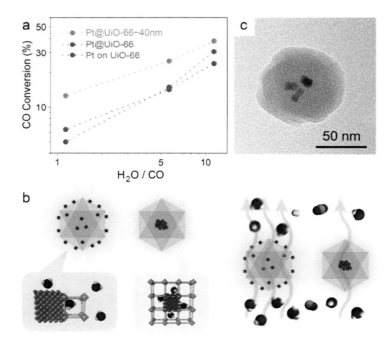

図9 水性ガスシフト反応における H_2O/CO の比率に対する CO 転化率
(a) Pt on UiO-66（赤），Pt@UiO-66（青）および Pt@UiO-66-40nm（緑）。反応条件：10 sccm の CO，11，57 または 114 sccm の H_2O，50 sccm の Ar，0.65 MPa および 320℃，(b) UiO-66 細孔内における凝縮効果（左）と拡散効果（右）の概略図，(c) Pt@UiO-66-40nm の TEM 画像（スケールバー，50 nm）[10]。

第17章　金属ナノ粒子と多孔性金属錯体が一体化した高機能触媒の開発

4　金属/MOF複合触媒の開発とCO$_2$の水素化によるメタノール合成

　MOFを触媒として活用する研究は数多く報告されているが，CO$_2$の変換，特に還元反応に関する研究例は限られている。これは，CO$_2$が燃焼の最終生成物であり，熱力学的に安定した分子であるため，再び反応させることが容易ではないためである。一方で，金属ナノ粒子とMOFを複合化した触媒は，一酸化炭素の酸化やアルコール酸化などの産業的に重要な反応において高い活性と選択性を示すことが報告されている。また，CO，CO$_2$，水素からメタノールを合成する触媒としても有望視されている[12]。従来の銅-酸化亜鉛触媒にMOF-5を組み合わせた複合触媒は，従来の担体であるアルミナやメソポーラスシリカ（MCM-41，MCM-48）を用いた触媒よりも，銅の重量あたりの触媒活性が向上することが示されている。本節ではCO$_2$と水素からメタノールを合成する材料として，Cuナノ粒子とUiO-66のハイブリット材料をとりあげ，筆者らが得た研究結果を中心に解説する[13]。

　はじめに，Cuナノ粒子の表面にUiO-66を被覆した複合触媒を作製した。粉末X線回折（XRD）測定の結果，CuとUiO-66それぞれの回折ピークが確認され，両者が共存していることがわかった。また，77Kにおける窒素吸着等温線測定では，UiO-66と同様に低圧領域でI型の吸着挙動が観察され，細孔構造が維持されていることが明らかになった。さらに，TEM観察により，Cuナノ粒子の平均粒径が13.1±3.9 nmであることが確認された。STEM-EDS分析では，Cuナノ粒子表面がUiO-66で均一に覆われていることが示された（図10）。

　固定床流通式の反応装置を用いて，Cu@UiO-66（Zr）のCO$_2$水素化反応を評価した。まず，250℃で水素処理を1時間行い，触媒を前処理した。その後，反応温度を220℃に設定し，安定化を確認した後に，He/CO$_2$/H$_2$の混合ガスを140 ml/minの流速で供給し，反応を開始した。生成物の分析にはガスクロマトグラフィー（GC-FID）を用いた。結果として，Cu/γ-Al$_2$O$_3$と比較してCu/UiO-66は約70倍のメタノール生成量を示した（図11）[13]。触媒反応後のXRD測定では，MOFの骨格構造が保持されていることが確認され，TEM観察でもCuナノ粒子の粒径に変化がないことがわかった。さらに，CuとMOF（ZIF-8，MIL-100，MIL-53）を組み合わせた他の複合触媒と比較しても，Cu@UiO-66は優れた担持効果を示した。また，UiO-66の中心

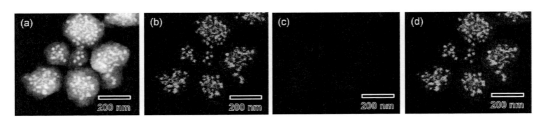

図10　Cu@UiO-66の(a)HAADF-STEM像とSTEM-EDSマッピング，(b)Cu元素マップ，(c)Zr元素マップ，(d)Cu+Zr元素マップ[13]

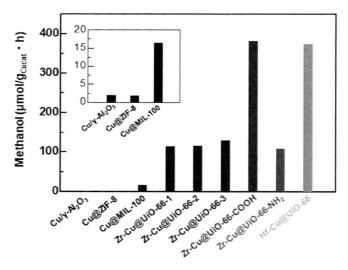

図11 Cu/γ-Al₂O₃ および Cu/MOF 複合触媒を用いて，CO₂ および H₂ から合成されたメタノール生成量
Zr-UiO-66-1，Zr-UiO-66-2，および Zr-UiO-66-3 は元素分析と TG から見積もられた欠陥量の異なる UiO-66 を示す[13]。

金属を Zr^{4+} から Hf^{4+} に置き換えた Cu/UiO-66(Hf^{4+}) や，テレフタル酸にカルボキシ基を導入した Cu/UiO-66(-COOH) は，Cu/UiO-66(Zr^{4+}) と比較して3倍程度高い触媒活性を示した[13]。

　CO_2 還元反応のメカニズムを解明するため，触媒活性と各種パラメータとの関係について検討を行った。まず，77 K での窒素吸着測定に基づく BET 表面積や，Cu ナノ粒子の粒径と触媒活性との相関を調べた。その結果，これらの物理的特性と触媒活性には明確な相関がなかった。また，UiO-66 を構成するテレフタル酸配位子の欠陥数とも触媒活性に有意な関係は見られなかった。これらの結果から，反応場となる Cu/UiO-66 界面が触媒活性に大きく寄与していると考えられる。この界面における電子的相互作用を明らかにするため，XPS 測定を行い，Cu ナノ粒子と UiO-66 の間で生じる電荷移動について調べた。その結果，Cu/Al₂O₃ や Cu/ZIF-8 では顕著な電荷移動は観測されなかった（図12c, d）。一方で，高い触媒活性を示した Cu@UiO-66 では，Cu から UiO-66 への電子移動が確認された（図12a, b）[13]。さらに，電荷移動量と触媒活性の間には明確な相関関係があることがわかった（図13）[13]。理論的研究では，$Cu^{\delta+}$ 種がメタノール生成の中間体であるギ酸イオンを安定化させることが示されている[14,15]。これを踏まえると，Cu から UiO-66 への電荷移動によりギ酸イオンが安定化され，その結果，メタノールの生成効率が向上したと考えられる。また，Cu@UiO-66 の耐久性についても検討を行った。5回の反応サイクルを繰り返しても触媒活性の低下は見られず，高い触媒性能に加えて優れた安定性を有することがわかった。さらに，Cu/ZnO を UiO-66 で被覆することで，ベンチマーク Cu/ZnO/γ-Al₂O₃ 触媒を凌駕する高い触媒活性を示すことも明らかになった[16]。

第17章　金属ナノ粒子と多孔性金属錯体が一体化した高機能触媒の開発

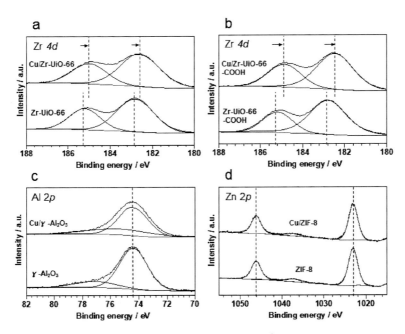

図12　Cuナノ粒子との複合化前後のγ-Al$_2$O$_3$およびMOFのXPSスペクトル
(a)Cu/Zr-UiO-66, (b)Zr-UiO-66-COOH, (c)γ-Al$_2$O$_3$, および(d)ZIF-8[13]。

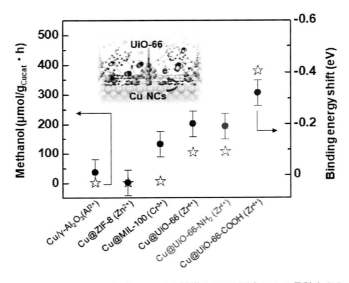

図13　Cu/γ-Al$_2$O$_3$およびCu/MOF触媒のXPS測定により見積もられた結合エネルギーのシフト値とメタノール生成量の関係[13]

5 まとめ

金属ナノ粒子/MOF コア・シェル型複合触媒の研究を深化させることで，これまでに知られていない新たな触媒系の開拓や，水素の活性化を利用した低活性化エネルギー型の省エネルギー反応プロセスの実現が期待される。これにより，CO_2 排出量の削減にも寄与できる可能性がある。著者らは革新的な新型触媒や新材料よって，資源・エネルギー・環境問題に取り組み，10年後，20年後の社会的課題の解決に資する成果として，省エネルギータイプの高活性触媒技術を育て，さらなる持続可能な社会を築いていきたいと考えている。

謝辞

本書の内容は，著者が京都大学在職中に行った研究成果をもとにしている。特に，北川宏教授には，研究に関する貴重な助言とご支援を賜り，深く感謝申し上げる。また，本書は，荻原直樹博士（現・東京大学助教）および三津家由子氏（昭栄化学工業㈱）との共同研究の成果を中心にまとめたものであり，両氏のご協力に心より感謝申し上げる。

文　　献

1) S. Kitagawa *et al., Angew. Chem. Int. Ed.,* **43**, 2334 (2014)
2) J. R. Long & O. M. Yaghi, *Chem. Soc. Rev.,* **38**, 1213 (2009)
3) O. M. Yaghi *et al., Nature,* **423**, 705 (2003)
4) M. Meilikhov *et al., Eur. J. Inorg. Chem.,* 3701 (2010)
5) H. Kobayashi *et al., Inorg. Chem.,* **55**, 7301 (2016)
6) H. Kobayashi & H. Kitagawa, *Coordination Chemistry Discovery,* **2**, 102 (2024)
7) J. H. Cavka *et al., J. Am. Chem. Soc.,* **130**, 13850 (2008)
8) S. Biswas & P. V. D. Voort, *Eur. J. Inorg. Chem.,* **12**, 2154 (2013)
9) H. Wu *et al., J. Am. Chem. Soc.,* **135**, 10525 (2013)
10) N. Ogiwara *et al., Angew. Chem. Int. Ed.,* **58**, 11731 (2019)
11) N. Ogiwara *et al., Nano Lett.,* **20**, 426 (2019)
12) M. Müller *et al., Chem. Mater.,* **20**, 4576 (2008)
13) H. Kobayashi *et al., Chem. Sci.,* **10**, 3289 (2019)
14) Y. Yang *et al., J. Catal.,* **298**, 10 (2013)
15) C. Liu *et al., J. Am. Chem. Soc.,* **137**, 8676 (2015)
16) Y. Mitsuka *et al., Angew. Chem. Int. Ed.,* **60**, 22283 (2021)

第18章 MOF触媒によるバイオマスの変換に関する研究進展

曲 琛*

1 はじめに

　バイオマスからバイオ燃料や様々なファインケミカル，材料などへの変換に関する研究は盛んである。様々な変換手法が開発されたが，依然として多くの課題が残っている。例えば，バイオマスの全成分の利用は難しく，多くの場合，セルロースやヘミセルロースを主に利用し，リグニンを分解・除去する手法がほとんどである。近年，研究者たちは，リグニンファースト（Lignin-first）というアプローチを提案し，リグニンを先に利用する研究も増えたが，その後のセルロースやヘミセルロースの活用については，十分に検討されていないのが現状である。一方で，熱分解はリグノセルロース系バイオマスの全成分を変換する可能性を持つ手法だが，分解温度が高いことや，生成物が複雑であることなどの欠点がある[1]。材料科学の進歩により，バイオマス変換のための新しい触媒の利用可能性が拡大している。有機金属構造体（Metal Organic Framework，MOF）は金属イオンと有機配位子で自由に設計でき，均一な微細孔と高い比表面積を持つ構造などの特徴があるため，バイオマスの変換にも利用できる。本章では，最近の研究動向として，MOF材料を触媒または酵素の担体として活用したバイオマス変換に関する最新の進展について述べる。

2 バイオマスの化学成分およびその変換

　バイオマスは，再生可能な生物由来の有機性資源（化石燃料は除く）のことである。そのなかで，非可食である木材からなるバイオマスのことはリグノセルロース系バイオマスまたは木質バイオマスと呼ぶ。リグノセルロース系バイオマスの主な化学成分はセルロース（cellulose），ヘミセルロース（hemicellulose）とリグニン（lignin）である（図1）。セルロースはリグノセルロース系バイオマスの成分の約40～50％を占め，基本単位であるグルコース（glucose）はβ-1,4-グリコシド結合をした結晶性ポリマーである。ヘミセルロースはリグノセルロース系バイオマスの中に約20～30％を占める非結晶性多糖である。ヘミセルロースの構成成分はセルロースより複雑であり，バイオマスの種類によって違う。キシロース（xylose）のみである場合はキシラン（xylan）と呼ばれ，マンノース（mannose）とグルコースの2種類である場合はグルコマンナン

　＊　Chen QU　東北大学　材料科学高等研究所（AIMR）　特任准教授

金属有機構造体(MOF)研究の動向と用途展開

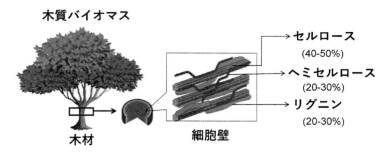

図1 リグノセルロース系バイオマスの主な化学成分

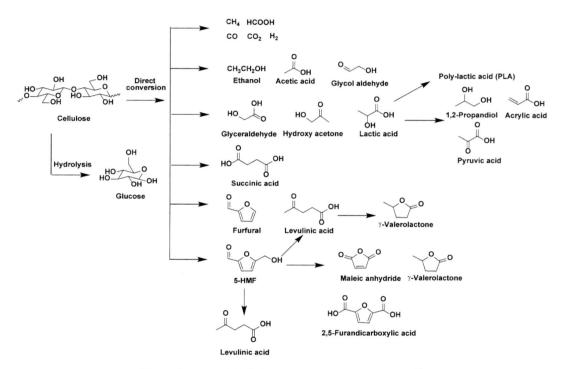

図2 バイオマス多糖成分から得られるファインケミカル[2]

(glucomannan)と呼ばれる。さらに，側鎖にアラビノース(arabinose)，ガラクトース(galactose)，ウロン酸(uronic acid)と繋ぐ場合もある。セルロースとヘミセルロースはバイオエタノールや乳酸，フルフラールなどの化学製品へ変換することができる。また，セルロースからセルロースアセテートや，セルロースナノファイバーなど材料への変換も可能である。セルロースとヘミセルロースからまず化学手法や，酵素による加水分解(hydrolysis)で六炭糖および五炭糖を効率的に生成することはバイオマスの付加価値化の第一段階である。また，セルロースを直接，ファインケミカルに変換することも可能である(図2)[2]。

第18章　MOF触媒によるバイオマスの変換に関する研究進展

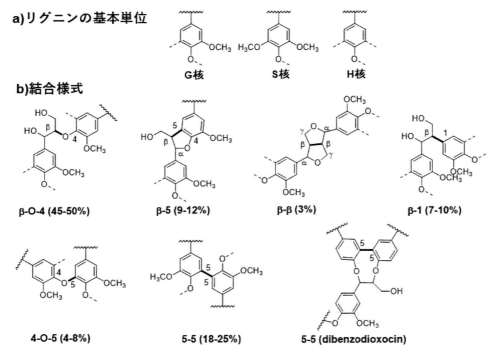

図3　リグニンの基本単位と主な結合様式

リグニンはフェニルプロパン（phenylpropane）を C_6-C_3 単位として重合した高分子であり，セルロースに続き2番目に豊富な天然高分子とも言われている。リグニンの化学構造は複雑であり，構成単位は主に芳香環構造を持つグアイアシル（guaiacyl）核（G核），シリンギル（syringyl）核（S核），p-ヒドロキシフェニル（p-hydroxylphenyl）核（H核）である。G核，S核，H核をエーテル（C-O）また炭素-炭素（C-C）によって結合する。主な結合様式はβ-O-4型（45-50％），β-5型（9-12％），β-β型（3％），β-1型（7-10％），4-O-5型（4-8％），5-5型（18-25％），5-5型（ジベンゾジオキソンシン構造）（6-8％）である（図3）[3]。リグニンは芳香環をもつ基本単位によって構成されるために，芳香族化合物の潜在的な供給源として注目されている。

3　Pristine MOF触媒を用いたバイオマスの変換

MOF材料を触媒として利用する方法は，大きく分けて2つある。一つは，MOFそのものを触媒として利用する方法（Pristine MOF catalyst），もう一つは，MOFを担体として金属や酵素などを担持する触媒（Functionalized MOF catalyst）として利用方法である。Pristine MOF catalystの場合，金属ノードは溶媒分子と弱く配位しており，活性化処理によって配位不飽和金

属サイトに変化する可能性があるため，空の軌道を持つ金属サイトを得られる。よって，顕著なルイス酸性と適切な酸化還元反応性を備えており，異性化，脱水，アルドール縮合，水素化など，多くのバイオマス変換反応に利用できる[4]。

MOF 触媒を用いた低分子多糖類から有用化合物への変換が優れた活性を示した一方で，バイオマス高分子の分解への応用に関する研究はまだ少ないのが現状である。Akiyama らは，MIL-101(Cr)-SO$_3$H を設計および合成し，120℃でセルロースを加水分解する反応を行った。その結果，セロビオース，グルコース，およびキシロースを得ることを報告したが，収率はわずか 5.4%に留まった[5]。2015 年には，Zi らが MIL-53（Al）を用いて，水溶性カルボキシメチルセルロース（carboxymethyl cellulose，CMC）を水熱条件下で 200℃に加熱し，ヒドロキシメチルフルフラール（Hydroxymethylfurfural，HMF）へ変換し，収率は 40.3%であった[6]。Pristine MOF 触媒を用いたリグニンモデル化合物への変換も数多く報告されている[7]。Tian らは新規 Cu と V を含む NENU-MV-5 を合成し，メタノール（Menthol）でリグニン β-O-4 モデル化合物からフェノール（Phenol）と芳香族カルボン酸（Aromatic acids）に変換し，変換率は 99%である[8]。変換のメカニズムは図 4 に示したように，まず β-O-4 モデル化合物の水酸基を混合原子価状態の V^{4+}-O-V^{5+} によるケトンに酸化し，続いて，NENU-MV-5 にある Cu$^+$ を C$_\alpha$-C$_\beta$ 結合部分で切断すると考えられる。この反応系は，単一の溶媒中で明確な組成と構造を持つ結晶性触媒を用い，他の補助触媒を必要としない One-step での選択的リグニン分解の初の例となり，触媒の再利用性も検証された。

Pristine MOF を用いたバイオマス高分子の変換が難しいという課題に対し，筆者らのグループは，マイクロ波加熱により改質した Cu と Zr を含む MOF-818 を用いて，木粉の分解実験を行った[9]。マイクロ波加熱は，内部加熱および選択加熱といった特徴を持つ，迅速かつ効率的な加熱手法であり，さまざまな有機合成に利用されている。筆者らのグループは，マイクロ波加熱を利用して MOF-818 の合成を行った結果，従来の水熱加熱法では 5 時間以上を要する反応が，30 分以内で合成可能であることを確認できた。マイクロ波加熱合成では，反応時間の短縮に加えて，結晶性と粒子サイズが低下し，露出する金属活性サイトの数が増加すると想定し，高分子である木材の分解に対する触媒活性の向上が期待できる。マイクロ波加熱で改質された MOF-818 触媒を用いた実験では，160℃のマイクロ波加熱によりセルロースを有機酸に変換でき，

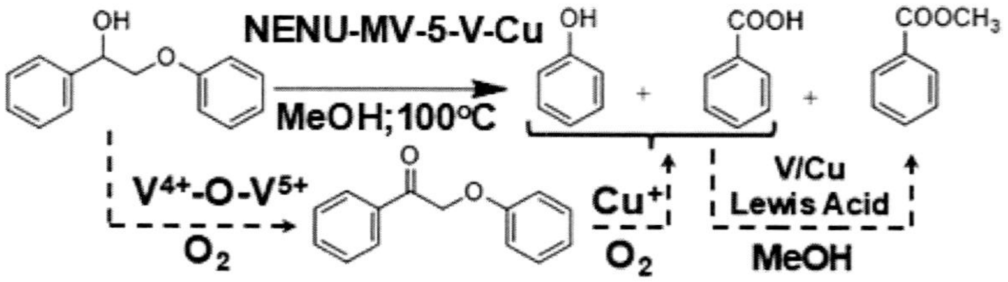

図 4　NENU-MV-5-V-Cu を用いたリグニンモデルの分解

第18章　MOF 触媒によるバイオマスの変換に関する研究進展

42.7％の収率を達成した。また，120℃でリグニンβ-O-4二量体を芳香族モノマー化合物に変換したところ，64.4％のモノマー変換収率を得られた。

改質された MOF-818 触媒は，160℃で30分間のマイクロ波加熱によって，木粉を有用化合物への直接変換を初めて実現した。その変換収率は16.3％である（図5）。本反応系では，アルカリ酸化条件で，リグニンの分解物から酸化生成物と還元生成物が同時に生成されたことは本反応系の特徴である。反応系に MOF 触媒を用いた木質のモノマー化合物への変換に対する可能な推定反応ルートを図6に示した。酸化生成物と還元生成物を同時に生成する要因として下記の二つが考えられる。一つ目は，金属触媒は反応系に存在する場合，マイクロ波の照射により，ホットスポット（Hot spot）を形成する可能性があり，よって，木粉付近に急速な熱分解反応が発生したと考えられる。リグニンからの酸化生成物と還元生成物が同時生成するのは，典型的な木質バイオマスの熱分解現象の一つである。二つ目に考えられる要因は，木粉の中の多糖類は水酸基を

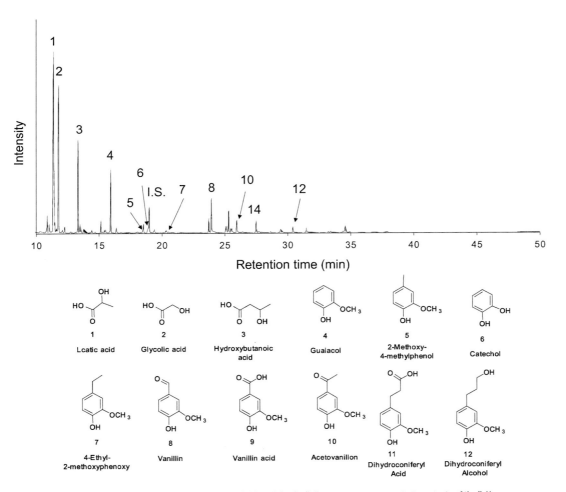

図5　改質された MOF-818 による木粉の分解生成物の GC-MS スペクトルおよび生成物

187

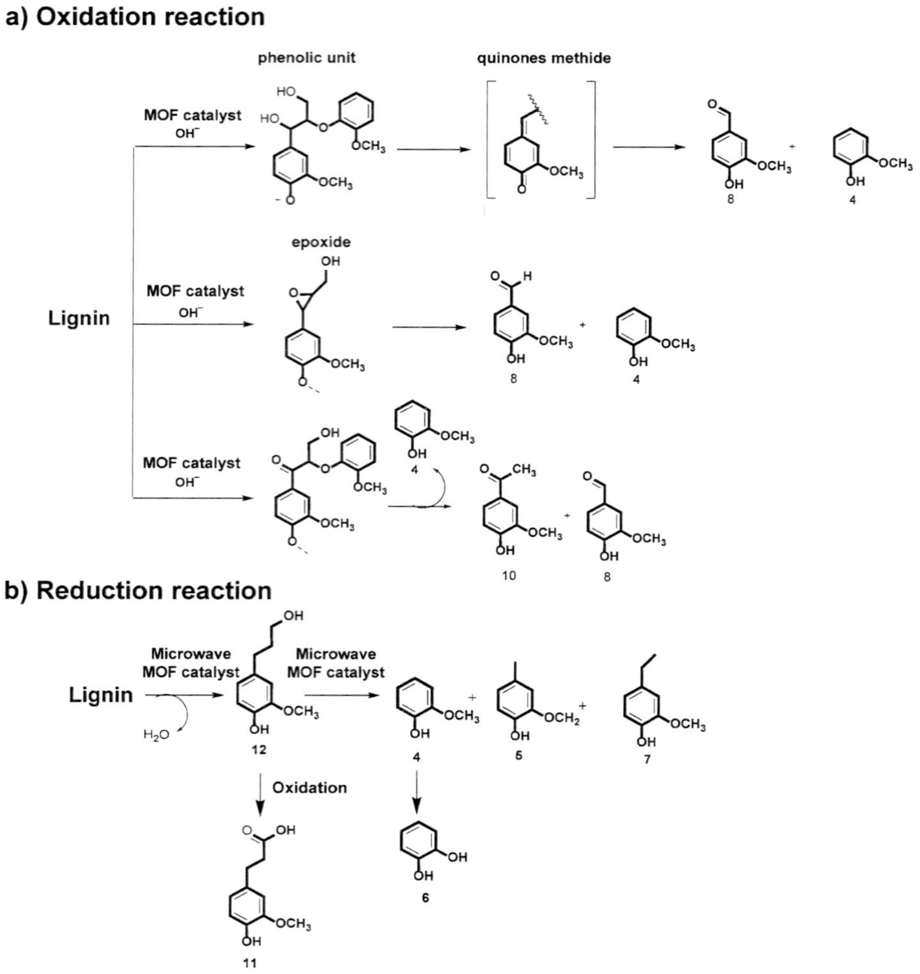

金属有機構造体（MOF）研究の動向と用途展開

a) Oxidation reaction

図6　マイクロ波加熱による MOF-818 で木粉分解を得られたリグニン分解物の可能な反応経路

たくさん含んでおり，水酸基が還元剤として働き，還元生成物を生成する可能性がある。まとめとして，本研究では，Pristine MOF 触媒を用いて高分子である木粉からモノマー化合物への直接変換可能なルートを提供した。しかし，改質された MOF-818 触媒の欠点は，再利用できないことが今後の課題である。

4　MOF 固定化酵素によるリグノセルロース系バイオマスの変換

　MOF 材料は触媒としての利用だけでなく，酵素を封入する担体としても利用できる。酵素は有機溶媒，強酸，アルカリ条件，熱などによって簡単に失活するため，酵素の安定性および使用

第18章　MOF触媒によるバイオマスの変換に関する研究進展

寿命を向上させるために，酵素の固定化の技術が提案された。酵素を適切な担体に物理吸着，封入，化学架橋，または共有結合を通じて固定することによって，優れた結合性，化学的な安定性，物理的な強度を備える酵素システムが構築でき，さらに再利用も期待される。キトサン，樹脂，シリコンなど多くの従来の支持材料が研究されてきた。しかし，これらの材料は，機械的および化学的安定性の低さ，不均一な細孔分布，低い生体適合性，あるいは官能基不足などの理由で，酵素固定化への利用が制限されている。MOF材料は有機物と金属イオンを組み合わせることによって，様々な形や孔の大きさなど機能に応じて設計できるため，セルラーゼの安定性と再利用性を大幅に改善することができる。

　セルロースの生分解で最も広く使用されている酵素はセルラーゼである。セルラーゼは多成分酵素である。加水分解反応では，β-1,4-エンド-グルカナーゼ（β-1,4-endo-glucanase, EG）によって，セルロースの非晶領域が分解され，結晶領域が生じるとともに，グルコース，セロビソース，セロトリオースなどに生成する。さらに，セルラーゼにはβ-1,4-エキソ-グルカナーゼまたはセルロビオヒドロラーゼ（cellobiohydrolase, CBH）が含まれる。CBHが還元末端または非還元末端から結晶領域のβ-1,4-グリコシド結合を切断する。いわゆる，CBHが結晶セルロースの表面を削り，ミクロフィブリル内部の非結晶領域が露出し，EGが非結晶領域を分解する。また，β-グルコシダーゼ（β-glucosidase, BG）はセロビオースをグルコースに分解する。一方，モノオキシゲナーゼ（Lytic polysaccharide monooxygenase, LPMO）ははグリコシド結合を切断してより多くのグリコシド結合部位を生成し，これにより酵素反応のプロセスを加速させることができる（図7）。

　MOFによる酵素の固定化には主に3つの方法がある。それは表面固定法（surface immobilization），*in situ* カプセル包括法（*in situ* encapsulation），および浸透法（Infiltration）である（図8）[10]。表面固定法は，セルラーゼを物理吸着または化学結合を通じてMOFに固定す

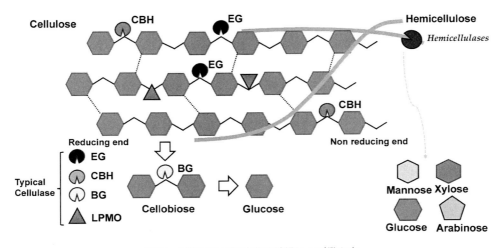

図7　多糖類の分解酵素の種類および働き方

189

金属有機構造体（MOF）研究の動向と用途展開

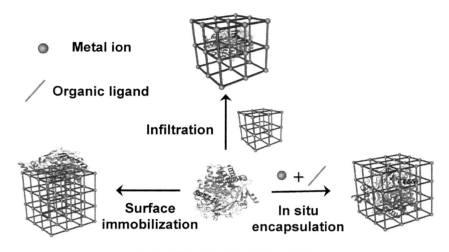

図8　MOFによる酵素固定化の方法

る手法である。表面固定法は操作が簡単，セルラーゼの活性に与える影響が少ないという利点がある。ただし，微細孔を持つMOF材料では，セルラーゼは通常外部表面に固定化されるが，反応過程でセルラーゼが流出しやすく，再利用時に活性が失われる原因となる。よって，結合を強化するために，MOFをNH_2などの官能基で修飾し，グルタルアルデヒド架橋を介してセルラーゼと共有結合を形成する方法がある。In situ カプセル化方法では，MOFの形成過程でセルラーゼを添加し，共沈を通じてMOFの骨格内にカプセル化する。しかし，固定化の過程でセルラーゼが失活する可能性があるため，MOFの調製は穏やかな条件下で行う必要がある。セルラーゼとMOFの結合を強化するとともに，MOFの骨格がセルラーゼを保護する優れた効果を持つとされている。しかし，in situ カプセル化された酵素の活性が失われるのではないかと一部の研究者から疑問が持たれている。第三の固定化方法は浸透法であり，これはセルラーゼがMOFの細孔や空隙内に拡散するプロセスである。

　ヘミセルロースは複雑な構成成分と結合を持つため，オリゴ糖，二糖，単糖に分解するには複数の特異的な酵素の組み合わせが必要である。たとえばキシラナーゼは，1,4-β-エンドキシラナーゼ（1,4-β-endo-xylanase），β-キシロシダーゼ（β-xylosidase），α-L-アラビノシダーゼ（α-L-arabinofuranosidase），α-D-グルクロニダーゼ（α-glucuronidase），アセチルキシラナーゼ（Acetylesterase）となる。セルラーゼと同様に，各成分は特定の作用部位を持ち，最終的にヘミセルロースを単糖に分解できる。MOF固定化酵素によるヘミセルロース変換に関する研究はモデル化合物の変換がほとんどである。

　一方，リグニンの分解酵素として最も研究されているのは，ラッカーゼ（Lacase, Lac），リグニンペルオキシダーゼ（Lignin peroxidase, LiP），マンガンペルオキシダーゼ（Manganese, MnP）である。LiPはフェノール性または非フェノール性の芳香族環の重合体を酸化し，リグニ

第18章　MOF触媒によるバイオマスの変換に関する研究進展

ンの側鎖にある C_α-C_β 結合を切断してモノマーに分解することができる。最適利用 pH は 2〜5，最適温度は 35〜55℃である。今まで，MOF に固定化された酵素によるリグニンの変換に関する研究はほとんど報告されていない。MOF 内で Lac を固定化してフェノール化合物を分解する研究は報告されている。Lac はサイズが大きい（6.5 nm×5.5 nm×4.5 nm）ため，表面固定化法と *in situ* カプセル化法が主な固定化方法となっている[11]。固定化後，Lac の安定性は著しく向上し，固定化された Lac は遊離型 Lac よりも広い pH および温度範囲で利用でき，再利用および保存安定性も改善された。

5　おわりに

　MOF 触媒はバイオマス変換において有効な触媒であることがさまざまな研究で証明されている。しかし，通常のゼオライトや金属酸化物と比較して，より高いバイオマス変換率を示す MOF 触媒の開発は今後の課題の一つである。そのため，リンカーと金属サイトの相互作用や熱，水の中の安定性の改善に関する研究が非常に重要である。また，酵素の担体としての利用においては，より開放的かつアクセス可能な細孔空間を持つ新規 MOF 材料の設計や，酵素との親和性を改善するための前処理法の開発が今後の重要な課題である。

文　　　献

1)　梅澤俊明監修，リグニン利活用のための最新技術動向，シーエムシー出版（2020）
2)　A. Herbst *et al.*, *CrystEngComm*, **19**, 4092（2017）
3)　川田俊成，伊藤和貴 編，木材の化学，海青社（2021）
4)　R. Fang *et al.*, *Chem. Soc. Rev.*, **49**, 3638（2020）
5)　G. Akiyama *et al.*, *Adv. Mater.*, **23**, 3294（2011）
6)　G. Zi *et al.*, *Carbohydr. Polym.*, **115**, 146（2015）
7)　R. Li *et al.*, *J. Mater. Chem., A*, **11**, 2595（2023）
8)　H. R. Tian *et al.*, *Green Chem.*, **22**, 248（2020）
9)　J. Tao *et al.*, *Ind. Crops Prod.*, **222**, 119864（2024）
10)　J. Tao *et al.*, *Polymers*, **16**, 1010（2024）
11)　W. Huang *et al.*, *Crit. Rev. Environ. Sci. Technol.*, **52**, 1282-1324（2022）

【第4編：MOFの実用化に向けた用途展開】

第19章　MOFの電池などの電気化学産業への応用

森　良平[*]

1　はじめに

　ナノサイズレベルで構造制御がしやすく大きな表面積，大きな細孔容量，そして多機能性を有しているなどの特徴からMetal Organic Frameworks（MOF），もしくはPorous Coordination Polymer（PCP）と呼ばれる新しい多孔性材料が近年注目されている。MOFはガス貯蔵，ガス分離，ヘテロ触媒，固体触媒，化学センサー，医療用途，プロトン伝導体，各種電池用電極，電解質向けの用途への応用を含め様々な応用研究もおこなわれている。MOFは金属部分と有機リンカーから構成されている。金属部分は遷移金属，アルカリ土類金属，ランタナイドなどである。有機リンカー部分は主に，窒素，酸素を含んだ多座配位性の有機物である。

2　MOFの応用例

2.1　二次電池，燃料電池などのエネルギーデバイスへの応用

　地球規模でのエネルギー，環境問題は年々深刻になっており，近年は社会の発展や絶滅種の存亡にまで影響を及ぼし始めている。太陽光発電や風力発電，燃料電池，バイオマス発電などの再生可能エネルギーを効率良く利用，普及させるには，電力を貯蔵できる性能の高い二次電池やキャパシタを開発するのは必須である。代表的な二次電池であるリチウムイオン電池は軽量で高いエネルギー密度を有していることから携帯電話，スマートフォン，コンピューター，各種持ち運び可能な電子デバイスや，環境に優しいハイブリッドカー，電気自動車などに使用されている。最近は，次世代型二次電池として，リチウムイオン電池以外にも，リチウム空気電池などの金属空気電池，ナトリウムイオン電池，リチウム硫黄電池，スーパーキャパシタなど，各種の次世代型二次電池が開発されている。これらの電気デバイスにおいて，特に電極材料はデバイスの電気化学特性に影響を与えるので，重要な部材である。リチウムイオン電池やナトリウムイオン電池においてはIntercalation/deintercalation化学により電気エネルギーの充電，放電をしている。スーパーキャパシタにおいては電解液中のadsorption/desorption化学のメカニズムが電気化学反応の原理となっている。よってこれらの電気化学デバイスにおいては電極材料が高い表面積，高い導電性，そして最適化された細孔のサイズなどが必要となってくる。これらの観点から近年MOFが，目的により金属を選択したり，ナノサイズレベルで細孔サイズを構造調整したりしや

---

[*]　Ryohei MORI　GSアライアンス㈱（冨士色素㈱グループ）　研究部／代表取締役

金属有機構造体（MOF）研究の動向と用途展開

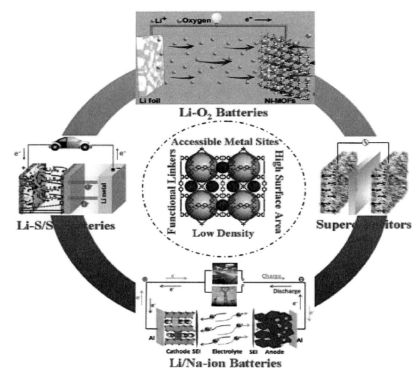

図1　電気化学的エネルギー貯蔵デバイスにおけるMOFの応用[1]

すく，大きな表面積，大きな細孔容量，そして多機能性を有しているなどの特徴から，これらの電極に応用できる可能性が注目されている（図1）[1]。

2.2　MOFのリチウムイオン電池への応用

リチウムイオン電池は正極，負極，電解液，セパレーターから構成されている。リチウムイオン電池が放電するときはリチウムイオンは正極に入る。充電の時は逆に負極にリチウムイオンが入る。$FeIII(OH)_{0.8}F_{0.2}[O_2C\text{-}C_6H_4\text{-}CO_2]$（MIL-53(Fe)）が正極として使用できるとの報告がある[2]。C/40の電流において，Fe^{3+}に対して0.6個のLi^+がMIL-53(Fe)に構造変化せずに入っていくことが明らかになった[2]。MOFを負極とした研究報告もある。Mn-1,3,5-benzenetricarboxylate（Mn-BTC）をソルボサーマル法により合成して負極としての特性を調べた。Mn-BTCのCOO^-基がLi^+の吸着/脱着において重要な役割を果たしていることが分かった（図2）[3]。電極の初期容量は694 $mAhg^{-1}$であり，100サイクル後も約83%の高い電池容量を維持しており，Mn-BTCというMOFsがリチウムイオン電池の電極として有能であることを証明した。MOFのアミン基の中の窒素原子や，他にも疎水基や極性基が，電気化学特性を向上させることを明らかにした報告もある。Niベースの柔軟な層構造を有するMOF（Ni-Me4bpz：$C_{20}H_{24}Cl_2N_8Ni$）を

第 19 章　MOF の電池などの電気化学産業への応用

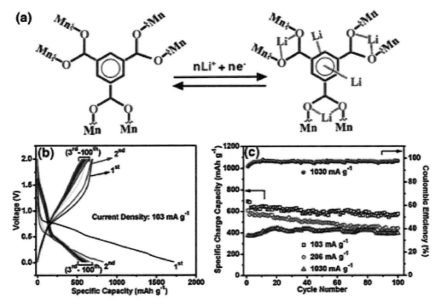

図2　(a)電池中での Mn-BTC に対してのリチウムイオンの脱吸着の概念図，
(b) Mn-BTC を用いた李二次電池の充放電曲線[3]

3,3,5,5-tetramethyl-4,4-bipyrazole（H₂Me₄bpz）と NiCl₂·6H₂O を原料として用いたソルボサーマル法で合成した。2次元的に層構造を有する柔軟で安定な構造にも起因して，初期的に 320 mAhg^{-1} という高い容量を示した。しかしながら 100 サイクル後には 120 mAhg^{-1} になってしまったように，サイクル特性に課題が残ることも明らかとなった[4]。

Han らは水熱合成とその後の熱処理により，(Metal-NTC, Metal = Li, Ni)-1,4,5,8-naphthalene-tetracarboxylates を合成した。Li と Ni を単独で導入した MOF より，両方1つの材料に複合化させた Li/Ni-NTC の MOF の方が，より高い電池容量で安定した電極となることを明らかにした[5]。M₃II[CoIII(CN)₆]₂·nH₂O（M = Co, Mn）が良い負極となる報告もある。Co₃[Co(CN)₆]₂ は特に良い安定性を示し，これは小さい粒子径と開いた骨格中のリチウムイオンの早い輸送が高く安定な電気化学特性に寄与していることを明らかにした[6]。

このように MOF を電極に用いる研究開発は多数あるが，一方で多数の MOFs が大気中，高湿中で不安定であることが知られており，リチウムイオン電池のような，厳しい環境下での使用を求められる状況では不安定であることが想像できる。よって，熱的，化学的に構造が安定している MOF が理想とされる。また導電性を有する MOF も有効であると言われている。

上述した例は MOF そのものを電極として応用したものであるが，MOF から合成した酸化物も有効な電極材料であるとの報告もある。Fang らは Co(NO₃)₂·H₂O，Zn(NO₃)₂·H₂O をそれぞれ 2-メチルイミダゾールと合成した MOF を熱処理して得られた多孔性の Co₃O₄ や ZnO が高い

金属有機構造体（MOF）研究の動向と用途展開

容量を示すという報告をした。小さい粒子径で高表面積な多孔質構造が容量に起因していることを明らかにした。MOFの前駆体を用いて簡易的に液相から導電性の基盤上にCo_3O_4を析出させ，その高表面積，導電性，多孔質構造に由来する良好な電気化学特性を有する電極を作れることを明らかにした[7]。Fe_2O_3も無毒で安価であることから有効な電極として注目されている。多孔性なスピンドル状のFe_2O_3を$Fe_3O(H_2O)_2Cl(BDC)_3 \cdot nH2O$（MIL-88-Fe）を熱処理して合成して，0.2Cにおいて50サイクル後でも911 mAhg^{-1}という高い容量を維持することを明らかにした。この電極においては10Cにおいても424 mAg^{-1}という高い電池容量を得た[8]。CuOもその豊富で安価な資源を元にしている材料として注目されている。ナノ構造を有するCuOをMOF-199を熱処理することにより合成して1208 mAhg−1という高い電池容量を得た。またこの電極材料は40サイクル後も比較的安定した容量と99%という高いクーロン効率を維持していたことからCuベースのMOFから合成されるCuOは良い電極材料候補となることがわかった。しかしながら本質的な抵抗値の高さと，充放電されるごとに体積膨張が起こり粒子が崩れていくので，サイクル特性はあまり良くなかった[9]。

2.3 MOFのキャパシタへの応用

キャパシタは大きく2種類に分類できる。1つは電気二重層キャパシタであり，電極が充放電過程においてイオンを脱吸着する。もう1つはpseudoキャパシタであり，レドックス反応も起こるキャパシタとなる。MOFは表面積が大きく，多孔の大きさが制御できるのでキャパシタの電極材料として非常に注目されている。様々な種類の機能性を有した有機リンカー，金属イオン，構造を制御したMOFを電極として用いて検討を行い，それぞれの化学組成，構造特徴に依存して異なった電気化学特性を示すことが明らかになってきているが，MOFは本質的に導電性が低くほぼ絶縁性なので，これが実用化を阻む原因となっている。この点を改善するために特徴的な構造を有するMOFの合成や，添加剤の検討などが行われてきた。WangらはZIF-67を柔軟性のある炭素と導電性高分子であるポリアニリン布に練りこんで，絶縁性のMOF表面の電子伝導を向上させる手法を試みた。導電性を向上させた効果により10 mVs^{-1}において2146 mFcm$_{-2}$という非常に大きな容量を示すことに成功した（図3）[10]。

酸化グラフェンは非常に高い導電性，表面積を有し，電気化学的にも非常に安定な材料なので，電気二重層キャパシタの電極材料として注目されている。この酸化グラフェンとNiをドープしたMOFを組み合わせたり，Ni-MOFをカーボンナノチューブと組み合わせたりなど各種導電性炭素材料とMOFを組み合わせた検討もよく行われており，容量と電気化学安定性の大きな向上に成功している。また無機材料と複合化させたMOFを電極材料として用いたり，その特徴的な電荷担体輸送挙動を示すことからキャパシタのセパレーターとして応用されたりした研究もある。

上述した通り，リチウムイオン電池の電極へ応用を検討したように，MOFを熱処理して多孔質な酸化物や，その他にも硫化物材料を合成して，その大きな表面積と多孔性をキャパシタ用電

第19章　MOFの電池などの電気化学産業への応用

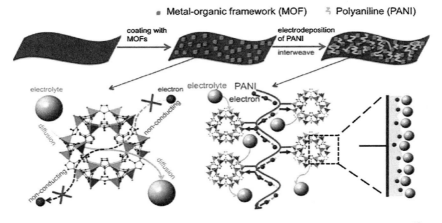

図3　ZIF-67の合成，およびポリアニリン，炭素ざとの複合材料の作製の概念図[10]

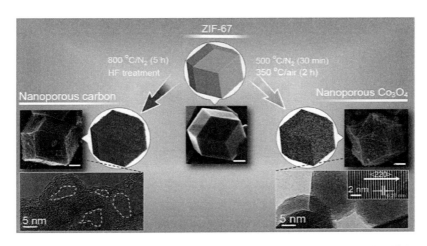

図4　ZIF-67の熱処理方法を制御することによりナノ構造を有する多孔性炭素構造や多孔性のCo₃O₄を作製する概念図[11]

極として応用する研究がある。MOFを構成する金属の部分は金属源として用い，有機リンカーの部分は熱処理後に多孔となるのである。2次元的な金属シアン化物のハイブリッド配位高分子を熱処理して制御できる多孔性と結晶性を持ち合わせた多孔性NiOを用いたり，ZIF-67から熱処理条件を調整することにより多孔性カーボンと多孔性Co_3O_4を作り出し，それぞれを1つのキャパシタにおいて電極材料として用いたりしたような検討例もある（図4)[11]。このように熱処理条件を変えることにより酸化物や炭素材料をMOFから合成した例は他にもありCeO_2，窒素ドープカーボン/Mn_3O_4複合体，中空Co_3O_4，$ZnCo_2O_4$微粒子，$Ni_xCo_3-xO_4$微粒子，Fe_3O_4/カーボン複合体，Cu-Cu_2O-CuO/炭素複合体などが検討されている。

MOF 由来の酸化物，硫化物が電極として応用されているが，特に MOF 由来の炭素系材料も大きな表面積と多孔質を有しており，電子，イオンの拡散が早いうえに，電極と電解質界面間の相互作用を向上させることが可能なので，リチウムイオン電池，キャパシタ用電極材料としてよく研究されている。ZIF-8 を熱処理して作製した多孔性カーボンが，性能の良い電極材料として機能することが分かっている。またこのようにして得られた多孔性カーボンを KOH などで活性化させることも検討されている。さらに MOF から窒素ドープカーボンも作製できるので，窒素をドープすることにより湿潤性と導電性を改良し，電気化学特性を向上させた例もある。段階的な構造を有する窒素ドープカーボンを isoreticular（等網目状）の MOF（IRMOF-3）から合成した。熱処理条件を制御することにより窒素の含有量と表面積の大きさを制御することも可能であり，それにより 239 Fg^{-1} という高い容量を持つキャパシタ用電極を合成した例もある[12]。

コアシェル型の ZIF-8/ZIF-67 結晶から窒素ドープカーボンとグラファイト状カーボンの複合体を作り，その材料から窒素が高濃度にドープされつつ高表面積を維持したグラファイト構造のカーボンを有する電極材料を作った例もある[13]。

2.4　MOF のリチウム空気電池への応用

リチウム空気電池はリチウム金属の負極と空気極から構成されている。金属リチウムがリチウムイオンを放出させ電解液中を伝わり空気極で酸素と反応して Li_2O や Li_2O_2 となる。リチウム空気電池はエネルギー密度が 11,140 Whkg^{-1} にもなると理論的に算出されているので，将来的なさらなる電池容量の向上化の要求に対応できる可能性があるために非常に魅力的な電池とされているが，実用化にはまだまだ問題点が伴っている。Oxygen Reduction Reaction（ORR）と Oxygen Evolution Reaction（OER）反応が極端に遅く，過電圧を増加させてしまう。また，電気化学的反応に伴い不溶性の副生成物である Li_2O_2 や Li_2CO_3 が空気極側にどんどん蓄積していき，酸素や電解質の通り道を徐々にブロックしていくことになり，非常に大きな過電圧の増加の原因となってしまうことも課題である。よって電池容量，サイクル特性などはまだ理論的な数字には遠い状況である。それゆえに多孔質で高い触媒効果を有し，遅い ORR/OER 反応を早めることが可能な空気極触媒材料が求められている。また空気極中の副生成物により妨害されない空気極を作ることも大切である。

リチウムイオン電池，キャパシタ用電極に応用してきたのと同様に大きな表面積，規則的な多孔性，金属特性を活用できる可能性があることなどから MOF がリチウム空気電池の電極として応用できないかと精力的に研究開発が進められている。Wu らは MOF を空気極材料として用いることにより大気中の 273 K の条件下より，18 倍もの高い酸素濃度を電極中に維持できることを明らかにした。この Mn-MOF-74/Super P 空気極材料を用いると酸素濃度 1 atm 下において 9420 mAhg-1 という容量を示し，これは Super P のみを空気極材料として用いた場合より 4 倍の大きさの電池容量となったことになる。この電気化学特性の向上は，Mn-MOF-74 の大きな表面積と開かれた金属部分が電極中の酸素濃度を高くしたことが 1 つの原因ではないかと推測さ

第 19 章　MOF の電池などの電気化学産業への応用

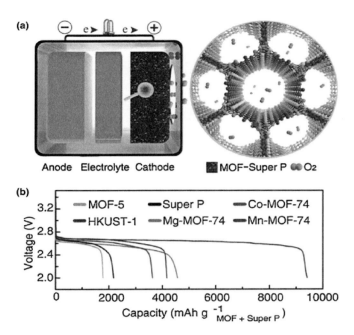

図 5　(a) MOF-スーパーP 複合体を空気極に用いたリチウム空気電池,
(b) MOF-スーパーP 複合体とスーパーP だけを空気極に用いた場合の放電曲線（室温，50 mAg^{-1}）[14]

れた。この研究により中空構造，ヘテロ金属構造の MOF が，ガス相を介した触媒反応において非常に重要であることがわかった（図5）[14]。Zn/Ni-MOF-2 をソルボサーマル法により合成して，その大表面積，高効率な触媒活性点，ガスの吸脱着特性，また副生成物による害を緩和できる多孔性などの特徴を生かし高効率な電極材料とした研究例もある[15]。また MOF の中空部分にナノ金属微粒子を導入して活性点として触媒効果を向上した例もある。現在のリチウム空気電池の研究は純粋な酸素雰囲気下で行われており，大気中で同様にリチウム空気電池の電気化学反応を進めるとまだまだ困難な問題が多く実用化には程遠い。これは大気中の CO_2 や湿気が深刻な副反応を起こし，リチウム空気電池の特性を低下させてしまうからである。この問題に対処するには，酸素選択膜を導入して CO_2 や湿気が侵入するのを防ぐなどの工夫が必要である。例えばポリドーパミンでコーティングした CAU-1-NH$_2$ の MOF 結晶を polymethyl-methacrylate（PMMA）と複合化させた膜を作製してリチウム空気電池に応用した例などがある。これにより通常の大気の条件であるような 30%の湿度下でも，比較的良好な電気化学特性を示した。このように MOF が酸素選択膜のように機能するような例もある[16]。

MOF から作製した多孔質な 2 次元の硫化コバルトのシートをリチウム空気電池の電極触媒材料として用いると初期的に 5917 mAhg^{-1} という高い電池容量を示すことが分かった。またサイクル特性も比較的良好であった。MOF から合成した硫化物は段階的な多孔質構造と高表面積を

金属有機構造体（MOF）研究の動向と用途展開

有しており，リチウム空気電池の電極として有望であることが分かった[17]。一方でMOFそのものも導電性が低いが，MOFから合成される酸化物もその導電性の低さが1つの問題となっている。リチウムイオン電池やキャパシタ用の電極の場合と同様に，窒素/炭素の前駆体をMOFの空間に均一に分散させ，触媒活性点を増やし導電性を向上させてORRとOER反応を高めることができる。MOFから窒素と鉄をドープしたグラフェン/グラフェンチューブ構造の複合体（N-Fe-MOF）を作り，カーボンのみの触媒より高い電気化学特性を示した応用例がある[18]。類似した研究例として段階的な多孔質ナノケージ構造である$ZnO/ZnFe_2O_4/C$をMOFから合成して，$300\,mAg^{-1}$の印加電流において初期的に$11,000\,mAhg^{-1}$という大きな電池容量を示した報告もある。ただ15サイクル後は$5,500\,mAhg^{-1}$に低下した。このような非常に高い電池容量もMOFに由来する中空のナノ空間構造，ナノ空間の壁，そして高い導電性が理由となっていることがわかった[19]。

2.5　MOFの燃料電池への応用

　燃料電池は環境への公害が全くなく，ほぼ無尽蔵の水素，酸素を用いて高いエネルギーを得ることができるデバイスとして非常に注目されている。上述してきた二次電池と異なり，発電電池としても注目されている。いくつかある燃料電池の中でも，特に固体酸化物型燃料電池（SOFC：Solid Oxide Fuel Cell）と固体高分子形燃料電池（PEMFC：Polymer Electrolyte Membrane Fuel Cell）が高いエネルギー密度を有し，起動が早く，低温度でも動作するという特徴から将来の家庭用，自動車，持ち運び電子デバイス用の電源などとして注目されている。しかしながら，さらなる本格的な普及に向けては低コスト，長寿命化が最も重要な課題だといえる。特にPEMFCにおいてアノード，カソードの両電極において用いられているカーボンに担持した白金について，アノード側の反応は比較的障壁が低く，必要とされる白金量は約$0.05\,mg/cm_2$とされているが，カソード側のORR反応は非常に鈍く白金が$0.4\,mg/cm_2$以上必要であるとされており，そのコストの高さ，白金の資源量の少なさが非常に問題視されている。また白金担持カーボン電極は他にも安定性の低さ，クロスオーバー効果，COによる劣化毒性などが問題となっている。近年，高い酸素還元活性を持つ非白金触媒として，ポリビニルコバルトフタロシアニンまたは鉄フタロシアニンやポルフィリンなどを原料として高温で炭化した含窒素，含金属カーボン（カーボンアロイ）や酸窒化物系材料が高い酸素還元特性を持つ触媒として注目されている。他にもFe-N-C系触媒や，窒素ドープされたカーボンナノチューブ/グラフェンなどの炭素系非白金触媒の研究が注目されている。しかし，いずれの触媒もナノ炭素が含まれており，遷移金属が含まれているケースも多く，構造が非常に複雑であるため酸素還元の活性メカニズムはまだ完全には解明されていない。これらの課題に対しても，上述したリチウムイオン電池，スーパーキャパシタ，リチウム空気電池の場合と同様，MOF材料が検討され始めている。また同様にMOF由来の酸化物，炭素系材料も研究開発が始められている。特に，シングルドープ型ナノカーボン（例：N-C），マルチドープ型ナノカーボン（例：NS-C, NPS-C），さらにナノカーボン複合体

200

第 19 章　MOF の電池などの電気化学産業への応用

（例：ナノカーボン/CNTs, ナノカーボン/グラフェン）などが燃料電池用触媒として研究開発が進められている。

　窒素原子を炭素中の格子に導入することにより表面の分極を向上し，またカーボンマトリックスの電子ドナー性を向上させることにより，ORR と OER 反応を促進する触媒効果が高まることが知られている。zeolitic imidazolate frameworks（ZIF）は高い規則性のナノ多孔性構造とイミダゾール系の有機リンカーを有しているので，鋳型として用いると良好な窒素ドープカーボンを合成できる。また MOF 由来の金属を取り除くことにより，より高い規則性を持った多孔質構造を作れることも大きな利点である。Hong らは ZIF-8 を鋳型として窒素ドープ多孔性カーボンを作った。SEM や TEM 観察により，元の ZIF-8 のナノ多面体の構造を維持していることが分かった。また熱処理温度や時間を変化させることにより電極合成手法を最適化すると ORR 活性において指標となる Pt/C 触媒に近づく高い電気化学特性を有する触媒を作製することができた[20]。また窒素の他に硫黄，リンなどをさらにドープさせることにより ORR 活性が向上することがわかった。

　酸化グラフェンシート上に MOF 由来のナノ炭素材料を複合化させて高表面積，高導電性の触媒を作った例もある。ZIF-8/酸化グラフェン複合体を 800℃ で熱処理して 2 次元的なナノカーボン/グラフェン/ナノカーボンのサンドウィッチ構造を有する触媒を作製すると，非常に高い ORR 活性を有する触媒を作ることができた。グラフェン支持体が存在するので窒素ドープナノカーボンとグラフェンの接触が良くなり，導電性が向上され，多数の活性点を有する窒素ドープナノカーボンの性能を発揮し易い構造となっていることが高い活性を示す原因となったと推測される。また指標となる Pt/C 触媒に匹敵する長時間安定性が観察された[21]。

　グラフェン以外にも，カーボンナノチューブと窒素ドープナノカーボンを複合化させ ORR 活性の高い触媒を作った例もある。MOF-5（[$Zn_4O(BDC)_3$], H_2BDC = benzene-1,4-dicarboxylate）と尿素とニッケルを組み合わせて前駆体として窒素中で熱処理することにより窒素ドープナノカーボン/CNT 複合体触媒を作った。得られた複合体は約 30 nm の直径で表面の欠陥構造に酸素が吸着する最適な部位としても機能することが推測された。0.1 M KOH 中でこの複合体触媒を用いて電気化学特性を測定すると，ORR の半電位が指標となる Pt/C と比較して約 8 mV 高くなった。また 5.06 mA/cm^2 という大きなカソード電流密度が観察され，これは Pt/C を用いたときの 4.76 mA/cm^2 より大きくなる結果となった。よってこのようなユニークな構造を有するように触媒構造を最適化すると，Pt/C に匹敵しうる高い触媒活性を持つ材料が作れる可能性を示した。また黒鉛化の度合い，触媒表面積だけでなく，ピリジン様に導入された窒素，ピロール様に導入された窒素原子など，その窒素原子のドーピング状態により ORR 活性が大きく影響されることも明らかになった[22]。

　また MOF-5 のような亜鉛系の他にも，コバルト系の ZIF-67 などを元に作製した複合体も ORR 活性が非常に高い触媒材料を作れることも報告されている。またさらに MOF から主に鉄，コバルト，ジルコニウム，銅，カドミウムの酸化物を作製して複合材料を作り，高い ORR 活性

を有する触媒材料を研究開発している報告も多数ある。

3　おわりに

　以上のように高表面積，規則性の高い多孔性，制御できる多孔サイズ，機能性を持たせることができる金属，有機リンカーの最適化制御が可能なことなどからMOFがリチウムイオン電池，キャパシタ，リチウム空気電池などの二次電池や，燃料電池において非常に期待される材料であることがわかった。またさらに，MOFとカーボンナノチューブ，グラフェンなどとの他の材料との複合化，多元素ドープなどの調整をしたMOF由来の炭素系材料，酸化物系材料など複雑ではあるが，触媒活性が向上するので，電気化学系のデバイスの電極，電解質材料として，今後さらなる研究開発が期待される材料である。

　弊社でもMOFをいくつか合成している。他社や，大学などの研究機関からのご要望としては，水分，水素，エチレン，一酸化窒素，硫化物系などの気体ガスの吸脱着の用途依頼が多い。弊社においても，これらのデータをBET表面積測定を行って確認し，他にも，水中の不純物吸着，MOF由来の固体酸触媒，人工光合成など各種の応用検討も進めている。

　一方で，自社内で合成したMOF由来の材料を，リチウムイオン電池の負極として検討した結果を図6に示す。初期的に約$600\,\mathrm{mAhg^{-1}}$を電池容量と示し，13サイクル後も，容量低下はそれほど大きくなかった。レート特性も大きく低下しているわけではなかった。サイクル特性など，より長期間で観察する必要はあるものの，同じ炭素系負極であるグラファイトと比較しても，大きな初期容量を示すことが明らかとなった。さらに，本稿では紹介していないが，MOFをセパレーターの材料として応用する研究もある。弊社においても，自社内で合成したMOF由来の材料を，汎用のセパレーターに塗布して，開発中のリチウム硫黄電池に使用して，サイクル特性を改善させることに成功している。さらに，固体高分子型燃料電池のカソード電極として，白金を用いずに，活性のある触媒材料をMOFから合成した。このあたりの技術も含め，今後，事業展開を加速していく予定である。

第19章　MOFの電池などの電気化学産業への応用

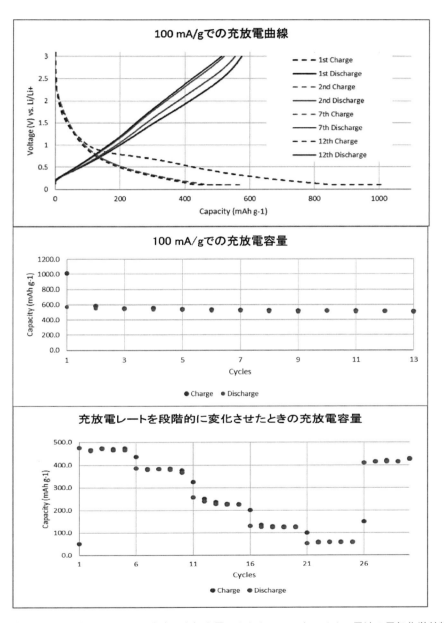

図6　弊社において作製したMOF由来の負極を用いたときのリチウムイオン電池の電気化敵特性

文　　献

1) G. Xu *et al.*, *Mater. Today*, **20**, 191-209 (2017)
2) G. D. Combarieu *et al.*, *Chem. Mater.*, **21**, 1602-1611 (2009)
3) S. Maiti *et al.*, *ACS Appl. Mater. Interfaces*, **7**, 16357-16363 (2015)
4) T. An *et al.*, *J. Colloid Interface Sci.*, **445**, 320-325 (2015)
5) X. Han *et al.*, *Electrochem. Commun.*, **25**, 136-139 (2012)
6) N. Ping *et al.*, *J. Mater. Chem. A*, **2**, 5852-5857 (2014)
7) G. Fang *et al.*, *Nano Energy*, **26**, 57-65 (2016)
8) X. Xu *et al. Nano Lett.*, **12**, 4988-4991 (2012)
9) A. Banerjee *et al.*, *Nano Energy*, **2** (6), 1158-1163 (2013)
10) L. Wang *et al.*, *J. Am. Chem. Soc.*, **137**, 4920-4923 (2015)
11) R. R. Salunkhe *et al.*, *ACS Nano*, **9**, 6288-6296 (2015)
12) J. W. Jeon *et al.*, *ACS Appl. Mater. Interfaces*, **6** (10), 7214-7222 (2014)
13) J. Tang *et al.*, *J. Am. Chem. Soc.*, **137**, 1572-1580 (2015)
14) D. Wu *et al.*, *Adv. Mater.*, **26**, 3258-3262 (2014)
15) Z. Zhang *et al.*, *Angew. Chem. Int. Ed.*, **53**, 12517-12521 (2014)
16) K. Cao *et al.*, *Chem. Commun.*, **51**, 4364-4367 (2015)
17) P. Sennu *et al.*, *Chem. Mater.*, **27** (16), 5726-5735 (2015)
18) Q. Li *et al.*, *Adv. Mater.*, **26** (9), 1378-1386 (2014)
19) W. Yin *et al.*, *ACS Appl. Mater. Interfaces*, **7** (8), 4947-4954 (2015)
20) L. Zhang *et al.*, *Nanoscale*, **6**, 6590-6602 (2014)
21) J. Wei *et al.*, *Adv. Funct. Mater.*, **25**, 5768-5777 (2015)
22) L. Zhang *et al.*, *Chem. Mater.*, **27**, 7610-7618 (2015)

第20章　金属水酸化物を前駆体とした MOF 配向薄膜の作製と応用

髙橋雅英[*]

1　はじめに

　金属有機構造体（MOF）あるいは多孔性配位高分子（PCP）は，極めて高い表面積を有する結晶性骨格構造化合物の一種である。MOF の主な特徴は，金属ノード，有機リンカーにより細孔の化学特性[1,2]や構造[3]，ネットワークトポロジー[4]を正確に制御できることである。したがって，ガス貯蔵[5]，触媒作用[6]，光捕集[7]，分子分離[8]などの用途に合理的に MOF の構造を設計することができる。MOF の応用に関する最近の研究では，新規な電子[9]およびプロトン伝導性[10,11]の高機能化に，結晶構造に由来する高度な周期性が利用されている。MOF を先端デバイスで有効に活用するためには，実用スケールで細孔の配列を精密に制御することが不可欠である[12,13]。支持体上で MOF を配向させる試みは，マイクロメートルスケールのドメイン内で配向させるという研究が主に進められている。実用デバイスに応用するには，マイクロメートルからミリメートル，あるいはさらに大きな空間スケールで細孔の配列を容易に制御することが求められている[14~18]。

　一般的に，多孔性材料における細孔構造の配向は，マイクロエレクトロニクス，センシング，分離，触媒などのデバイスプラットフォームに組み込むための重要なステップと考えられている[12,19]。実際，MOF 膜の配向結晶成長や微細加工については，いくつかのアプローチが開発されている[17,20]。例えば，自己組織化単分子膜（SAM）を基板として用いた液相エピタキシー（LPE）により，面外配向の MOF 多結晶薄膜の成長が報告されている[14,15,21~23]。最近，著者らは，金属水酸化物を基板として用い，ミリからセンチメートルスケールの基板上で，ヘテロエピタキシャル成長により MOF の結晶の配向方位を精密に整列できることを報告した[24,25]。この手法では，固体基板上で MOF 結晶方位を面内方向および面外方向に整列させることができる。配向した細孔構造によってもたらされる機能性として，蛍光色素や半導体分子を配向 MOF 薄膜の細孔チャネルに含浸させ，結晶方位に依存した機能性を実証している。本稿では，ヘテロエピタキシャル成長による配向性 MOF 膜に関する研究の最近の進展について述べる。金属水酸化物のMOF への変換，MOF のヘテロエピタキシャル成長，配向した細孔への機能分子の含浸，MOF-on-MOF エピタキシャル膜，赤外分光法による異方性構造や細孔の充填機構の測定等に

---

[*]　Masahide TAKAHASHI　大阪公立大学　大学院工学研究科　物質化学生命系専攻
　　　マテリアル工学分野　教授

ついて概説したい。

2　MOF膜の前駆体としての金属水酸化物

　MOFは，金属硝酸塩，金属硫酸塩，金属ハロゲン化物，金属水酸化物など，さまざまな金属源と多機能な有機リンカーから合成される。MOFの主な用途は触媒，吸着剤，分離媒体であるため，ほとんどの製品が粉末状で提供されている。近年では，表面実装型のMOF膜が，ホスト-ゲストアプローチによるエレクトロニクス，フォトニクス，マグネティクスなどの応用で注目されている。

　Cu金属膜からのMOF膜の作製が可能である。$Cu(OH)_2$を中間体として温和な条件で，Cuパターンを$Cu_3(btc)_2$（btc：ベンゼントリカルボキシレート）膜へと変換できる（図1）[26]。まず，Cu金属を酸化し，$Cu(OH)_2$ナノチューブのアレイを形成し，このナノチューブアレイをbtc溶液と反応させることで，$Cu_3(btc)_2$へと変換した。この方法を用いると，表面実装型MOF膜を容易に得ることができる。例えば，図2に示すように，Cu金属パターンを$Cu_3(btc)_2$パターン

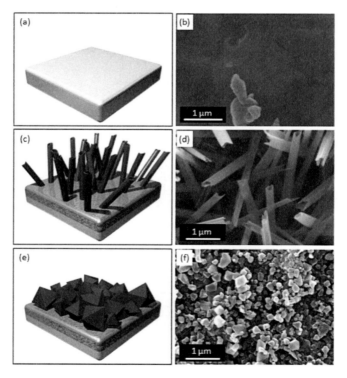

図1　Cuから$Cu(OH)_2$の形成を経由した$Cu_3(btc)_2$への変換
(a, b) Cu金属基板の模式図と電子顕微鏡写真，(c, d) $Cu(OH)_2$ナノチューブ薄膜，(e, f) $Cu_3(btc)_2$薄膜[26]。

第20章　金属水酸化物を前駆体としたMOF配向薄膜の作製と応用

に変換でき，MOF膜を電気回路に埋め込んでセンシングに応用することも可能となる。EtOH-H$_2$O溶液組成比を最適化して合成したMOF膜は，電極上に欠陥のない均質なMOF膜が形成されるため，溶液中の酸化還元活性鉄化合物に対して最適なサイズ選択的なセンシング特性を示した[27]。細孔サイズより小さい電解質では酸化波と還元波が明確に観測されるが，大きい電解質では観測されない（図3）。多孔性，均一性，組成の調整が可能なMOFコーティングを作製する

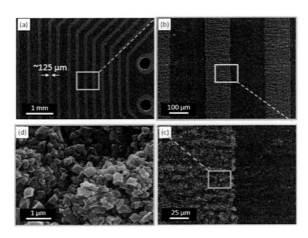

図2　電気回路板のCu回路をCu$_3$(btc)$_2$に変換した際の走査型電子顕微鏡（SEM）画像[26]

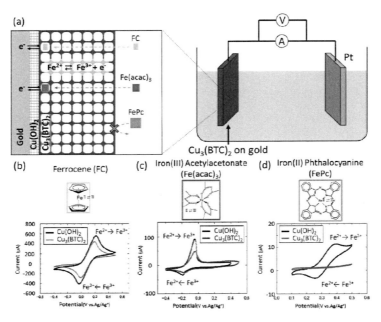

図3　電極上にCu$_3$(btc)$_2$膜を形成した際の電解質に対するサイズ依存性センシング[27]

金属有機構造体（MOF）研究の動向と用途展開

このアプローチは，MOF を用いた電気化学的なアプリケーションに適合すると期待される。また，金属水酸化物を前駆体とする表面実装型 MOF 膜が，3 次元表面を有する金属物体の表面など，様々な形態の MOF デバイスの可能性を示している。

3　金属水酸化物表面における MOF のヘテロエピタキシャル成長

　エピタキシャル MOF 成長に関するこれまでの多くの報告では，新しい MOF の層を生成するために，あらかじめ形成された MOF を基板として使用していた。我々は最近，ヘテロエピタキシャル成長法により，金属水酸化物基板上に配向した MOF 多結晶膜を直接成長させることができることを報告した[24, 28, 29]。ターゲット MOF の格子定数と整合した金属水酸化物基板を変換し，配向多結晶薄膜を形成することができる。このエピタキシャル MOF 薄膜を用いて，配向した細孔の中に有機色素を配向させることができることを示している。

　MOF のエピタキシャル成長に用いる無機基板として，配向した $Cu(OH)_2$ ナノチューブおよびナノベルトを選択した。前節では，この金属水酸化物が温和な常温条件で MOF に変換できることを解説した[25, 26]。$Cu(OH)_2$ は $Cmc21$ 空間群，格子定数は a = 2.95 Å，b = 10.59 Å，c = 5.26 Å である。一方，$Cu_2(bdc)_2$ MOF（銅のパドルホイールユニットと 1,4-ベンゼンジカルボキシレート，H_2bdc から構成）は，格子定数（の 2 倍）が $Cu(OH)_2$ とほぼ一致する（$P4$ 空間群，格子定数 a = 10.61 Å，b = 5.80 Å でありそれぞれ $Cu(OH)_2$ の c，a の 2 倍とおおよそ一致する）。したがって，H_2bdc 配位子を用いて作製した MOF 結晶の a 軸と b 軸は，それぞれ $Cu(OH)_2$ 基板の c 軸と a 軸に配向することが予想される。図 4 に，配向 $Cu(OH)_2$ 基板上での MOF エピタキシャル薄膜の形成プロセスを示す。$Cu_2(bdc)_2$ MOF の結晶子は，基板材料との格子整合の要件を満たす方向に全て揃っている。この手法を用いることで，2,6-ナフタレンジカルボネートやビフェニルジカルボキシレートなど，$Cu(OH)_2$ 基板との格子ミスマッチ率が 5% 未満である異なるリンカーにおいても配向 MOF 薄膜のエピタキシャル成長が確認されている。

　反応制御のためにカルボン酸系分子等をモジュレーターとして反応系中に共存させることで，結晶子サイズや形状を制御出来ることが報告されている[30]。モジュレーターを用いて MOF 結晶子の成長を制御することで，薄膜の高品質化が報告されている（図 5，図 6）[31]。$Cu(OH)_2$ を用いて $Cu(bdc)_2dabco$ 薄膜をエピタキシャル成長する際に，酢酸をモジュレーターとして介在させることで，a，b 軸方位の結晶成長を抑制し，結晶子形態のよくそろった緻密かつ透明な MOF 配向薄膜を形成できる。

　配向 MOF 薄膜の機能化に関する最近の成果を紹介したい。通常，$Cu_3(btc)_2$ は結晶子形状が極めて等方的であるため，剪断力や電場・磁場などの外部刺激による配向成長を用いても，配向膜を得ることが困難であった。そのような理由から，$Cu_3(btc)_2$ の面外配向膜のみがこれまで報告されている。最近，我々はヘテロエピタキシャルアプローチによる $Cu_3(btc)_2$ 配向膜の作製と面内電気的異方性を報告した[29]。配向した $Cu(OH)_2$ ナノベルト膜を，溶液中で H_3btc と反応す

208

第 20 章　金属水酸化物を前駆体とした MOF 配向薄膜の作製と応用

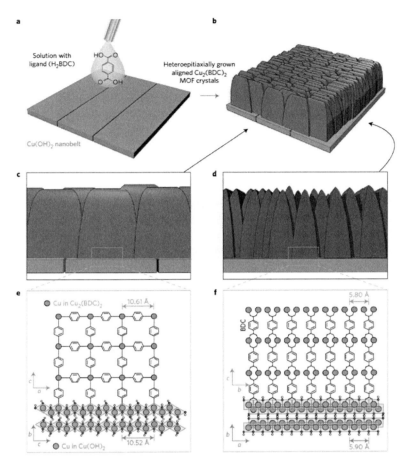

図 4　配向 Cu(OH)$_2$ 基板上での MOF エピタキシャル薄膜の形成プロセス
(a) Cu(OH)$_2$ 配向薄膜をリンカー溶液と接触，(b) MOF エピタキシャル薄膜の成長，(c, d) 矢印方向から見た際の結晶の様子，(e, f) c, d と同じ方位から見た基板結晶と MOF の格子整合の様子[25]

ることで，配向した Cu$_3$(btc)$_2$ 膜が得られた。X 線回折の結果を詳細に解析したところ，Cu$_3$(btc)$_2$ 結晶はヘテロエピタキシャル関係を実現する 2 種類の配向で成長していること，すなわち Cu(OH)$_2$ ナノベルトの長手方向（a 軸）に対して {111} 格子面が平行あるいは ±55°ずれた条件でエピタキシャル成長していることが判明した。Talin らは 2014 年に，絶縁性 Cu$_3$(btc)$_2$ MOF に対して電気伝導性を付与するホスト–ゲスト系を報告した。酸化還元活性なゲスト分子である 7,7,8,8-テトラシアノキノジメタン（tcnq）を Cu$_3$(btc)$_2$ の細孔に含浸させると（tcnq@Cu$_3$(btc)$_2$），導電率が 10^8 から 0.07 S cm^1 と 6 桁も増加する。理論的および実験的データ[9]から支持されるように，導電経路は tcnq@Cu$_3$(btc)$_2$ の {111} 格子面に沿って存在し，tcnq が隣接するパドルホイールの 2 つの銅イオンを橋渡しして形成されている。tcnq@Cu$_3$(btc)$_2$ は，広範囲に制御可能

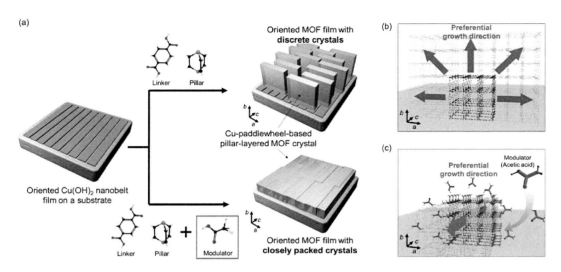

図5 モジュレーターを用いた高品質 MOF 配向薄膜形成の模式図[31]

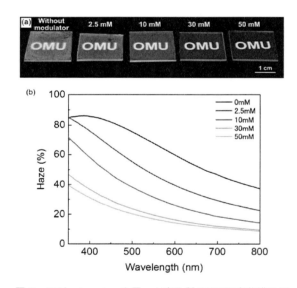

図6 モジュレーターを用いた高品質 MOF 配向薄膜の例
(a) MOF 配向薄膜，(b) Haze スペクトルの外観のモジュレーター濃度依存性[31]。

な半導体性から，マイクロ電子デバイス，センサー，熱電デバイスなどの薄膜デバイスの材料として新規かつ有望である。トランジスタなどの電気部品への応用が期待される面内電気異方性を観察するため，配向した tcnq@$Cu_3(btc)_2$ を作製した。図7に {111} 面（$Cu(OH)_2$ の長軸）に平行および垂直な電気伝導率を示す。{111} 面に平行な導電率は，面に垂直な導電率の 10 倍で

第20章　金属水酸化物を前駆体としたMOF配向薄膜の作製と応用

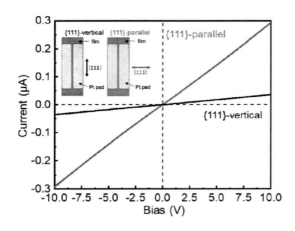

図7　電気導電面 {111} に平行（赤）と垂直（黒）に
電極を配置した際の電圧-電流曲線[29]

ある。このことは，多結晶配向膜の導電性を制御するためには，結晶粒界や結晶粒の形状よりも，基本結晶の格子配列が必須であることを示唆している。

　エピタキシャル成長法を用いて，規則正しく並んだ1次元ナノチャンネルを持つ銅系柱状構造MOFのマクロな配向膜を作製できる。1次元ナノチャンネルは，基板表面に対して垂直または平行に配列しており，機能性ゲスト分子をマクロスケールで配列させるための細孔アレイを提供することができる。MOF格子のc軸に沿って配向した1次元ナノチャンネルを持つMOFの例としては，Cu_2(linker)$_2$dabco MOF（Linker：bdc, 1,4-ナフタレンジカルボキシレート（1,4-NDC），2,6-ナフタレンジカルボキシレート（2,6-NDC），4,4-ビフェニルジカルボキシレート（bpdc））を用いた。細孔の大きさは，有機リンカーを選択することにより，0.57×0.57 nm^2（1,4-NDC）から1.08×1.08 nm^2（bpdc）まで調整でき，特定のゲスト分子やポリマーをカプセル化することが容易にできる。結晶成長過程の反応条件を調整することで，配向制御されたCu_2(linker)$_2$dabco MOFの薄膜を作製した[29]。反応溶液中のMOF前駆体の濃度比（リンカー：dabco）を変更することで，1次元ナノチャネルの方向に相当するCu_2(linker)$_2$dabcoの結晶軸（c軸）の方向を基板に対して垂直または平行に設計できる。カルボン酸リンカーの比率が高い場合，Cu_2(linker)$_2$dabco MOF結晶は，1次元細孔チャネル（c軸）を基板（$Cu(OH)_2$）に対して垂直に成長する。リンカー濃度が高いほど反応溶液の酸性度が高くなり，$Cu(OH)_2$からのCuイオンの溶解が速くなり，水酸化銅の溶解とMOFの析出が支配的な条件で成長する。Cu_2(linker)$_2$dabco MOF結晶の優先成長軸は，1次元細孔チャネルと平行なc軸に沿っている。そのため，1次元細孔チャネルを基板に対して垂直に配向することが可能である。逆に，リンカー比が低い反応溶液では，1次元ナノチャンネルは基板と平行になる（面内配向）。リンカー比の低い溶液では，水酸化銅からCuイオンの溶解が非常に遅い。そのため，Cu_2(linker)$_2$dabco MOF結晶は，ほぼ平衡状態で成長するため，$Cu(OH)_2$表面でのMOFのヘ

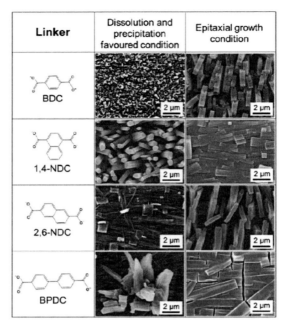

図8 異なるリンカーを用いて作製した面内配向，面外配向 MOF の SEM 画像[29]

テロエピタキシャル成長が促進される。すなわち格子整合条件により，Cu$_2$(linker)$_2$dabco MOF の c 軸は Cu(OH)$_2$ の a 軸に平行に成長する。様々なジカルボン酸リンカーについて，リンカー：dabco の比率を変えて，配向制御を行った。4種類のリンカーについての結果は，図8にまとめられている。

4 データマイニングによる MOF エピタキシャル薄膜形成系の探索

材料探索を加速するために，基板上でヘテロエピタキシャル成長を起こす可能性のある MOF と金属水酸化物の組み合わせを特定するハイスループットな計算機スクリーニングアルゴリズムを報告している[32]。このプロセスによって，数千の MOF 構造のスクリーニングが，デスクトップコンピュータを用いても数日以内で可能である。このアルゴリズムは，表面の化学的適合性，基板との格子整合性，および界面結合に基づいて MOF をフィルタリングする。さらに，界面での結合と欠陥の形成の両方を考慮した，シンプルで計算効率の良い界面エネルギーの測定法を使用している。さらに，この記述子は，水酸化銅表面上でヘテロエピタキシャル成長した銅系 MOF のサンプルセットで実験的に実証することで，既存の界面記述子よりもヘテロエピタキシャル成長の優れた予測因子であることが証明されている（図9は，スクリーニングプロセスのフローチャートを示している）。このプロセスは，3つの重要なステップで構成されている。まず，

第 20 章　金属水酸化物を前駆体とした MOF 配向薄膜の作製と応用

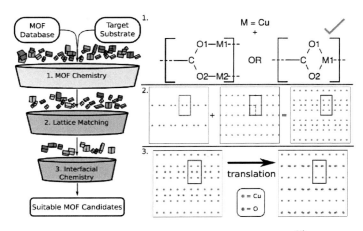

図 9　スクリーニングプロセスのフローチャート[32)]

銅のパドルホイールなどの配位様式によって MOF が選択される。次に，見込みのある基板材料を用いて格子のマッチングを確認する。第 3 のステップは，基板と MOF の間の配位結合形成能力を確認するもので，基材のカルボキシレートサイトと基板である水酸化物の銅サイトの位置が一致することが望ましいと条件設定を行う。このスクリーニングプロセスを複数の MOF データベースに適用した結果，水酸化銅へのエピタキシャル成長の有力候補は，ほとんどが金属水酸化物の面内に長方形の格子対称性を持つ MOF であることが明らかになった。このことは，幅広い特性を持つ配向性 MOF 薄膜が実現可能であることを示唆している。

5　MOF-on-MOF 薄膜

　MOF-on-MOF と呼ばれる多層 MOF 膜は，それぞれの MOF 層で骨格構造が異なるため，多機能な応用が期待されている。MOF-on-MOF 膜は，通常，MOF 単結晶表面を第 2 層の基板として用いて作製される。これまでの研究では，第 1 層と第 2 層の間にエピタキシャル界面が形成され，層間や層内でのリンカーやゲスト分子のコヒーレントな位置決めが可能になると報告されている。第二の MOF 層を成長させる基板として $Cu(OH)_2$ 上に作製した配向性 MOF 膜を用いることで，単結晶アプローチよりも技術的に大きな利点を得ることができる。この戦略により結晶学的配向（面内および面外配向）のすべてを揃えた MOF-on-MOF 膜を，センチメートルを超えるスケールの基板上に合成することが可能になる（図 10）。
　このような MOF-on-MOF エピタキシャル膜の一例として，$Cu_2(bdc)_2$-on-$Cu_2(bpdc)_2$-on-$Cu(OH)_2$ が挙げられる[33)]。配向した水酸化銅ナノベルトからなる $Cu(OH)_2$ 基板上に 2 次元 MOF $Cu_2(bpdc)_2$ をエピタキシャル成長させた（図 11）。$Cu_2(bpdc)_2$-on-$Cu(OH)_2$ 上に，$Cu_2(bpdc)_2$ と格子整合が高い $Cu_2(bdc)_2$ を MOF-on-MOF 多層膜として成長させた。MOF/Cu

金属有機構造体（MOF）研究の動向と用途展開

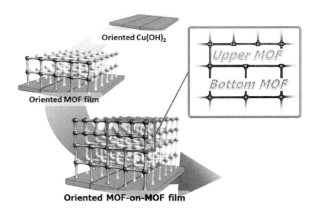

図10　MOF-on-MOF アプローチ

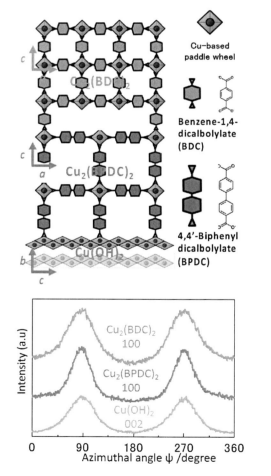

図11　MOF-on-MOF 膜の断面イメージと各層の回折線の基板回転角依存性[34]

第20章　金属水酸化物を前駆体としたMOF配向薄膜の作製と応用

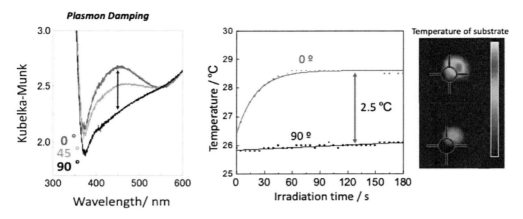

図12　(左) 膜に対して直線偏光を垂直入射した際のプラズモン共鳴の偏光角度依存性 (MOFのb軸と偏光が平行な際を0度としている), (右) 440 nmの偏光レーザの照射時間と基板温度の関係

(OH)$_2$とMOF/MOFのエピタキシャル界面における配向の程度に関する支配因子については，論文[34]で詳細に述べている。

　MOF-on-MOFアプローチは，ワンポットのエピタキシャル成長法では対応できない有機リンカーからの配向性MOFの合成も可能とすることができる。例えば，反応性の高いビピリジル官能基を持つ配位子，2,2'-ビピリジン-5,5'-ジカルボキシレート (bpydc) を用いてCu(OH)$_2$上に完全配向MOF膜を成長することは不可能である。これは，金属イオンと配位結合性を示すビピリジン部位がエピタキシャル成長機構を阻害したためと推定される。しかし，MOF-on-MOFアプローチを用いることで，Cu$_2$(bpydc)$_2$を上部MOF層として成長させることで精密配向膜の作製に成功した[31]。ビピリジンリンカーを配向MOF格子に組み込むことで，金属イオンをMOFの細孔構造内に閉じ込めることができるようになった。作製した完全配向MOF-on-MOF膜Cu$_2$(bpydc)$_2$-on-Cu$_2$(bpdc)$_2$-on-Cu(OH)$_2$に，合成後のメタレーション反応によりAg$^+$を取り込み還元処理することで，Cu$_2$(bpydc)$_2$層中のみに銀ナノ粒子を生成した。このような構造異方性を有する格子に金属微粒子埋め込んだ際の光物性を評価したところ，偏光照射により，プラズモン吸収に方位依存性を有し，特定の偏光方位でダンピングするというユニークな光学応答を示した。この特性を利用した偏光依存プラズモン加熱が可能となる[35]。

6　構造評価

　配向したMOFシステムの構造評価に対する利用しやすいアプローチが求められている。広く用いられているX線回折 (XRD) は，薄膜系の結晶構造と配向を推定するための強力なツールである。特に，面内光学系を用いることで，基板に平行な結晶構造と配向について多くの情報を得ることができる。しかし，汎用のXRDは十分強度が得られないことから膜厚が薄い超薄膜

には使いにくい。このような超薄膜の測定には，放射光などの専用設備が必要であり，アクセスはあまり良くない。MOFの構造を観察するには，電子顕微鏡も強力な手段である。高性能の透過型顕微鏡を用いれば，原子レベルの分解能で画像を得ることができる。しかしながら，電子顕微鏡では，最終的には試料を破壊して観察することになる。MOF超薄膜の構造や配向を知るためには，身近な測定技術を確立することが必要である。

フーリエ変換赤外分光法（FTIR）は，分子系に対する高感度測定であり，多くの研究者が利用しやすい，取得時間が短い，などの利点がある。ここでは，偏光FTIR分光法を用いたMOF骨格構造・配向の評価（図13）について紹介する[36]。図14に示すように，レイヤーバイレイヤー法および配向したCu(OH)$_2$基板から作製したCu系MOF膜を，透過法および全反射測定法（ATR法）で偏光FTIR装置を用いて調査した。MOF結晶の面内・面外配向の度合い，またMOF骨格内の芳香族の配向方向，レイヤーバイレイヤーMOF成長中の初期配向の度合いを決定することができた。

透過型FTIRでは，Cu-パドルホイールユニットのν_{symm}（COO$^-$）およびν_{asymm}（COO$^-$）バンドの偏光角依存性を測定し，面内方向の配向度合いを算出した。その結果を面内X線回折法で測定した結果良好な相関が見られ，偏光依存赤外分光法により配向したMOF膜の面内配向度を推定できることがわかった。このように，膜の配向性を確認し，より短い時間スケールで得られたXRD測定の結果と良好に比較することに加えて，さらなる構造情報を得ることができた。すなわち，3次元MOF Cu$_2$(bdc)$_2$dabcoにおける芳香族リンカーの配向は，XRDなどの従来の技術では現在アクセスすることができない。

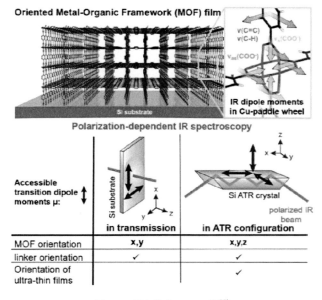

図13　偏光依存FT-IR法[36]

第 20 章　金属水酸化物を前駆体とした MOF 配向薄膜の作製と応用

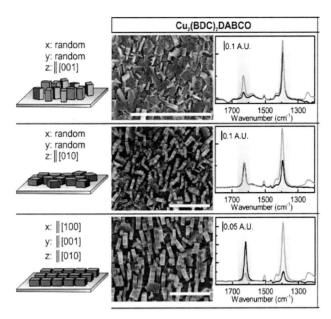

図 14　異なる配向状態の Cu₂(bdc)₂dabco 薄膜の偏光 FT-IR スペクトル[36]

　Si 基板上の Cu 系 MOF 膜の面内および面外配向を調べるために，減衰全反射（ATR）モードによる偏光依存赤外分光を行った。3 次元 MOF Cu₂(bdc)₂dabco の結果を図 12 に示す。Cu パドルホイールユニットの Cu-Cu 軸と dabco ピラーの N-N 軸が基板に対して垂直に配向した MOF 膜では，［001］が優先的に面外配向をしていることがわかる。
　ここで示した IR Crystallography の原理は MOF 以外の配向した有機-無機ハイブリッド膜にも展開可能である。
　IR Crystallography を雰囲気制御チャンバー内で実施することで，MOF 空孔内にゲスト分子が吸着されるプロセスをリアルタイムで観察可能となる[37]。偏光 IR 吸収スペクトルのチャンバー中ゲスト分子の分圧依存性を測定することで，細孔充填のダイナミクスに加えて，ゲスト分子の配向性を観察できる。このような手法は，IR-porosimetry として多孔質薄膜の細孔特性を解明する際には強力なツールとなる。図 15 に Cu₂(bdc)₂dabco にベンゼン，メタノール，n-hexane が充填される際の吸脱着等温線を示す。それぞれ入射赤外光が p 偏光（青色），s 偏光（黒色）の場合を示しており，これらの比からゲスト分子の細孔内での配向性を見積もることが可能となる。図 15 右図には，二色比とゲスト分子分圧の関係を示す。理論的には二色比が 2 の際にゲスト分子が完全ランダム（すなわち全く配向していない）に細孔中に充填していることを示している。ベンゼンは吸着初期から強く配向しながら取り込まれているのに対し，n-hexane は配向性を示さず，分子は方位がランダムに取り込まれている。一方，メタノールは，低濃度域では配向性が低い，高濃度となるに従い，配向性が向上していることがわかった。IR-

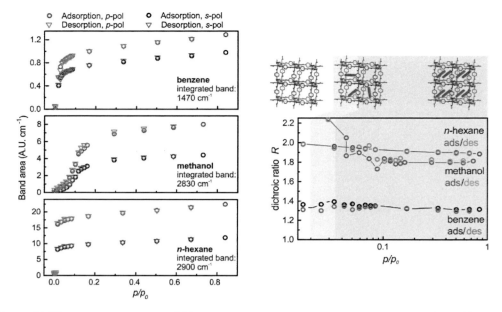

図15 （左図）IR-porosimetryにより測定した，ベンゼン，メタノール，n-hexaneの偏光依存吸脱着等温線，（右図）吸脱着等温線から算出した各ゲスト分子の二色比の分圧依存性[37]

porosimetryは汎用赤外分光器で測定が可能であり，今後，多孔質薄膜の解析ツールとして有用性が高まっていくと考えている。

7 まとめ

金属水酸化物上のヘテロエピタキシャル成長による，配向したMOF薄膜について概説した。格子整合条件を満たすことで，MOFのエピタキシャル成長が可能である。配向MOF薄膜は，ホスト-ゲスト法を用いて，エレクトロニクス，フォトニクス，マグネティクスなど，様々な高機能化応用が期待される。本稿では，偏光依存性フォトルミネッセンスや電気異方性など，いくつかの例を紹介した。ホスト-ゲストペアの合理的な選択は，さらなる機能向上のために重要であろう。配向したMOF膜は，さらにMOF層を配向させるのに適した基材でもある。このようなMOF-on-MOFシステムは，各層が異なる機能を持つことから，多機能材料としての利用が期待されている。この応用例として，金属水酸化物上に直接成長できないビピリジンリンカーを第2層MOFの形成に適用することで，異方的プラズモン共鳴を実現した。偏光依存FTIR法は，配向MOF薄膜の利用しやすい測定手法として大きな可能性を示している。この方法は，実験室のX線回折装置では測定できない数層の分子層のような非常に薄い層に対して特に威力を発揮する。IR-porosimetryへと発展し，多孔性薄膜の解析ツールとして極めて有用である。

配向MOFのヘテロエピタキシャル成長は，細孔が整列した薄膜を得るのに有効である。配向

第20章　金属水酸化物を前駆体とした MOF 配向薄膜の作製と応用

MOF 薄膜の方位に依存した機能性は，異方的な結晶構造によってもたらされる。成長機構はエピタキシャル成長であるが，現状では単結晶膜はまだ得られていない。これは，基板となる巨大な金属水酸化物単結晶を得ることが容易でないためである。実用に十分な寸法の基板材料の実現が課題である。また，配向膜は多結晶体であり，単結晶のような異方性を示すことから，ホスト–ゲストアプローチのホスト材料として期待される。

文　　献

1) H. C. Jiang *et al.*, *J. Am. Chem. Soc.*, **134**, 14690 (2012)
2) H. Deng *et al.*, *Science*, **327**, 846 (2010)
3) M. Eddaoudi *et al.*, *Science*, **18**, 469 (2002)
4) O. M. Yaghi *et al.*, *Nature*, **423**, 705 (2003)
5) S. Ma *et al.*, *Chem. Commun.*, **46**, 44 (2010)
6) J. Y. Lee *et al.*, *Chem. Soc. Rev.*, **38**, 1450 (2009)
7) P. Mahato *et al.*, *Nature Mater.*, **14**, 924 (2015)
8) Z. R. Herm *et al.*, *Science*, **340**, 960 (2013)
9) A. A. Talin *et al.*, *Science*, **343**, 66 (2014)
10) H. Kitagawa, *Nature Chem.*, **1**, 689 (2009)
11) S. Horike *et al.*, *Acc. Chem. Res.*, **46**, 2376 (2013)
12) H. Miyata *et al.*, *Nature Mater.*, **3**, 651 (2004)
13) H. Zhang *et al.*, *Nature Mater.*, **4**, 787 (2005)
14) S. Li *et al.*, *Adv. Mater.*, **24**, 5954 (2012)
15) J. Liu *et al.*, *Sci. Rep.*, **2**, 921 (2012)
16) A. Carné *et al.*, *Chem. Soc. Rev.*, **40**, 291 (2010)
17) P. Falcaro *et al.*, *Adv. Mater.*, **24**, 3153 (2012)
18) M. D. Allendorf *et al.*, *Chem. - Eur. J.*, **17**, 11372 (2011)
19) S. Inagaki *et al.*, *Nature*, **416**, 304 (2002)
20) Z. Denise *et al.*, *Chem. Soc. Rev.*, **38**, 1418 (2009)
21) K. Otsubo *et al.*, *J. Am. Chem. Soc.*, **134**, 9605 (2012)
22) B. Liu *et al.*, *Angew. Chem. Int. Ed.*, **51**, 807 (2012)
23) S. Furukawa *et al.*, *Angew. Chem. Int. Ed.*, **48**, 1766 (2009)
24) P. Falcaro *et al.*, *Nat. Mater.*, **16**, 342 (2017)
25) M. Takahashi, *Bull. Chem. Soc. Jpn*, **94**, 2602 (2021)
26) K. Okada *et al.*, *Adv. Funct. Mater.*, **24**, 1969 (2014)
27) K. Okada *et al.*, *CrystEngComm*, **19**, 4194 (2017)
28) K. Okada *et al.*, *J. Mater. Chem. A.*, **9**, 19613 (2021)
29) K. Okada *et al.*, *Chem. Sci.*, **11**, 8005 (2020)

30) Y. Tsuruoka, *Angew. Chem. Int. Ed.*, **48**, 4739 (2009)

31) Y, Koseki *et al.*, *Nanoscale*, **16**, 14101 (2024)

32) A. Tarzia *et al.*, *ACS Appl. Mater. Interfaces*, **10**, 40938 (2018)

33) K. Ikigaki *et al.*, *Angew. Chem. Int. Ed.*, **58**, 6886 (2019)

34) K. Ikigaki *et al.*, *ACS Appl. Nano, Mater.*, **4**, 3467 (2021)

35) K. Okada *et al.*, *Nanoscale Adv.*, **5**, 1795 (2023)

36) B. Baumgartner *et al.*, *Chem. Sci.*, **12**, 9298 (2021)

37) B. Baumgartner *et al.*, *Angew. Chem. Int. Ed.*, **61**, e202201725 (2023)

第21章　多種アミンガスの同時分析を指向した導電性 MOF 薄膜デバイスの開発

佐々木由比[*1], 南　豪[*2]

1　緒言

ヒトには，光に対する目，音に対する耳，温度や圧力に対する皮膚，匂いに対する鼻，味覚に対する舌が具わっている。身体に組み込まれたこれらの感覚器官は，目に見えない物理ないし化学刺激を検出し，無意識あるいは意識的に行動を変化させる（制御する）重要な役割を果たしている[1]。高性能な感覚器官に着想を得たセンサ技術は，様々な研究分野において精力的に開発されている。センサは，物理ないし化学刺激を検知するレセプタとそれらの認識情報を可視化するために信号を増幅するトランスデューサから構成される。国際純正応用化学連合（IUPAC）の定義では，物理ないし化学センサはレセプタの違いによって分類される[2]。レセプタで得られた情報は，トランスデューサを介して光学特性，導電性，質量などの変化として読み出すことができる。一般的にセンサの能力は，感度，選択性，応答時間，応答範囲などの項目で評価される。実環境下での分析では，上記の項目に加えて，湿度などの環境因子に対する耐久性を考慮したセンサ設計を要する。圧力や熱などの刺激を検知する物理センサは，血圧計や体温計として日常生活において広く普及している一方で，身の回りで使用されている化学センサはあまり多くはない。

化学センサは，多様な構造，電荷，サイズを有する標的イオンや分子に対する相補性を考慮したレセプタ設計が求められる[3]。生体由来材料の抗体や酵素は代表的な認識材料であり，鍵と鍵穴の原理に基づく高選択性は，夾雑物質が共存する実サンプル分析において，特定の標的種に対する高い検出能を発揮する[4]。上述の選択的な認識に対して，哺乳類の嗅覚系では，受容体の交差応答性に基づき多成分分析を行っている[5]。センサアレイは，天然の多成分分析機構に着想を得た分析手法であり，交差応答性のあるセンサ素子をアレイ状に並べたデバイスは，標的種やその濃度の違いに応じた様々な応答を示す。アレイ状のセンサ応答は指紋パターンと見做すことができるため，データ解析技術を活用したパターン学習によって，定性かつ定量的に化学情報を可視化することができる[6]。化学センシングの対象は，体液，食品サンプル，環境水などの溶液に留まらず，体臭，食品の腐敗臭，環境臭などの気体に含まれる標的種も重要なマーカーとなり得る。これまでに人工レセプタを用いたセンサアレイの判別能は，溶液とガスの両環境で評価され

＊1　Yui SASAKI　東京大学　先端科学技術研究センター　講師
＊2　Tsuyoshi MINAMI　東京大学　生産技術研究所　准教授

てきたが，センサのプラットフォームに関わらず，混合ガス中での定量分析は未踏であった。そこで本章では，多種ガス分析を実現するためのセンサ設計に関する指針とパターン学習を活用したデータ解析について述べる。

2 超分子的アプローチに基づくガスセンサデバイスの設計指針とパターン認識を活用した多成分分析

　従来の分子認識化学に立脚したセンサデバイスの開発では，生体由来材料に匹敵する高い選択性を賦与するために，有機合成的手段でかさ高い置換基を導入するアプローチが主流である[7]。それに対して，非共有結合の化学に基づく超分子的アプローチでは，構成要素（ビルディングブロック）どうしが自発的に自己集合する機構が用いられる[8]。本手法は，ビルディングブロックの種類や自己集合に関わる相互作用をチューニングすることで，標的種に合わせて合目的にセンサの設計・調製を可能にする。ビルディングブロック間の自己集合は，均一溶液中のみならず固体/液体，液体/気体，固体/気体などの界面でも生じる[9]。さらに，材料やプロセスを適切に選定することで，低分子のみならずナノ・マイクロスケールの集合構造を形成することができる。分子集合体への関心は，その美しい構造だけに留まらず，集合化によって発現する機能にも注目が集まっている。その一例として有機エレクトロニクス分野では，π共役系分子が秩序高く集合した薄膜構造がデバイスの半導体層として活用されている[10]。当該デバイスの特性は，ビルディングブロックとなるπ共役系分子とそのパッキング構造の両者に由来するため，超分子薄膜デバイスと見做すことができる[11]。筆者らは，本デバイスを化学センサへ展開するために，分子認識部位を賦与した半導体材料を設計し，半導体/水溶液界面で生じる標的種の認識情報をデバイス特性変化として読み出すアプローチを提案してきた[12]。本節では，超分子的アプローチに基づき形成する導電性薄膜の界面を用いたガスセンシングの内容について記載する。

　金属有機構造体（MOF）は，有機配位子と金属イオンが秩序高く自己集合することで構築されるナノ材料であり，MOFの空孔は標的種に対する認識場となる。有機配位子と金属イオンの適切な組み合わせにより，MOFに光学特性や導電性を賦与することができるため，ガス分子の捕捉に伴う化学情報を上記の特性変化として読み出し得る[13]。これまでに，MOFを活用したガスセンシング例は報告されているが，依然として混合ガス中での定量分析には課題がある。本課題に対する打開策として，多変量解析に着目した。多成分分析では，定性分析（標的ガス種の判別），半定量分析（標的ガス種とその濃度の判別），定量分析（混合ガス中の未知濃度の予測）の目的に応じて，多変量解析法を選定する必要がある。解析法は教師あり，教師なしの2種に大別される。一例として，線形判別分析（Linear discriminant analysis, LDA）やサポートベクターマシン（Support vector machine, SVM）などは教師ありに含まれ，主成分分析（Principal component analysis, PCA）や階層的クラスター分析（Hierarchical clustering analysis, HCA）などは教師なしに該当する[14]。パターン認識に使用するデータマトリクスは，センサ数，評価の

第 21 章　多種アミンガスの同時分析を指向した導電性 MOF 薄膜デバイスの開発

対象（標的ガスの種類と濃度），繰り返し測定数に応じたセンサ応答に対応する高次元の化学情報からなる。多変量解析では，豊富な化学情報を維持しながら，二次元ないし三次元の出力データとして当該情報を可視化する。上記のデータ解析法の中でも，本章では LDA と SVM をそれぞれ用いた例を紹介する。定性分析で使用する LDA は，高次元な化学情報を保持したまま次元圧縮を可能とする手法であり，クラス間の分散を最大化しながらクラス内の分散を最小化するために用いられる。ここでのクラス間とは標的対象の違いに対する測定結果を，クラス内とは同一の標的対象に対する繰り返し測定結果を意味する。機械学習の一種である SVM は，分類する境界とデータとの距離（＝マージン）が最大化する境界線を引き，データの分類・予測を行う手法である[15]。SVM は複数の標的種が混在する環境や夾雑物質が共存する混合ガス中において，センサが非線形性の複雑な応答を示す場合に用いることができる。このような多変量解析を組み合わせることで，多数の標的種に対する定性・定量分析が可能となる。

3　導電性 MOF 薄膜デバイスによるアミン類の定性・定量分析

　本節で取り上げる標的アミン類には，アンモニア，プロピルアミン，ブチルアミンなど食品鮮度に係る化学種が含まれている[16,17]。他方，トリエチルアミンやトリエチレンジアミンは，室内臭の評価に用いられるマーカーである[18,19]。上述のアミン類は，食品管理や環境分析の両観点から重要なマーカーであり，その同時分析は意義深い。本研究では，アミンに対する認識能と導電性の両観点から，配位子（2,3,6,7,10,11-ヘキサヒドロキシトリフェニレン（HHTP））と銅（II）イオン（Cu^{2+}）で構成される MOF（$Cu_3(HHTP)_2$）を選定した[20]。MOF 型センサデバイスの実現に向けて，MOF の薄膜化は重要なプロセスとなる。現在までに報告されている MOF 薄膜の作製法は，*ex-situ* 法と *in-situ* 法に分類される[21]。*ex-situ* 法は，粉末の MOF を分散させた溶液を固体基板上にドロップキャスト，スピンコートまたはスプレーコートし，薄膜を作製する手法である。*in-situ* 法は，有機配位子と金属イオンを交互に基板上に堆積させながら MOF を構築する手法であり，超分子的アプローチに基づき薄膜が形成される[20]。交互積層法（Layer by Layer, LbL）に限らず，固液界面で *in-situ* に薄膜を作製する技術は，有機エレクトロニクス分野では積極的に用いられる手法であるが，界面での結晶化や秩序性の高い集合体の構造制御には，難度の高い技術が求められる[22,23]。そこで，比較的容易かつ再現性高く MOF 薄膜を形成するアプローチとして，ロボティックディスペンサを用いた掃引塗布法に着目した。掃引塗布法は，塗布速度，溶液量，基板と溶液の温度などの適切な条件に基づいて，有機半導体材料を *in-situ* で結晶化する技術として知られている[24]。本研究では，LbL 法を採用し，配位子（HHTP）と Cu^{2+} を交互に基板上に掃引塗布することで MOF の薄膜を得ることとした[25]。本手法に基づく MOF 薄膜の形成は，紫外可視吸収スペクトル，フーリエ変換赤外分光法（全反射測定法），X線光電子分光法，共焦点レーザー顕微鏡，電界放出形走査電子顕微鏡，原子間力顕微鏡などを用いて多角的にキャラクタリゼーションし，5 回のサイクル数で均一性の高い薄膜が得られること

223

金属有機構造体（MOF）研究の動向と用途展開

を確認した。

次に，アミンガス種の添加に伴うMOF薄膜の導電性変化を評価した。本測定を行うために，メタルマスクを用いて金電極を基板上に真空蒸着したのちに，掃引塗布法でMOF薄膜を5サイクルの積層回数で成膜し，デバイスを作製した（図1）。当該デバイスを標的ガスで満たした密閉空間内に静置し，湿度と温度の条件を一定にしながら四端子測定法で導電性（I-V特性）を評価した。センサデバイスの検出能を検証するために，密閉空間内のガス濃度は，ガスクロマトグラフィー質量分析装置でリアルタイムに評価した。図2に示すように，本デバイスのI-V特性はアンモニアガスの濃度増加に伴い定量的に変化し，その検出限界値は47 ppbと算出された。ヒトが有するアンモニアの検知閾値（＝150 ppm）を勘案すると，本デバイスの感度はヒトの嗅覚系を上回る感度であることを意味している。続いて，アンモニア，プロピルアミン，n-ブチルアミン，イソプロピルアミン，$tert$-ブチルアミン，シクロヘキシルアミンに対する選択性調査を行った。その結果，標的ガス種のかさ高さが増すごとに導電率（σ）は低下する傾向を示した。本調査では，1種のMOF構造であっても，標的アミン種の構造の違いに起因した応答パターンの差異を見出した。また，低湿度（6-8％）と高湿度（76-80％）の両条件下で選択性試験を実施したところ，湿度の変化が標的種認識能へ影響しないことが実証された（図3）。そこで，当

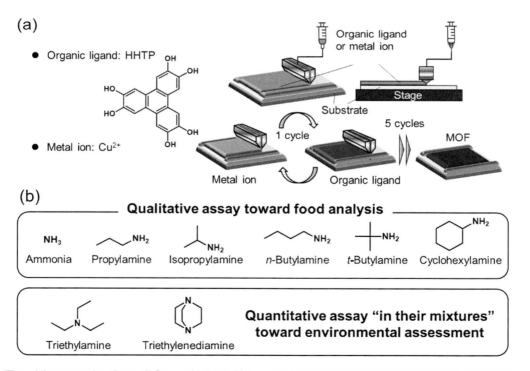

図1 (a)MOFのビルディングブロック構造と掃引塗布法によるMOF薄膜デバイスの作製プロセスの概念図，(b)多成分分析用標的アミンガス種一覧

第 21 章 多種アミンガスの同時分析を指向した導電性 MOF 薄膜デバイスの開発

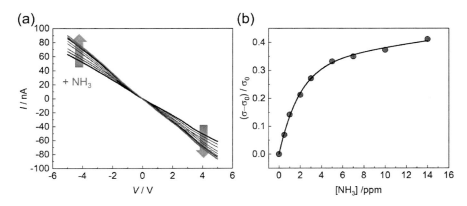

図 2 (a)アンモニアガス濃度の増加に伴う MOF 薄膜デバイスの I-V 特性変化，
(b)アンモニア濃度に対する導電率変化

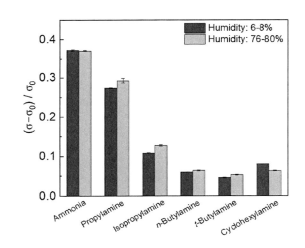

図 3 アミンガス種（10 ppm）に対する MOF 薄膜デバイスの
選択性調査結果
低湿度（6-8％）と高湿度（76-80％）の両条件下で実施した。

該 MOF デバイスの多成分分析能を評価するために，LDA を用いて定性分析を試みた。図 4 には，6 種のアミン類とコントロール（窒素ガス）のクラスターを示しており，それぞれ 3 回の繰り返し測定分のデータが含まれている。ジャックナイフ法による交差検定の結果，100％の精度で全標的種を判別した。各プロットが密に集結しクラスターを形成している様は，再現性の高い測定結果を意味する。各クラスターの位置に着目すると，選択性調査で大きな導電率変化を示したアンモニアとプロピルアミンは互いにコントロールから離れた位置に分布した。関連して，第 1 級有機アミン類は，かさ高さに応じてクラスターが分布した。このように，定性分析では，当該 MOF デバイスの判別能を反映した結果が得られたため，続いて混合ガス中での未知濃度予測

金属有機構造体（MOF）研究の動向と用途展開

に挑戦することとした．ここでは，室内臭のマーカーであるトリエチルアミンとトリエチレンジアミンの2種を標的種とし，芳香剤の成分にも使用されているオクタノール，2-オクタノン，酢酸が夾雑物質として存在する環境下で定量分析を行った．複雑なセンサ応答が予想される本測定結果の解析には，強力なデータ解析技術の一種であるSVMを使用した．まずは，標的ガス種に対する濃度ごとのMOFデバイスの特性を入力データに使用し，SVMを用いて検量線を作成した．続いて，混合ガスに存在する標的種の未知濃度に該当する情報をSVMを用いて解析し，出力データを得た．その結果，各標的種の予測値は実測値とほぼ一致し，高い精度で濃度が予測さ

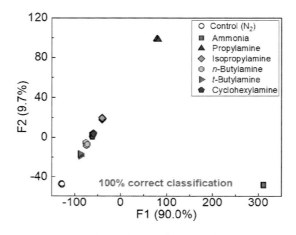

図4　アミンガス種（10 ppm）による定性分析結果

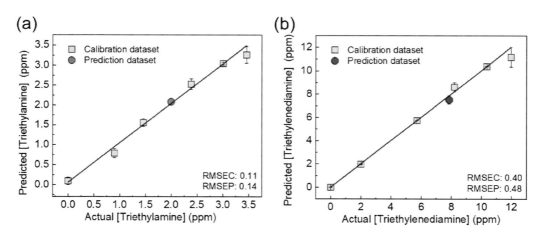

図5　混合ガス中での(a)トリエチルアミンと(b)トリエチレンジアミンの定量分析
混合ガスには，オクタノール（0.02−0.03 ppm），2-オクタノン（0.45−0.091 ppm），酢酸（0.12−0.24 ppm）が夾雑物質として存在している．二乗平均平方根誤差（RMSE）のRMSEC（C：calibration）とRMSEP（P：prediction）は，精度を評価する指標である．

226

第 21 章　多種アミンガスの同時分析を指向した導電性 MOF 薄膜デバイスの開発

れた（図 5）。このように，超分子的アプローチによって作製した導電性 MOF 薄膜デバイスは，たった 1 つのセンサであっても様々なアミン種に対する交差応答性を示し，定性分析のみならず夾雑物質が存在する混合ガス中での定量分析を達成した。

4　結言

　哺乳類の嗅覚系に着想を得たセンサアレイは，パターン認識に基づき多成分分析を達成する分析ツールである。本研究では，有機配位子と金属イオンから構成される MOF の自己集合構造に注目し，超分子化学のエッセンスを組み込んだ薄膜形成プロセスとして，掃引塗布法を活用した LbL 法を紹介した。当該手法で作製された導電性 MOF 薄膜デバイスは，食品鮮度に係る標的アミンガス種に対する交差応答性を示し，その判別能は LDA を用いた定性分析によって実証された。また，室内臭のマーカーを混合した環境下での定量分析では，夾雑物質の存在下であっても正確に未知濃度を予測することに成功した。このように，自己集合を駆動力にナノ構造を形成する超分子的アプローチは，簡便かつ高い再現性で化学センサを実現するために有効であることを見出した。

謝辞

　本研究は，日本学術振興会科学研究費補助金「学術変革領域研究（B）」（JP23H03864），「基盤研究（B）」（JP24K01315），「若手研究」（JP24K17667），「JST CREST」（JPMJCR2011），「JST さきがけ」（JPMJPR23H2）のご支援とトヨタ自動車㈱との共同研究によって遂行されました。この場をお借りし，感謝申し上げます。

文　　　献

1)　Y. H. Jung *et al.*, *Adv. Mater.*, **31**, 1803637（2019）

2)　A. Hulanicki *et al.*, *Pure Appl. Chem.*, **63**, 1247（1991）

3)　Y. Sasaki & T. Minami, *Phys. Status Solidi A*, **220**, 2300469（2023）

4)　A. M. Silverstein, *Cell. Immunol.*, **194**, 213（1999）

5)　R. Axel, *Sci. Am.*, **273**, 154（1995）

6)　Y. Sasaki *et al.*, *Coord. Chem. Rev.*, **429**, 213607（2021）

7)　J. B. Wittenberg & L. Isaacs, Complementarity and Preorganization, in: Supramolecular Chemistry: From Molecules to Nanomaterials, p.25-43, John Wiley & Sons（2012）

8)　Y. Sasaki & T. Minami, *ChemNanoMat*, **10**, e202300335（2024）

9)　K. Ariga *et al.*, *Angew. Chem. Int. Ed.*, **59**, 15424（2020）

10)　C. Liu *et al.*, *Phys. Chem. Chem. Phys.*, **15**, 7917（2013）

11)　T. Minami, *Bull. Chem. Soc. Jpn.*, **94**, 24（2021）

12) T. Minamiki *et al.*, *Chem. Commun.*, **54**, 6907 (2018)

13) H.-C. Zhou & S. Kitagawa, *Chem. Soc. Rev.*, **43**, 5415 (2014)

14) P. Anzenbacher, Jr. *et al.*, *Chem. Soc. Rev.*, **39**, 3954 (2010)

15) T. Minami *et al.*, *J. Am. Chem. Soc.*, **134**, 20021 (2012)

16) L. Gram *et al.*, *Int. J. Food Microbiol.*, **78**, 79 (2002)

17) A. Pendem *et al.*, *J. Agric. Food Chem.*, **58**, 16 (2010)

18) J. Liu *et al.*, *Small*, **18**, 2104984 (2022)

19) M. Morvan *et al.*, *Sens. Actuators B: Chem*, **95**, 212 (2003)

20) M. S. Yao *et al.*, *Angew. Chem. Int. Ed.*, **56**, 16510 (2017)

21) J. E. Ellis *et al.*, *Mater. Adv.*, **2**, 6169 (2021)

22) T. Minari *et al.*, *Adv. Mater.*, **24**, 299 (2012)

23) T. Matsukawa *et al.*, *Jpn. J. Appl. Phys.*, **47**, 8950 (2008)

24) T. Wu *et al.*, *ACS Appl. Mater. Interfaces*, **16**, 61530 (2024)

25) 鵜飼順三ほか，特許 7359793 (2023)

第22章　MOFを利用した酵素固定化技術の紹介

月精智子*

1　はじめに

　MOF（metal-organic framework）は，金属イオンと有機リガンドが配位結合を介してネットワーク構造を形成する多孔質材料であり，ガスの貯蔵や分離，触媒として注目されている。その一方で，MOFをバイオリアクター，バイオセンサ，ドラッグデリバリーシステムなどに利用する報告も増えており，MOFの新たな応用展開の1つとして期待されている。

　MOFは，使用する金属イオンと有機リガンドを組み合わせることで，自由に設計できるカスタマイズ性が大きな特徴である。この特徴により，バイオセンサなどの用途や目的に合わせて，細孔の大きさや表面特性などを制御できるため，MOFは活性炭やメソポーラスシリカに代わる多孔質性の新しいナノ材料として注目されている。

　またこれまで，MOFの合成は有機溶媒中や高温環境下での反応が主流であったが，一部のMOFでは水溶液中など温和な環境での合成方法も報告されており，有機溶媒や高温環境を苦手とするタンパク質などの生体分子と組み合わせたMOFの利用は広がりをみせている。

　本章では，酵素固定化材料としてのMOFの利用に着目し，代表的な固定化方法を紹介する。また実際に，酵素固定化MOFの合成例を挙げ，酵素MOF複合体をバイオリアクターやバイオセンサに活用した応用例について紹介する。

2　酵素固定化材料としてのMOFの利用

　酵素は主にタンパク質で構成されており，その3次元構造により，鍵と鍵穴の関係で表現されるように基質特異性を有する。その反面，加熱やpHの変化によってタンパク質が変性して活性を失う（失活）といった問題点がある。また，可溶化した酵素は回収や再利用が難しく，高価な酵素が工業的に広く利用される際の課題となっている。そのため，酵素を固体に担持し，酵素活性を維持したまま安定的に利用する技術が重要であり，様々な材料が固定化担体として研究されてきた。その固定化担体として，多孔質材料であるMOFも注目されており，年々研究報告数が増えている（図1）。

　MOFを酵素の固定化担体として利用する場合の固定化方法として，①MOF表面への固定化，

---

　*　Tomoko GESSEI　（地独）東京都立産業技術研究センター　バイオ技術グループ
　　　　主任研究員

金属有機構造体(MOF)研究の動向と用途展開

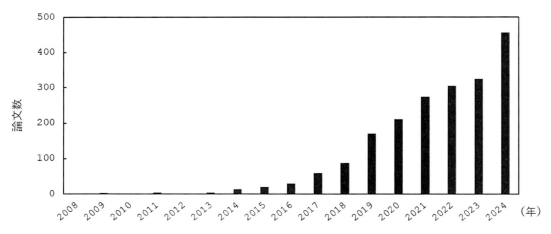

図1　PubMed キーワード(metal-organic frameworks, enzyme)検索による論文数の推移

②MOF 細孔への拡散,③MOF 合成時のカプセル化,の大きく3つの方法がある。1つずつ紹介する。

2.1 MOF 表面への固定化

酵素を固体担体に固定化する最初の試みは,1916年までさかのぼり,Nelson と Griffin がインベルターゼを骨炭末に吸着させ,もとの酵素と同様の酵素活性を示した報告といわれている[1]。その後,ポリスチレン樹脂などを用いて固定化した酵素を合成化学の触媒に利用したり,アクリルゲルで電極上に固定化した酵素をグルコースセンサとして利用したりするなど,固定化酵素の利用が広がっていった。酵素の固定化方法は,吸着法,結合法,架橋法,包括法に分類されることが多いが,MOF 表面への固定化方法としては,結合法や吸着法によるものが多い。

MOF 表面へのタンパク質の固定化は,Jung らが IRMOF-3(isoreticular metal-organic framework-3)の有機リガンドのカルボキシル基をカルボジイミドにより活性化し,EGFP(Enhanced Green Fluorescent Protein)および CAL-B(*Candida antarctica* lipase B)と結合した例が最初である[2]。固定化した EGFP および CAL-B はその機能を失うことなく固定化され,特に CAL-B では遊離 CAL-B と同程度の活性を示している。

また,Shih らも,テレフタル酸を有機リガンドとする MOF(MIL-101, MIL-88B)のカルボキシル基をカルボジイミドにより活性化し,MOF 表面にトリプシンを固定化している[3]。作製したトリプシン固定化 MOF は,タンパク質であるウシ血清アルブミンの消化が可能であることを確認している。さらに,有機リガンドを 2-アミノテレフタル酸に変えた MIL-88B-NH$_2$ では,遊離トリプシンと同等の機能を発揮している。

一方で,Mao らは,金属に亜鉛を用いた ZIF(zeolitic imidazolate framework)と呼ばれる MOF に,電子メディエーターであるメチレングリーンおよびグルコース脱水素酵素を吸着させ

第 22 章　MOF を利用した酵素固定化技術の紹介

たグルコースセンサを報告している[4]。有機リンカーが異なる様々な細孔サイズの ZIF を用いて検証しており，ZIF とタンパク質との相互作用（疎水性相互作用，ファンデルワールス力など）や，ZIF の表面積や細孔サイズの違いにより吸着量が変わると考察している。

2.2　MOF 細孔への拡散

近年，バイオセンサやバイオ燃料電池など，酵素を利用したバイオデバイス開発において，酵素の安定化や長寿命化を目的に，メソポーラスシリカなど細孔内に酵素を格納する報告が増えている[5]。使用する分子の大きさに適した細孔内に酵素を格納することにより，熱や有機溶媒から保護するとともに，タンパク質間の凝集やタンパク質の立体構造が崩れるのを防ぐ働きがあると考えられるが，それらの明確なメカニズムについては不明な部分も多い。多孔質材料の 1 つである MOF も同様の働きが期待されるが，多くの MOF は細孔サイズが 2 nm 以下と小さく，ポルフィリンのような触媒活性を持つ有機小分子の格納報告[6]に留まっていた。

2006 年，Pisklak らは，1.78 nm の細孔を有する Cu-MOF[7]内への MP-11（microperoxidase-11）の固定化を報告した[8]。MP-11 は，生体色素ヘムを含む機能性オリゴペプチドであり，1.75 nm の大きさと推定されていることから，細孔の大きさと合致する。MP-11 の Cu-MOF への固定化は，DMF（N, N-dimethylformamide）溶液中で 3 時間撹拌することにより実現した。最終的に，Cu-MOF 固定化 MP-11 は，遊離 MP-11 よりも活性が高いという結果が得られている。

2007 年には，3.9 nm と 4.7 nm のメソ孔を有している TbmesoMOF が発表された[9]。その後，Lykourinou らは，TbmesoMOF 内部に MP-11 を固定化し，代表的な酵素固定化材料であるメソポーラスシリカ（MCM-41）と比較した[10]。TbmesoMOF 内部への MP-11 の固定化は，HEPES 緩衝液中で 37℃の恒温環境下に 50 時間静置することにより行い，MP-11 の取込み量は 19.1 µmol/g であったと報告している。一方で，MCM-41 の MP-11 の取込み量は 3.4 µmol/g であり，これは比表面積の違いによるものと考察されている。TbmesoMOF 固定化 MP-11 の触媒活性を評価したところ，MCM-41 固定化 MP-11 よりも反応速度が速く，再利用性もよいという結果が得られている。MCM-41 の再利用による活性低下は，MP-11 の浸出によるものと考察している。

また，Feng らは，酵素を細孔に格納するために合理的に設計されたメソ孔を持つ MOF（PCN-332, PCN-333）を開発し，HRP（horseradish peroxidase），Cyt c（cytochrome c），MP-11 を固定化した[11]。PCN-333 は，5.5 nm の大きな細孔と高い空隙率を持っており，HRP（4.0×4.4×6.8 nm）および Cyt c（2.6×3.2×3.3 nm）は 1 つの細孔に 1 つの酵素しか格納されないが，細孔に対して小さな分子である MP-11（1.1×1.7×3.3 nm）は，1 つの細孔に複数の酵素が格納される。結果的に，MP-11 は固定化後に活性が大幅に低下した一方で，細孔と同程度の大きさである HRP および Cyt c は高い触媒活性を示した。特に HRP では有機溶媒中でも高い触媒活性を示し，再利用性も確認している。このことは，細孔サイズに合った酵素を格納することにより，過酷な環境下で再利用可能な触媒となり得ることを示している。

金属有機構造体（MOF）研究の動向と用途展開

近年では，さらに大きなメソ孔を持つMOFも開発されており[12, 13]，様々な酵素への適用が可能となりつつある。目的とする酵素サイズに合わせて金属イオンと有機リガンドを設計し，適切な細孔サイズのMOFを合成することで，酵素固定化方法として有効な手段となる。

2.3　MOF合成時のカプセル化

MOF細孔への拡散による酵素固定化により，酵素の分子サイズと同程度の細孔に単一酵素を固定化することが酵素の触媒活性や安定性，再利用性に望ましいということが分かってきた。しかしながら，多くのMOFの細孔径と比較してタンパク質分子のサイズは大きいため，別のアプローチも提案されている。

Lyuらは，MOF合成時に酵素を加えることにより，酵素をMOFに直接埋め込む方法を報告した[14]。PVP（polyvinylpyrrolidone）を含むCyt c 溶液を，ZIF-8の原料である硝酸亜鉛六水和物および2-メチルイミダゾールを含むメタノール溶液に加え，Cyt c が埋め込まれたZIF-8を合成した。その結果，ZIF-8の結晶構造は維持したまま，Cyt c を含む複合体が形成され，ZIF-8中のCyt c は約8％と推定された。同じタンパク質濃度の遊離Cyt c と比較すると，触媒活性は10倍高いという結果が得られている。

また，Shiehらも，_de novo_ アプローチにより，MOFを酵素の存在下で合成した[15]。彼らは，結晶サイズを制御可能なZIF-90の水系での合成方法を開発した[16]。その合成方法とは，硝酸亜鉛水溶液にICA（imidazolate-2-carboxaldehyde），酵素であるカタラーゼ（CAT），キャッピング剤であるPVPを加え，室温で10分間撹拌する方法である。ZIF-90に含まれるカタラーゼの重量は約5％と推定されている。CAT@ZIF-90は，合成溶媒にエタノールを使用した場合には触媒活性を持たないが，溶媒として水を用いた場合には触媒活性を示した。この結果により，有機溶媒中で変性する可能性のある多くの酵素をMOF合成時にカプセル化できる可能性が示された。

さらに，Falcaroらのグループは，バイオミネラリゼーションにヒントを得て，様々なMOFを用いて酵素やDNAといった生体高分子のカプセル化に成功した[17]。カプセル化したZIF-8のSEM画像によれば，ZIF-8に典型的な十二面体結晶形態だけでなく，生体高分子の種類によって様々な形状が観察されている。なお，このカプセル化は，MOFへの吸着によるものではなく，有機リガンドや金属イオンと生体高分子との分子間水素結合や疎水性相互作用によるものと考察している。また，カプセル化した酵素は，過酷な環境下でも活性を維持することが示されており，MOFは炭酸カルシウムやメソポーラスシリカに比べて保護能力が高く，pH調整によりカプセル化した生体高分子の放出も制御可能であると結論付けている。

このようにMOF合成時の酵素のカプセル化は，酵素の安定化，酵素の浸出防止，高い再利用性を示し，MOFの細孔径よりも大きなタンパク質の固定化が可能である。ただし，基質の大きさによってはMOFの細孔への拡散速度が低下する場合もあり，遊離酵素と比較して触媒活性が低下する可能性もあり得る[18]。水溶液中で合成可能なMOFが増え，様々なMOFや生体高分子

第22章　MOFを利用した酵素固定化技術の紹介

への応用が広がることで，新たな展開が期待される。

2.4 酵素固定化MOFの合成例

　これまで酵素をMOFに固定化する様々な手法について紹介してきたが，Falcaroらの論文[17]を参考に，MOF合成時のカプセル化により，ウリカーゼ固定化ZIF-8（ZIF-8/Uricase）を合成した例について紹介する。

　ZIF-8/Uricaseの合成では，ウリカーゼを加えた2-メチルイミダゾール溶液（160 mM）と酢酸亜鉛溶液（40 mM）を混合し，10秒程度攪拌した。12時間放置後，6000 rpmにて10分間遠心分離を行い，純水で2回，エタノールで1回洗浄し，ドラフト内で自然乾燥させた。また，ウリカーゼを加えた2-メチルイミダゾール溶液と，金ナノ粒子（AuNPs）を加えた酢酸亜鉛溶液を混合することで，ウリカーゼおよび金ナノ粒子の複合体（ZIF-8/Uricase/AuNPs）を作製した。

　なお，ZIF-8単体は，Panらの論文[19]を参考に，硝酸亜鉛溶液により合成した。2-メチルイミダゾール溶液（3.46 M）と硝酸亜鉛溶液（500 mM）を室温で5分間混合した後，6500 rpmで30分間遠心分離を行った。遠心分離により得られた沈殿物を，純水で2回，エタノールで1回洗浄し，ドラフト内で自然乾燥させ，ZIF-8を得た。

　作製したZIF-8，ZIF-8/Uricase，ZIF-8/Uricase/AuNPsの走査電子顕微鏡（SEM）画像およびX線回折（XRD）の結果を図2，図3に示す。ZIF-8単体の結晶は，ZIF-8に特有の綺麗な十二面体の結晶が観察された。一方で，ウリカーゼや金ナノ粒子を含む結晶も，若干丸みを帯びているものの，十二面体様形状の結晶が観察された。また，ZIF-8単体の結晶と比較して，ウリカーゼや金ナノ粒子などを含む結晶は小さく，結晶成長が抑制されたと考えられる。これら結晶成長は，MOF前駆体のモル比やpHに依存し，生体高分子表面のゼータ電位や親疎水性などの性質によると考えられている[20,21]。また，XRDパターンは，ZIF-8単体だけでなく，ウリカーゼや金ナノ粒子を含むZIF-8も，ZIF-8の結晶構造を示した。ただし，ZIF-8単体の結晶ピークに比べ，複合体の結晶ピークは低く，ウリカーゼや金ナノ粒子のピーク干渉によるものと考えられる。さらに，窒素吸着等温線の測定（BET法）による比表面積は，ZIF-8が1850 m²/g，ZIF-8/Uricaseが1519 m²/g，ZIF-8/Uricase/AuNPsが946 m²/gであった。これは，ウリカー

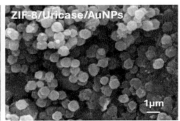

図2　ZIF-8，ZIF-8/Uricase及びZIF-8/Uricase/AuNPsのSEM像

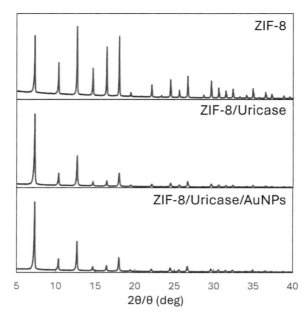

図3　ZIF-8,　ZIF-8/Uricase 及び ZIF-8/Uricase/AuNPs の XRD パターン

ぜや金ナノ粒子が存在することにより ZIF-8 内部の細孔の一部が塞がれた結果であると予想される。

　このように，酵素固定化 MOF は容易に合成可能であり，MOF 前駆体溶液のモル比や固定化したい生体高分子の濃度，pH の調整により様々な形状の結晶が得られる。得られた結晶は，SEM 観察や XRD による結晶構造解析，BET 法による比表面積測定により評価を行う。場合によっては，共焦点レーザー顕微鏡による蛍光標識したタンパク質の観察やフーリエ変換赤外分光法（FT-IR）による構造解析，示差熱分析（DTA）や熱重量分析（TG）による熱分析等も組み合わせて評価を行う。合成条件を制御し，使用目的に合わせてカスタマイズした結晶は，様々な用途に利用できる魅力的な材料となり得る。

3　酵素固定化 MOF の応用例

　これまで酵素固定化 MOF について紹介してきたが，ここからは酵素固定化 MOF を用いた応用例について少しだけ紹介する。

3.1　バイオリアクターとしての利用例

　Liu らは，タンパク質分解酵素であるトリプシンを MOF に固定化し，バイオリアクターとしての利用を提案した[22]。プロテオミクス研究では，タンパク質分解酵素（トリプシンなど）を用

第22章 MOF を利用した酵素固定化技術の紹介

いて，目的とするタンパク質をペプチドに分解してから LC/MS で測定するが，経済的な観点から酵素を固定化し，回収および再利用することが望まれている。アルミニウムベースの MOF（CYCU-4）はメソ細孔（1.4 nm 以上）を有しており，FITC（fluorescein isothiocyanate，分子サイズ：0.9×0.2×1.4 nm）を容易に取り込むことができる。そこで，60 分間のボルテックス処理により，トリプシンと化学結合させた FITC を CYCU-4 の細孔に格納することで，トリプシンを MOF 表面に固定化することに成功した。トリプシン固定化 MOF は，繰り返しの触媒活性を示し，実際にウシ血清アルブミンを処理した後，LC/MS/MS による測定，Mascot によるデータベース検索により 72％の一致率が得られ，遊離 FITC-トリプシンと同等の結果が得られている。この結果は，MOF 表面に化学修飾せずに FITC などの小さな分子と MOF との相互作用により酵素の固定化が可能であると同時に，酵素固定化 MOF がバイオリアクターとして利用可能であることを示した。

3.2 バイオセンサとしての利用例

Paul らは，金ナノ粒子（AuNPs）およびグルコースオキシターゼ（GOx）を ZIF-8 に封入した電気化学式のグルコースセンサについて報告している[23]。GOx は，補因子として FAD（flavin adenine dinucleotide）を用いるが，FAD はタンパク質構造の深くに埋め込まれているため，電極との直接電子移動が困難である。そのため，電子メディエーターを利用するのが一般的であり，その 1 つとして金属ナノ粒子を利用する方法がある。本論文では，クエン酸安定化 AuNPs を含む硝酸亜鉛溶液と，GOx を含む 2-メチルイミダゾール溶液を混合し，AuNPs と GOx を一緒に ZIF-8 にカプセル化した。ガラス状カーボン電極上に，ナフィオンと GOx@ZIF-8（AuNPs）の混合溶液を滴下し，一晩乾燥させて，グルコースセンサを作製した。AuNPs のみ，GOx のみを ZIF-8 に固定化したものと比較して，GOx@ZIF-8（AuNPs）を固定化した電極では，FAD-$FADH_2$ と思われる顕著な酸化還元ピークが観察されている。開発したグルコースセンサの検出限界は 50 nM であり，メディエーターフリーの高感度なグルコースセンサが作製できたと報告している。

4 おわりに

本章では，MOF を利用した酵素固定化技術を中心に紹介してきたが，バイオ分野やヘルスケア分野において想定される MOF の利用方法は多岐にわたる。例えば，生体ガス検出用のガスセンサ[24]，薬剤をカプセル化したドラッグデリバリーシステム[25]，MOF 自体の酵素様活性を利用した触媒[26] などが挙げられる。硫化物ガス，一酸化窒素，アンモニアなどの生体ガスと反応する MOF は既に知られており[27]，半導体センサやプラズモンセンサなどの感応膜として MOF を利用すれば，ヘルスケア分野への応用が可能となる。また，ドラッグデリバリーシステムの MOF への応用では，安全性に配慮した設計が重要であり，近年ではシクロデキストリン（CD）を有

235

金属有機構造体（MOF）研究の動向と用途展開

機リガンドとして用いた CD-MOF が注目されている[28]。また，MOF の薄膜化[29]や導電性の付与[30]など MOF そのものの技術革新も著しいため，今後も MOF の柔軟なカスタマイズ性を活かした多様な応用が期待される。

文　　献

1)　千畑一郎，化学と生物，**15**，48-57（1977）
2)　S. Jung *et al., Chem. Commun.,* **47**, 2904-2906（2011）
3)　Y. H. Shih *et al., ChemPlusChem,* **77**, 982-986（2012）
4)　W. Ma *et al., Anal. Chem.,* **85**, 7550-7557（2013）
5)　T. Shimomura *et al., Sensors and Actuators B,* **135**, 268-275（2008）
6)　O. K. Farha *et al., J. Am. Chem. Soc.,* **133**, 5652-5（2011）
7)　K. Seki *et al., J. Phys. Chem. B,* **106**, 1380-1385（2002）
8)　T. J. Pisklak *et al., Topics in Catalysis,* **38**, 269-278（2006）
9)　Y. K. Park *et al., Angew. Chem. Int. Ed.,* **46**, 8230-8233（2007）
10)　V. Lykourinou *et al., J. Am. Chem. Soc.,* **133**, 10382-10385（2011）
11)　D. Feng *et al., Nat. Commun.,* **6**, 5979（2015）
12)　H. Deng *et al., Science,* **336**, 1018-1023（2012）
13)　T. H. Wei *et al., Nat. Commun.,* **10**, 5002（2019）
14)　F. Lyu *et al., Nano Lett.,* **14**, 5761-5765（2014）
15)　F. K. Shieh *et al., J. Am. Chem. Soc.,* **137**, 4276-4279（2015）
16)　F. K. Shieh *et al., Chemistry.,* **19**, 11139-42（2013）
17)　K. Liang *et al., Nat. Commun.,* **10**, 1038（2015）
18)　X. Yan *et al., Adv. Funct. Mater.,* **33**, 2215192（2023）
19)　Y. Pan *et al., Chem. Commun.,* **47**, 2071-2073（2011）
20)　M. Kinoshita *et al., Journal of Crystal Growth,* **600**, 126877（2022）
21)　W. Liang *et al., J. Am. Chem. Soc.,* **141**, 2348-2355（2019）
22)　W. L. Liu *et al., J. Mater. Chem. B,* **1**, 928-932（2013）
23)　A. Paul *et al., ACS Appl. Nano Mater.,* **1**, 3600-3607（2018）
24)　L. André *et al., Dalton Trans.,* **49**, 15161-15170（2020）
25)　R. C. Huxford *et al., Curr. Opin. Chem. Biol.,* **14**, 262-628（2010）
26)　B. Li *et al., Sci. Rep.,* **4**, 6759（2014）
27)　Y. Takimoto *et al., Sens. Actuators B: Chem.,* **383**, 133585（2023）
28)　J. Govan *et al., Nanomaterials,* **4**, 222-241（2014）
29)　T. Stassin *et al., Chem. Mater.,* **32**, 1784-1793（2020）
30)　大津博義，日本結晶学会誌，**61**，203-204（2019）

第23章　MOF粒子への薬物包摂機構の解明

大崎修司[*]

1　はじめに

　本章では，金属有機構造体（MOF）の医薬品分野への応用に向けた検討の研究動向を紹介する。医薬品分野の中でも，薬物送達システム（drug delivery system：DDS）の薬物キャリアとしての適用可能性を検討している。DDSとは，空間的・時間的制御を行い，必要な量の薬物を適切な時間で疾患部位に輸送する技術のことである。薬物を送達するキャリアとして，リポソームやミセルが検討されてきたが，薬物の封入率の低さが問題であった。そこで，新規キャリアとしてMOFが注目を浴びており，従来のキャリアに比べて質量単位で2桁以上高い薬物包接能力が期待されている。著者の研究室では，MOFのDDSへの応用に向けた基礎的検討を推し進めている。そのなかから本章では，MOFへの液相薬物吸着における溶媒の影響[1]，両親媒性MOFへの複数薬物包摂に関する検討例[2]について紹介する。

2　MOFへの液相薬物吸着における溶媒の影響[1]

　MOFに薬物分子を包摂させるための手法の一つに液相吸着法がある。液相吸着法では，MOFの薬物包接能に対してMOF–薬物–溶媒間の3つの相互作用が重要である。これまでの報告例の多くは，溶媒の影響を考慮せず，水素結合やπ–π相互作用といったMOF–薬物間の相互作用や細孔と薬物のサイズ比などの影響を検討しており，ある特定のMOFに対するある薬物・溶媒の組み合わせに限定されたケーススタディに留まっており，MOFの薬物包接機構は定量的に理解されていない。この原因は，MOF–薬物–溶媒の複雑に絡み合った相互作用への理解が不足しているためと考えられる。特に，溶媒は，分子内の分極やMOFの細孔内外での薬物の安定性に大きく影響を与え，MOFの薬物包接現象の重要な因子である。すなわち，MOF–薬物–溶媒間に働く分子間力の定量的評価が，MOFの薬物包接機構やその影響因子の解明に繋がると考えられる。

　そこで，MOFの薬物包摂に対する溶媒の影響を評価し，液相吸着における溶媒の役割とMOF細孔における薬物包摂メカニズムを検討した。モデルMOFとして，ZIF-8とUiO-66-NH_2を選択した。これらは抗がん剤のキャリアとして広く利用されている。また，非ステロイド性抗炎症薬として広く使用されているイブプロフェン（ibuprofen；IBU）をモデル薬物とし

---

*　Shuji OHSAKI　大阪公立大学　大学院工学研究科　物質化学生命系専攻　化学工学分野　准教授

金属有機構造体（MOF）研究の動向と用途展開

て選択した。まず，5種類の溶媒を用いて MOF への IBU の液相吸着実験を行い，薬物搭載能力を評価した。さらに，ラマン分光測定に基づいて，MOF への液相吸着における溶媒の役割について考察し，溶媒中における MOF 細孔への薬物封入のメカニズム解明を試みた。

2.1 実験手法

ZIF-8 と UiO-66-NH$_2$ 粒子は，報告例に倣って合成した。薬物包摂実験では，異なる双極子モーメントを持つ溶媒である，ヘキサン，メタノール，エタノール，水，アセトン，DMF を用いた。調製した薬物溶液に MOF 粒子を加え，48 時間撹拌した。MOF への薬物包摂量［wt%］は，薬物包摂実験の前後における上澄み液中の UV-Vis 測定もしくは熱重量測定により算出した。薬物包摂粒子を走査型電子顕微鏡（SEM）観察，粉末 X 線回折（PXRD）により評価した。さらに溶媒中における MOF 粒子を共焦点ラマン分光法によって分析した。

2.2 結果と考察

ZIF-8 および UiO-66-NH$_2$ への IBU 包摂量を種々の溶媒で評価した。図 1 にそれぞれ MOF への IBU 包摂量を示す。バツ印は薬物が包摂しなかったことを示す。ZIF-8 については，エタノールとメタノールでは IBU が包摂しなかった。ヘキサンを用いた場合，包摂実験後の粒子の表面形態は，ZIF-8 粒子のものと大きく異なっており，かつ PXRD パターンも ZIF-8 の結晶相とは異なる結晶相を示すことを確認している。このことは，IBU は ZIF-8 へ包摂されているのではなく，粒子表面に IBU が析出するなどといった複合粒子の形成を示唆している。また，水，アセトン，DMF を用いた際に，IBU は ZIF-8 へ包摂し，その包摂量は水，アセトン，DMF の順に大きくなることが分かった。一方で，UiO-66-NH$_2$ に対しては，ヘキサンおよびエタノールにおいての IBU が包摂したことが分かり，その包摂量はヘキサン，エタノールの順に大きかった。なお，薬物が包摂されたいずれの条件においても，SEM 観察と PXRD 測定から，薬物包摂実験後の粒子の表面形態や結晶構造は，元の MOF 粒子のものと類似しており，MOF 構造を維持したまま IBU が包摂されたことを示唆する。

ここで，溶媒の双極子モーメントはヘキサンから DMF へと増加する。このことを踏まえると，

	MOFへのIBU包摂量 [wt%]					
	ヘキサン	エタノール	メタノール	水	アセトン	DMF
ZIF-8	59.6[*]	✕	✕	1.96	5.69	39.0
UiO-66-NH$_2$	46.4	42.9	✕	✕	✕	✕

✕: MOFへIBUの未包摂，[*]: ZIF-8粒子へのIBU析出

図1　異なる溶媒を用いた液相吸着における ZIF-8 および UiO-66-NH$_2$ へのイブプロフェン（IBU）包摂量

第23章　MOF粒子への薬物包摂機構の解明

ZIF-8の場合，双極子モーメントが増加するにつれて，薬物の吸着量も増加した。一方，UiO-66-NH$_2$の場合，双極子モーメントが減少するにつれて，IBUの吸着量も増加した。これらの傾向は，溶媒によってMOFと薬物の相互作用が変化したことを示唆する。そこで，MOFへの薬物包摂のメカニズムをさらに詳しく調べるため，共焦点ラマン顕微鏡を用いて，極性の異なる溶媒中のMOF内分子の振動特性を直接評価した。種々の溶媒中でのMOF粒子のラマンシフトの変化に基づいて，MOFへの薬物包摂のメカニズムを調査した。ZIF-8については，配位子におけるC-H振動（ν_{ZIF-CH}, 3000-3200 cm^{-1}）を，UiO-66-NH$_2$については，芳香環のC-C振動（ν_{UiO-CC}, 1500-1700 cm^{-1}）のラマンシフトを評価した。図2に，異なる溶媒中でのMOFのラマンスペクトルを示す。すべてのMOFのラマンスペクトルとピーク形状は，溶媒によって大きく異なることが確認された。これは，溶媒分子がZIF-8，UiO-66-NH$_2$の分子振動に影響を与えていることを示している。ここで，ラマンスペクトルのシフトと溶媒の双極子モーメントの関係に注目した（図3，エラーバーは標準偏差の3倍を表す）。ZIF-8の場合（図3a），溶媒の双極子モーメントが増加するにつれ，ν_{ZIF-CH}のラマンシフトも徐々に増加した。これは，ZIF-8粒子を取り囲む溶媒分子の極性が大きく異なるため，ZIF-8の溶媒中での振動が変化したことを意味する。高波数側へのラマンシフトは，ZIF-8の分子振動の拘束が減少していることを示唆する。溶

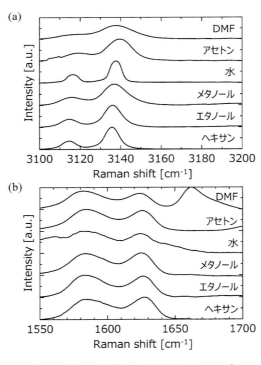

図2　異なる溶媒中での(a) ZIF-8 および (b) UiO-66-NH$_2$ のラマンスペクトル

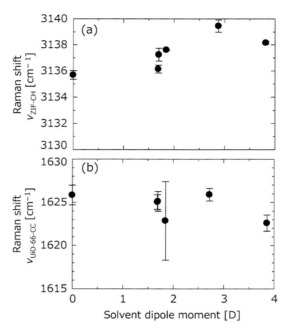

図3 溶媒の双極子モーメントに対する(a) ZIF-8 の C-H 振動および (b) UiO-66-NH$_2$ の C-C 振動のマンシフト

媒の双極子モーメントが増加すると，ZIF-8 粒子の表面付近の C-H 原子間の分子振動がより拘束されるようになった。これにより，ZIF-8 に結合する IBU の量が増加したと考えられる。UiO-66-NH$_2$ の場合，溶媒の双極子モーメントが増加するにつれ，C-C シフトのピーク位置は徐々に減少した（図 3b）。溶媒分子は UiO-66-NH$_2$ の分子振動を抑制し，その結果，UiO-66-NH$_2$ の細孔内に IBU が取り込まれた。以上より，溶媒により MOF 内の分子振動が抑制された結果，薬物の包摂量が増加することが示唆された。かつ，溶媒の影響は MOF の種類により異なることが示された。

2.3 まとめ

ZIF-8 および UiO-66-NH$_2$ への IBU の薬物包摂実験とラマン測定に基づいて，溶媒中における MOF への薬物包摂について検討した。ラマン測定に置いて ZIF-8 の溶媒の双極子モーメントが大きくなるにつれ，溶媒分子が ZIF-8 の分子振動を拘束した。薬物包摂実験の結果から，ZIF-8 では溶媒の双極子モーメントが大きくなる場合に薬物包摂量が多く，ZIF-8 の分子振動が拘束されていた。一方，UiO-66-NH$_2$ ではヘキサンと DMF を用いた場合，双極子モーメントの小さい溶媒分子が MOF の分子振動を拘束していた。薬物包摂実験の結果では，UiO-66-NH$_2$ の分子振動が拘束されると，薬物包摂容量が増加した。両方の MOF において，溶媒分子が MOF の分子振動を拘束するため，MOF 細孔内の溶媒と相互作用する薬物の量が増加したと推測され

第23章　MOF粒子への薬物包摂機構の解明

た。したがって，溶媒の双極子モーメントはMOFの分子振動に強く影響を与え，MOF細孔に包摂される薬物の量が変化することが示唆された。これらの結果は，溶媒の双極子モーメントがMOFの薬物包摂量を決定し，MOFの薬物包摂メカニズムを理解する上で重要な要素であることを示す。

3　両媒性細孔 MOF への複数薬物包摂[2)]

　現在，DDSキャリアに対する研究は単一薬物送達に留まっているが，複数薬物を送達できるキャリアが登場すればDDSのさらなる発展は確実であろう。例えば，複数薬物の同時送達は，がん治療等における逐次併用療法への活用が期待される。逐次併用療法は，様々な効能を持った複数の薬物を投与する治療法である。がん細胞を攻撃する薬物と，その毒性から正常細胞を保護する性質を持つ薬物など，異なる薬物の組み合わせによる相乗効果が重要な抗がん効果を生む。このとき，逐次的な薬物放出を制御することができれば，各薬物の薬物動態能や力学的物性を考慮した薬理効果が得られる。すなわち，逐次併用療法とDDSを組み合わせることで，複数薬物を効果的に疾患部でリリースでき，治療の効果を最大限に引き出す革新的な手法になる。そのためには，逐次併用療法を可能にする複数薬物送達製剤の開発が求められるが，複数薬物を同時に包接可能なキャリアは存在しないのが現状である。MOFのなかでも，シクロデキストリン（CD）と，カリウムイオンで構成されるCD-MOFは生態適合性が非常に高いだけでなく，両親媒性細孔を有することが特徴である。有機配位子であるCDは環状の構造をとり，その内部が疎水性，外部が親水性であるため，CD-MOFもその内部に両親媒性の細孔を持ち合わせている。また薬物に関しても異なる親疎水性を示すことを踏まえると，CD-MOFの両親媒性細孔を利用することで，複数薬物送達が可能なDDSキャリアとしての適用が予見される。

　そこで，本研究ではCD-MOFに対する複数薬物の包摂に関して，実験的および分子シミュレーション的な観点から評価した。シクロデキストリンの一種であるγ-CDとカリウムから構成されるγ-CD-MOFに着目し，比較的疎水性である5フルオロウラシル（5FU）と親水性であるアスコルビン酸（ASC）を対象とした。γ-CD-MOFへの単一薬物包摂から，親疎水性細孔への包摂挙動を解析したうえで，複数薬物包摂能を評価した。

3.1　実験・シミュレーション手法

　γ-CD-MOFは報告されている気相拡散法によって合成した。エタノール溶媒を用いてγ-CD-MOFへの5FUとASCの単一/複数薬物の包摂実験を行った。γ-CD-MOFへの薬物の包摂物量［g-drug/g-MOF］は，薬物包摂実験の前後における上澄み液中のUV-Vis測定により算出した。複数薬物の包摂実験では，測定されたUV-Visプロファイルをガウス関数で近似した個々の薬物のUV-Visプロファイルの和であると仮定して，それぞれの薬物の包摂量を算出した。

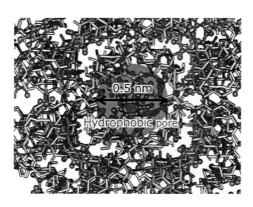

図4 γ-CD-MOFにおける疎水性細孔の定義

また，grand canonical Monte Carlo（GCMC）法を用いて，γ-CD-MOFへの薬物包摂の分子シミュレーションを行った。すべてのGCMCシミュレーションは，多目的コードRASPAを用いて行った。γ-CD-MOFと薬物分子の構造は固定した。MCステップとして，移動，回転，挿入，削除を等確率でランダムに行った。RASPAでは，化学ポテンシャルの代わりに圧力を指定する必要があるため，1.0×10^{-15} Paから1.0×10^{15} Paの範囲で変化させた。便宜上圧力を変化させており，圧力に実際的な意味を持たず，圧力の増加は化学ポテンシャルの増加と同義である。GCMCシミュレーションでは，非結合ポテンシャルとしてLennard-Jonesポテンシャルとクーロンポテンシャルを考慮した。LJパラメータはDREIDINGから取得し，各原子の部分電荷は電荷平衡法を用いて計算した。また，γ-CD-MOFは親水性と疎水性の細孔を有している。図4に示すように，γ-CD-MOF中の1つのγ-CDに注目すると，疎水性であるγ-CDの内部は疎水性細孔であるといえる。そこで，疎水性の細孔は半径0.5 nmの球体と定義し，それ以外は親水性の細孔であるとした。

3.2 結果と考察

エタノール中において5FUおよびASCの単一薬物包摂実験を行った。5FUの包摂量は0.112 g-drug/g-MOFであり，ASCの包摂量は0.215 g-drug/g-MOFであった。なお薬物包摂前後のγ-CD-MOF粒子のPXRDパターンでは，γ-CD-MOF特有のピークが観察され，薬物包摂によるγ-CD-MOFの結晶構造の変化はないことを確認しており，両方の薬物がγ-CD-MOFの細孔内に包摂されたことを示唆する。しかし，単一薬物包接実験では，γ-CD-MOFの異なる細孔における薬物の位置を決定することは困難であった。

そこで，5FUとASCのγ-CD-MOFへの包接挙動をより詳細に調べるため，GCMCを用いた単一薬物包接シミュレーションを行った。図5に，入力パラメータとしての圧力に対するγ-CD-MOFへの薬物の包摂量の計算結果を示す。本研究で使用したオープンソースソフトウェアであるRASPAは，圧力を入力パラメータとしてGCMCにおける化学ポテンシャルを指定す

第 23 章　MOF 粒子への薬物包摂機構の解明

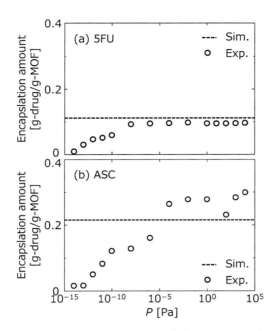

図 5　GCMC シミュレーションの入力パラメータである圧力に対する γ-CD-MOF への (a) 5FU および (b) ASC の包摂量

る。圧力の増加に伴って 5FU および ASC が増加し，ほぼ一定の値に達したことが見てとれる。また，図 5 における点線は実験結果であり，シミュレーション結果は実験結果と同程度の包摂量であったことから，分子シミュレーション結果は妥当であるといえる。そこで，包摂薬物の位置座標から，γ-CD-MOF 内の各薬物がどこに位置しているかを定量的に評価した。図 6 にそれぞれの薬物における γ-CD-MOF の親水性細孔および疎水性細孔への包摂量を示す。5FU は γ-CD-MOF の疎水性細孔にのみ包接されていた一方で，ASC は親水性および疎水性の細孔の両方に包摂されたことが分かった。5FU と ASC の違いは，MOF 細孔と薬剤の性質に関連している可能性があろう。疎水性の薬物（5FU）は親水性の細孔に包接されにくく，一方で比較的親水性の高い ASC は親水性の細孔に包接されやすいといえる。以上から，実験結果と分子シミュレーションの比較から，5FU と ASC は γ-CD-MOF の異なる細孔に取り込まれたことが示唆された。すなわち，5FU と ASC の γ-CD-MOF への同時包接が可能であることが期待される。

そこで，5FU と ASC の γ-CD-MOF への同時包接実験を行った。その結果，FU および ASC の包接量は，それぞれ 0.0536 および 1.666 mol-drug/mol-MOF（0.0521 および 0.220 g-drug/g-MOF）であった。さらに，GCMC 法を用いて 2 種類の薬物の包接量を算出した。モル比を 0.5 に設定した場合，5FU と ASC の包接量はそれぞれ 0.867 および 1.666 mol/mol と算出された。実験とシミュレーションの両方で 5FU と ASC が同時に γ-CD-MOF に包接されていることが

243

確認できるが，実験での5FUの量は少なかった。この差異は，GCMCによる計算が平衡論に基づいていることに起因すると考えられる。実験的には，5FUよりもASCの方がγ-CD-MOFの細孔内に速度論的に多く包接される可能性があろう。一方で言い換えてみれば，GCMCシミュレーションでは，5FUとASCのγ-CD-MOFへの同時包接は平衡的には可能であることが明確に示された。つまり，実験条件を最適化することで，γ-CD-MOFに複数の薬物を包接できることが示唆された。そこで，5FUとASCの初期モル比を変えて包接実験を行った（図7）。5FU

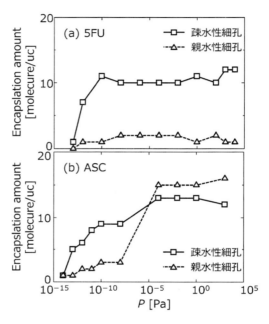

図6 γ-CD-MOFの親水性および疎水性細孔への
(a) 5FUおよび(b) ASCの包摂量

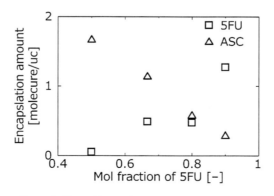

図7 異なる初期モル比での複数薬物の同時包摂実験における
γ-CD-MOFへの5FUとASCの包摂量

第23章　MOF粒子への薬物包摂機構の解明

のモル比が増えると，その包接量は増え，ASCの包接量は減った。モル比4：1のとき，5FUとASCの包接量はそれぞれ0.865，1.45 mol/molとなり，2つの薬物の実験的包接量はほぼ同等となった。適切な初期濃度比を選択することで，5FUとASCの同時封入が実験的にも実証できた。

3.3　まとめ

　γ-CD-MOFの複数薬物キャリアとしての適用性を実験的・分子シミュレーション的に評価した。実験結果とシミュレーション結果を比較したところ，薬物の親水性と疎水性に応じて，薬物が封入された細孔に違いがあることが明らかになった。さらに，γ-CD-MOFへの複数薬物の包接が可能であることを実験的にも分子シミュレーション的にも実証した。γ-CD-MOFへの複数薬物包摂は，薬物の親疎水性と，γ-CD-MOFの親水性および疎水性の孔の存在に起因する。また，これらの結果は分子シミュレーションにより予測されたものであり，γ-CD-MOFにおけるGCMCの薬物封入能力を評価することの重要性を示唆している。

4　おわりに

　本章では，MOFのDDSへの応用に向けた基礎的検討に関する実例を紹介した。MOFへの液相薬物吸着における溶媒の重要性，および両親媒性MOFへの複数薬物包摂について，それぞれ概要を述べている。なお著者らは，MOFの医薬品分野への応用に向けて，難水溶性薬物の可溶化[3, 4]や薬物放出能のpH依存性[5]についても報告している。今後は，溶媒の影響を考慮した分子シミュレーションモデルの開発や，溶媒のみによらないMOFへの薬物包摂能の向上について検討を進める。さらに，種々のMOFや薬物に対する検討を推し進めることで，ある薬物に対するあるMOFといったケーススタディに留まらない，MOFへの薬物包摂メカニズムの解明に向けた検討を行う必要があろう。

文　　　献

1)　K. Ohshima *et al.*, *Langmuir*, Published online, DOI: 10.1021/acs.langmuir.4c04896
2)　A. Ohashi *et al.*, *International Journal of Pharmaceutics*, **670**, 125104（2025）
3)　S. Ohsaki *et al.*, *Journal of Drug Delivery Science and Technology*, **63**, 102490（2021）
4)　K. Ohshima *et al.*, *Chemical and Pharmaceutical Bulletin*, **70**（5），383–390（2022）
5)　K. Akagi *et al.*, *Inorganica Chimica Acta*, **542**, 121143（2022）

第24章　MOF を利用した機能性高分子の創製

植村卓史[*]

1　はじめに

　一般的に，高分子材料を合成する際には，フラスコや反応釜といったマクロスケールの容器を用いるため，得られる高分子鎖は必然的に絡み合い，その一次構造を制御することも困難である。もし，目的とする高分子鎖に見合ったスケールの空間を反応容器として用いることができれば，モノマーの配向，位置，距離，電子状態などを巧に制御しながら重合できるかもしれない。すなわち，反応容器自体が重合反応に大きな影響を及ぼすことが期待され，得られる高分子の一次構造や集積状態を精密に制御することができる。本節では，金属イオンと有機配位子との自己集合で得られる多孔性金属錯体（MOF）のナノ細孔を反応容器と見立て，通常法では達成できない高分子材料の合成や，高分子集積体の精密構築が可能になることを紹介する[1~4]。

2　重合反応場としての MOF の設計

　金属イオンと有機配位子との自己集合により，ナノサイズ（0.4~3 nm）の規則的な空間を有する MOF が合成できる[5~7]。この物質群においては，金属イオンと配位子との組み合わせが原理的に無数に存在することから，細孔構造の設計に関して無限の可能性を有する。使用するビルディングブロックを決定すれば，その配位子の誘導体を用いることで，空間のサイズ制御や官能基の導入が可能になる。またビルディングブロックの電子構造をチューニングすれば，単なる空間構造のみならず電子物性，化学反応性の付与も可能になる。その上，骨格構造が超分子構造によって構築されるため，種々の外部刺激（光，熱，電場，磁場，ゲスト分子など）によって，空間構造を動的に変化させることもできる。つまり，金属イオンと配位子の組み合わせを適切に考慮することで，自分の欲しい空間構造や機能をテーラーメイド創製できるという有用性がある。高分子の観点からみると，MOF の細孔は一般的な高分子の鎖がちょうど一本程度で入る大きさであり，このような機能性細孔を重合反応場として用いれば，空間構造が重合反応に大きな影響を与えることは間違いない[1~4]。以下，MOF 空間の特徴から，重合反応場としてどのような効果が期待されるのかを示す。

　＊　Takashi UEMURA　東京大学　大学院工学系研究科　応用化学専攻　教授

第24章　MOFを利用した機能性高分子の創製

2.1　高い規則性

金属イオンと有機配位子との配位結合により合成される過程において，溶液内での自己集合・自己組織化が何度も繰り返されることで，高い結晶性を有するMOFが生み出される。これにより，MOF粒子中では細孔サイズや形状が均一な規則性空間が構築される。このような空間内にモノマー分子を導入すると，通常のバルクや溶液中とは異なり，モノマーの位置や向きが規則的に配列した特異な状態を作り出すことができる。モノマーの配列が規制されることで，生成高分子の構造にも規則性を付与することが期待でき，ランダムなアモルファス状態を示す一般的な高分子材料とは一線を画する材料となる。また，空間の次元性も規制できることから，細孔内で高分子鎖の配向構造は完璧に制御できる。一般的にMOFはキレート溶液などで処理することで，容易に構造を壊すことができ，高分子鎖の配向状態が保たれた機能性材料も構築できる。

2.2　細孔サイズ・形状の設計性

MOFの配位子を設計することで細孔のサイズや形状の制御が可能になる。これにより，導入モノマーの配列状態のチューニングや高分子成長過程における反応の方向性などを制御できる。細孔サイズは導入モノマーの運動性に直接関わってくるところであり，サイズが小さくなれば，細孔壁との相互作用が強くなり，モノマーの運動性（≒反応性）は下がる。しかし，モノマーの配向や反応の選択性は厳密に制御できる方向に進むので，これらのバランスを上手く取ることが望まれる。細孔形状に関しても，モノマーの位置や反応方向を規制する重要なファクターとなる。例えば，不斉配位子を用いることなどで，キラルな環境を作り出すことができ，このようなキラル細孔内で重合を行うことで，不斉選択重合やらせん高分子の合成もできる[8]。

2.3　活性サイト・相互作用サイトの導入

MOFの骨格は遷移金属イオンで構成されているものが多く，フレームワーク内の金属イオンサイトを活用することで，様々な重合反応を進行させることができる。この際，配位不飽和な金属イオンサイトを構築することが重要で，モノマーと相互作用させることで，配位重合，酸化重合などを効果的に触媒することができる。また，配位子の方にも水素結合サイトや反応サイトを付与することができるので，これにより，モノマーの配向や序列の制御，および高分子架橋の制御などが可能になる。ナノチャネル内に周期的にこのようなサイトを導入することで，得られる高分子の立体規則性やシークエンス，架橋規則性の制御を達成できる。

2.4　動的特性

MOFは非共有型の配位結合により骨格が構築されており，ゼオライトや活性炭では示さないような動的細孔挙動を示す場合がある[6,9]。この特性を利用すれば，モノマーの特異的な認識や配向が可能になり，精密構造制御が可能な重合系に発展する可能性がある。また，重合途中に様々な物理的外部刺激を与えることで，空間の構造を変化させ，生成高分子の分子量制御やブ

ロック共重合体の合成などが達成できる。重合後に MOF 構造を変化させることで，高分子の取り出しが容易に行えることも期待でき，リサイクル可能な重合制御場としての利用も視野に入る。

3 MOF を使った重合制御

重合反応場として用いる MOF のナノ空間構造（サイズ，形状，表面機能性など）を設計することで，その空間情報に応じた高分子材料を効率よく得るシステムが構築できる。以下，MOF を足場とした高分子の一次構造から高次構造の制御に関して，詳細に述べる。

3.1 反応性・分子量制御

一次元チャネルを有する $[M_2(L)_2(ted)]_n$（M = Cu^{2+} or Zn^{2+}，L = テレフタル酸系ジカルボキシレート，ted = triethylenediamine）の細孔中で種々のビニルモノマーのラジカル重合が行われた（図1）[10〜12]。本 MOF 内にスチレンやメタクリル酸メチルなどのビニルモノマーを導入後，ラジカル開始剤とともに加熱することで重合を進行させる。重合途中の，成長ラジカルの様子を ESR 測定により観測すると，通常のバルクや溶液中での重合に比べて，成長ラジカルがはるかに高濃度，長寿命であることが明らかになった[10,11]。得られた高分子の分子量を測定すると，数万程度の高分子量体であることが分かり，分子量分布が通常法で得られたものに比べて狭くなった。これは，ナノ細孔中の成長ラジカルが単分子鎖の状態で保護され，成長反応以外の副反応が抑制されたため，ナノ細孔中での重合反応がリビング重合的に進行したことを示している。この考えを使うことで，ラジカル重合性が極めて低いモノマーも MOF 空間内で重合が可能になる。例えば，2,3-ジメチル-1,3-ブタジエンはその高い立体障害のため，バルク重合ではほとんど重合生成物を与えないが（転化率 = 6%），MOF のナノ空間内では 60% 以上の転化率で高分子を与えることがわかった[13]。

MOF の空間内で可逆的付加-開裂連鎖移動（reversible addition-fragmentation chain transfer：

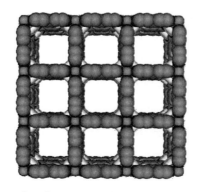

図1 $[Cu_2(terephthalate)_2(ted)]_n$ の結晶構造

第24章　MOFを利用した機能性高分子の創製

RAFT）型のラジカル重合を行うことで，より精密な分子量制御ができることも報告された[14]。MOF中の金属を使うことで原子移動ラジカル重合（atom transfer radical polymerization：ATRP）を行うことも可能になってきており，触媒回収可能な精密重合系の展開も始まっている[15]。最近では，モノマーをMOF細孔内に固定化することで，逐次重合おいても溶液中の重合とは異なり，分子量の制御などが可能であることが分かってきた[16]。

　MOFの細孔表面は様々な有機官能基で修飾することが可能であり，このような表面官能基とゲスト分子（ガスや溶媒）との間で相互作用が働くことで，ゲスト選択的な吸着挙動が観測される。例えば，細孔表面にカルボキシレート基が突き出した構造を持つピラードレイヤー型MOFは，アセチレンの末端水素と水素結合することで，細孔内に高密度でアセチレンを充填できることが報告されている[17]。このような細孔内に，電子受容性基が結合した一置換型酸性アセチレン（メチルプロピオレートやエチニルピリジンなど）を導入すると，自発的に重合反応が進行することがわかった[18]。この系では，二置換アセチレンや酸性度の低い一置換アセチレンでは重合が進行しなかったことから，吸着モノマーと細孔表面との強い水素結合により生じる活性アセチリドが開始剤となり，重合が進行することが示唆された。

3.2　立体規則性制御

　MOFのナノ空間内で得られたビニル高分子の立体規則性の変化についても検討された[11, 12, 19]。その結果，通常のバルクや溶液重合とは立体規則性が異なる高分子が得られることがわかった。配位子を変えることでMOFの細孔サイズを小さくすると，側鎖が同じ方向に突き出したm構造の割合が増えていくということが確認された[11]。これは狭い細孔内では，立体的に嵩高いr構造を取ることが難しく，構造的に小さいm構造を取りやすくなるためと説明できる。また，配位子に種々の置換基を導入することでMOF細孔の形状を制御することや[12]，不飽和金属イオンサイトを用いて空間内でモノマーの配向を規制することでも[19]，得られる高分子の立体規則性に大きな影響を及ぼすことがわかった。これにより，ラジカル重合では難しいm構造が豊富なポリメタクリル酸メチルやポリ酢酸ビニルの合成にも成功した。最近では，MOF空間内での重合に前述のRAFTやATRPと組み合わせることで，分子量，立体規則性，末端構造をマルチに制御することも可能になっている[14, 20]。

　ビニル高分子以外の系でも，立体規則性の制御が可能になる。例えば，配位不飽和サイトを重合触媒サイトとして機能させ，Coで置換したサイトを有するMOFを使うことで，ブタジエン系モノマーの高立体特異的重合が達成された[21]。前述の置換アセチレンモノマーの重合系に関しても，MOFの狭い一次元空間で重合が進行するため，トランス付加が優先されたポリ置換アセチレンが生成することがわかった[18]。

3.3　共重合におけるシークエンス制御

　数種類のモノマー混合物のラジカル重合においては，ほとんどの場合，モノマー同士がランダ

249

ムに重合し，定序性を持たない共重合体を生成する。これに対し，MOFの細孔で共重合を行うと，通常のバルクや溶液重合と比べ，モノマーの反応性が変化することが明らかとなった[22]。最近では，モノマーをMOFの骨格内に配位結合や共有結合で固定化することで，得られる共重合体の組成が大幅に変化することも見出された[23,24]。5-ビニルイソフタル酸（S）と銅イオンを混合することで，モノマーとなるSユニット間距離が0.68 nmの完全な周期性を持ったMOFが合成できる。このMOFの一次元空間にアクリロニトリル（A）を導入後，ホスト-ゲスト間で共重合を行い，MOF除去後に得られた高分子を解析すると，AAAS構造が繰り返しユニットとなった高分子が合成できることが示された（図2）。これはMOFの一次元空間にSを周期配置することで，その間にAモノマーがちょうど3つ入り重合していることを示唆しており，MOFの周期性を高分子に転写できる興味深い系として報告された[24]。

3.4 反応サイト制御

複数の反応サイトを有するジビニルベンゼン（DVB）はラジカル重合において架橋剤として用いられ，不溶性架橋高分子やゲル材料を合成する際に重要な役割を演じる。このモノマーを $[M_2(tp)_2(ted)]_n$（tp = terephthalate）の一次元ナノ細孔中で重合を行った[25]。すると，$M = Zn^{2+}$ のナノチャネル中ではDVBの重合が高効率で進行し，可溶性の高分子が得られることがわかった。種々のスペクトル測定からDVBの片方のビニル基だけが選択的に重合し，直鎖状の高分子が得られたということがわかった（図3）。一方，同じ細孔サイズを有する $M = Cu^{2+}$ の細孔中で

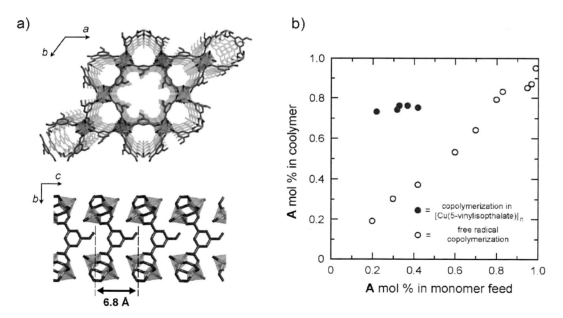

図2 a) [Cu(5-vinylisophthalate)]$_n$ のナノ細孔構造，b) アクリロニトリル（A）との共重合曲線
溶液中でのフリーラジカル重合と異なり，生成高分子におけるAの割合が75%で一定。

第24章　MOFを利用した機能性高分子の創製

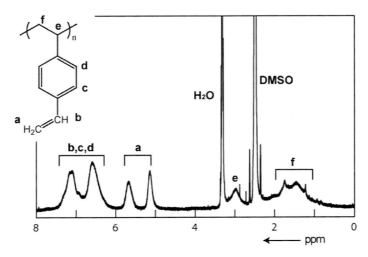

図3　[Zn₂(terephthalate)₂(ted)]ₙの細孔内でDVBを重合することで得られた高分子の¹H NMRスペクトル

は全く重合反応は進行しなかった。この重合反応性の違いは錯体の骨格柔軟性に起因することがわかり，XRPD測定から亜鉛系錯体の細孔構造は動的に変化し，細孔内で重合可能なDVBの近接配置ができることがわかった。DVBの二つのビニル基の反応性は全く等価であり，片方だけを選択して重合することは不可能であったが，MOFのナノ空間を反応場にすることで初めてサイト選択的に重合を進行させることが示された。同様の考えのもと，ブタジエン系モノマーや1,6-ジエンモノマーの重合反応をMOFの空間内で行うと，架橋反応は起こらず，リニアな高分子のみが得られることが分かり，複数官能基化モノマーの制御重合に極めて有効な手法となることがわかってきた[13,26]。

グラフェンナノリボン（GNR）は，高い電子移動度や局在スピンの存在など，特異な光電子物性を有するため，次世代電子デバイスへの応用が期待されている。GNRはリボン幅やエッジ構造によって物性が大きく変化するため，その構造制御を目指し，有機合成法や金属基板表面を駆使した手法が開発されてきたが，効率よく望みの構造のGNRを得る手法は無かった。このような背景のもと，MOFの一次元ナノ細孔にペリレンのような芳香族炭化水素を配列させることで，脱水素重合における反応位置を制御し，エッジと幅が原子レベルで精密に制御されたアームチェア型GNRが合成された[27]。この手法をベースにグラフェンを最も細くリボン状に切り出したポリアセンの合成が試みられた。ベンゼン環が直線状に縮環したアセン類は環数が増えるに従って，優れた光電子物性を示すことが予想されているが，当時までの方法ではベンゼン環12個を繋げるのが限界であった。MOFの一次元空間で前駆体高分子を制御合成した後，熱変換を施すことで，長いものではベンゼン環が数十個以上繋がったポリアセンの合成が報告された（図4)[28]。

金属有機構造体（MOF）研究の動向と用途展開

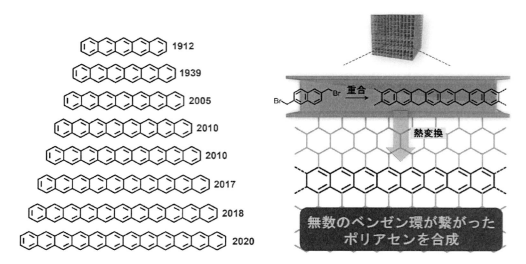

図4　アセン合成の歴史とMOFを用いたポリアセン合成

3.5　高分子鎖の集積・配向・相溶化制御

　MOFのナノ細孔内で合成された高分子は，結晶性の空間内で完璧に配向方向が規制された状態で存在する。もし，その状態を保ったままMOFの鋳型を取り除くことができれば，MOFのチャネルの次元性に応じて，高分子の集積構造を制御することが可能である。実際，一次元細孔性MOFの中で合成されたポリチオフェンをMOFから単離すると，ロッド状粒子の軸方向に鎖が高配向した状態で得られ，その電気伝導性は溶液中で作製されたポリチオフェンに比べ1000倍程度も高くなることが示された[29]。このような配向構造は，剛直な共役系高分子に対しては有効だが，柔軟なビニル高分子の制御には不向きである。そこで，MOFの一次元ナノ細孔内で高分子の合成と架橋を同時に行い，反応後にホストを除去することで，一本一本の高分子鎖が同じ方向に整列した新しい高分子材料が開発された（図5）[30]。ジビニル型テレフタレートを$[Cu_2(tp)_2(ted)]_n$骨格に一部組み込み，導入されたビニルモノマーとMOFとの間で架橋重合後，ホストMOFの除去を行う。単離した高分子のXRPD測定を行ったところ，高分子鎖のパッキングに由来する回折ピークが確認された。そこで，高分解能TEM測定を行うと，高分子の鎖が一次元的に整列している像が確認された。このような配向状態は高分子鎖同士が架橋されているために安定で，有機溶媒処理や高温処理しても，その配向構造が保たれる。また，ここで得られた高分子の比重測定を行うと，通常のバルク状態に比べて高い値を示し，高分子鎖が密にパッキングしていることが示された。つまり，この手法により，単なる汎用プラスチック材料が，耐溶剤・耐熱性を備えた高強度エンジニアリングプラスチックとして生まれ変わる可能性がある。

　僅か1分子の厚みしかない高分子薄膜は，その超異方的なトポロジーに由来する特異な熱的，電子的，力学的特性等が発現すると予想されている。しかし，このような究極の薄膜を得るには，基板表面を使った重合や層状高分子結晶の剥離法などを利用するしかなく，非常に特殊なモノ

第24章 MOFを利用した機能性高分子の創製

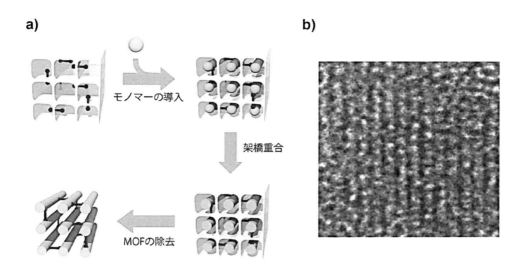

図5 a) MOFとの架橋重合による高分子配向制御のイメージ図，b) 高配向型ポリスチレンのTEM画像

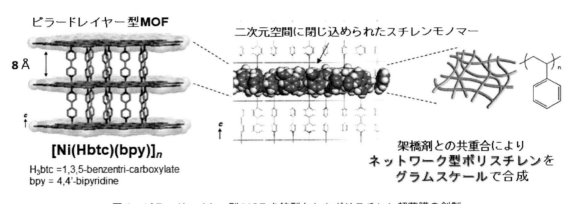

図6 ピラードレイヤー型MOFを鋳型としたポリスチレン超薄膜の創製

マーを使う上，生成量が極めて少ないという難点があった。二次元状の空間構造を有するピラードレイヤー型MOFを鋳型とし，スチレンやメタクリル酸メチルなどの汎用ビニルモノマーをその内部空間で重合・架橋することで，これまでで最も薄いビニル高分子薄膜が合成された（図6)[31]。得られた単一分子層高分子は架橋構造をしているにもかかわらず，種々の溶媒に可溶化することがわかった。また，従来のビニル高分子と比べて弾性率が極めて低く，柔軟性が大幅に向上することも明らかになった。これは，一般的なビニル高分子がひも状構造で互いに絡み合うのに対して，本高分子薄膜は，高分子鎖同士が絡み合えない特異なトポロジー効果に起因するためである。最近では，MOFの一次元細孔内で二本のビニル高分子鎖を架橋させることで，束状に結びついた二重鎖高分子を合成できており，上述のリニア高分子や二次元高分子とは異なるレオロジーを示すことがわかった[32]。

金属有機構造体（MOF）研究の動向と用途展開

　機能性ゲルや吸着材料創製のために，高分子のネットワーク構造を制御することは重要であるが，通常の溶液中で行う重合反応では，架橋点はランダムに形成されその制御を行うことが難しい。三次元的に連結された細孔を有するMOFを鋳型とすることで，様々な高分子ネットワーク構造の制御が可能になる。例えば，[Cu$_3$(btc)$_2$]（btc = benzene-1,3,5-tricarboxylate）の三次元チャネル内で糖鎖の合成を行うと，メソ孔を有する高分子微粒子を合成することができ，ドラッグやペプチド分子を効果的に取り込むことがわかった[33]。このような材料はドラッグデリバリーシステムなどのバイオ応用が可能な系に発展するとして期待がされている。MOFの配位子に反応点を付与することで，モノマーを導入後にホスト・ゲスト間で重合を行い，架橋構造の精密制御を行う研究も実践されている。例えばアジド基を二つ有する配位子により形成されたMOFの空孔に四官能性アルキンを導入後，クリック反応することで効率よく重合が進行する。MOF中の金属を除去すると，元々のMOF粒子を反映した高分子が得られ，溶媒に浸すことでその形状を保ったまま等方的に膨潤するゲルが得られた[34]。最近では，ピラードレイヤー型のMOFを鋳型とすることで，異方的な膨潤挙動を示すゲルの構築にも成功している[35]。

　異種の高分子材料を相溶化することができれば，高分子の持つ機能を自在にチューニングでき，単一高分子では得られない新しい性能を生み出すこともできる。しかし，ほとんどの組み合わせの高分子は相溶化せず，相分離を引き起こしてしまう。MOFの細孔内に異種高分子を取り込み，その鋳型を除去するという非平衡的なアプローチにより，種々の非相溶性高分子を分子レベルで混合できることが実証された（図7）[36]。

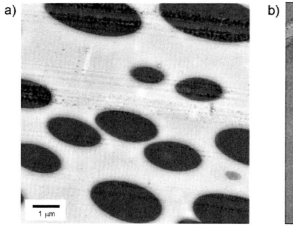 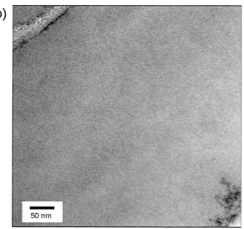

図7　ポリスチレンとポリメタクリル酸メチルとのブレンド体のTEM画像
　　a) クロロホルム溶液からのキャスト．
　　b) MOFを鋳型として合成（RuO$_4$によりポリスチレンドメインを染色）．

第24章　MOF を利用した機能性高分子の創製

4　おわりに

　MOF の設計可能なナノ細孔を重合反応場として用いることで，従来法では困難，あるいは不可能な高分子を合成でき，高分子構造の精密制御が可能になる。MOF は高分子の合成制御場としてだけではなく，細孔内に高分子鎖を精密に配列することで，特異な機能を発現するナノ複合材料としても期待できる[37,38]。高分子と MOF との組み合わせは無限に存在することから，今後も多くの学問分野や産業などに大きなインパクトを与える領域になると期待される。

文　　献

1)　T. Uemura *et al.*, "Synthesis of Polymers : New Structures and Methods", p.1011, Wiley-VCH, Weinheim (2012)
2)　T. Uemura *et al.*, *Chem. Asian J.*, **1**, 36 (2006)
3)　T. Uemura *et al.*, *Chem. Soc. Rev.*, **38**, 1228 (2009)
4)　S. Mochizuki *et al.*, *Chem. Commun.*, **54**, 11843 (2018)
5)　H. Furukawa *et al.*, *Science*, **341**, 1230444 (2013)
6)　G. Férey *et al.*, *Chem. Soc. Rev.*, **38**, 138 (2009)
7)　J.-R. Li, *et al.*, *Chem. Rev.*, **112**, 869 (2012)
8)　T. Kitao *et al.*, *J. Am. Chem. Soc.*, **141**, 19565 (2019)
9)　S. Kitagawa *et al.*, *Chem. Soc. Rev.*, **34**, 109 (2005)
10)　T. Uemura *et al.*, *Chem. Commun.*, 5968 (2005)
11)　T. Uemura *et al.*, *Macromolecules*, **41**, 87 (2008)
12)　T. Uemura *et al.*, *J. Am. Chem. Soc.*, **132**, 4917, (2010)
13)　T. Uemura *et al.*, *Chem. Commun.*, **51**, 9892 (2015)
14)　J. Hwang *et al.*, *Polym. Chem.*, **8**, 6204 (2017)
15)　H.-C. Lee *et al.*, *Polym. Chem.*, **7**, 7199 (2016)
16)　S. Anan *et al.*, *Angew. Chem. Int. Ed.*, **58**, 8018 (2019)
17)　R. Matsuda *et al.*, *Nature*, **436**, 238 (2005)
18)　T. Uemura *et al.*, *Angew. Chem. Int. Ed.*, **45**, 4112 (2006)
19)　T. Uemura *et al.*, *Macromolecules*, **44**, 2693 (2011)
20)　H.-C. Lee *et al.*, *Chem. Mater.*, **30**, 2983 (2018)
21)　R. J. C. Dubey *et al.*, *J. Am. Chem. Soc.*, **139**, 12664 (2017)
22)　T. Uemura *et al.*, *Chem. Lett.*, **37**, 616 (2008)
23)　T. Uemura *et al.*, *ACS Macro Lett.*, **4**, 788 (2015)
24)　S. Mochizuki *et al.*, *Nat. Commun.*, **9**, 329 (2018)
25)　T. Uemura *et al.*, *Angew. Chem. Int. Ed.*, **46**, 4987 (2007)

255

金属有機構造体（MOF）研究の動向と用途展開

26) T. Uemura *et al., Macromolecules,* **7**, 7321 (2014)
27) T. Kitao *et al., J. Am. Chem. Soc.,* **142**, 5509 (2020)
28) T. Kitao *et al., Nat. Synth.,* **2**, 848 (2023)
29) T. Kitao, *et al., Polym. Chem.,* **8**, 5077 (2017)
30) G. Distefano *et al., Nat. Chem.,* **5**, 335 (2013)
31) N. Hosono *et al., Nat. Commun.,* **11**, 3573 (2020)
32) M. Abe *et al., J. Am. Chem. Soc.,* **145**, 2448 (2023)
33) Y. Kobayashi *et al., ACS Appl. Mater. Interface,* **9**, 11373 (2017)
34) T. Ishiwata *et al., J. Am. Chem. Soc.,* **135**, 5427 (2013)
35) T. Ishiwata *et al., Angew. Chem. Int. Ed.,* **56**, 2608 (2017)
36) T. Uemura *et al., Nat. Commun.,* **6**, 7473 (2015)
37) T. Kitao *et al., Chem. Soc. Rev.,* **46**, 3108 (2017)
38) A. Nishijima *et al., Coord. Chem. Rev.,* **466**, 214601 (2022)

第25章　MOFによる高分子の構造認識および分離

細野暢彦[*]

1　はじめに

　高分子は複数の小分子が結合し連なることで形成される巨大分子である。高分子化合物の化学は1920年のStaudingerによる鎖状構造説の発表に端を発すると言われ，2020年には誕生から100年を迎えた[1,2]。その間，合成（重合）法や構造制御法に数々の目覚ましい発見があり，種類や構造のバリエーションも増え，現在では材料としてだけでなく，食品や医薬品等の原料としても我々の生活に欠かせない物質群となっている。もちろん，合成の上では目的の構造を持つ高分子を純度よく得ることが理想的である。しかし，一般的な高分子生成反応では構造がわずかに異なる副生成物が数多く生じるため，構造が完全に整った高分子を高純度に得ることは難しい。一方で，高分子の分離や精製技術に関する状況は長い間変化がなく，この100年間で開発された実用的高分子分離法は極めて限定的である。現在主流の高分子分離法は，分子サイズの違いや極性の違い，溶解度の違いといった高分子全体の性質の違いを利用したものに限られており，巨大な高分子化合物の構造を分子レベルで識別し分離することは原理的に困難である。結果として多くの高分子化合物は，分子量だけでなく末端基構造や立体規則性，結合欠陥，モノマー配列，分子形状等，その構造的特徴の多くが完全に整っていない状態で，混合物として用いられることが常である。

　高分子化合物には，小分子化合物の分離精製に汎用的に用いられる蒸留，昇華，再結晶といった方法が適用できない。さらには，小分子化合物の分離では既に多くの成功を収めているホスト-ゲスト系による分子認識法も，高分子を前にしては有効な方法が見出されていなかった。これは高分子がもつ巨大な分子サイズと鎖状構造による絡み合いや分子形態（コンフォメーション）の多様性に起因している。一方で，生体システムは実にエレガントな方法で本問題を解決している。例えばタンパク質の生合成では，リボソーム内のナノサイズのチャネルにmRNAが捕捉され，そこで塩基（モノマー）配列として刻まれた遺伝情報が精密に認識される。高分子を一本鎖の状態でナノチャネル内に捕捉することで，単分子レベルの違いさえも検出する卓越した構造認識を実現させている。このメカニズムにおける重要なエッセンスは，巨大な高分子鎖であっても一本鎖として制限空間へ捕捉すれば，精緻な構造認識，ひいては精密な分離も可能であるということである。筆者らはこのアプローチに学んだ究極的な高分子の構造認識および分離技術の開発を目指し，人工の多孔性結晶である金属有機構造体（Metal-Organic Framework：MOF）を用いた

---

[*]　Nobuhiko HOSONO　東京大学　大学院工学系研究科　応用化学専攻　准教授

研究に取り組んでいる[3,4]。

MOFは，その極めて高い構造設計性から，既に10万種に近い種が合成・報告されており[5,6]，ガス分離や貯蔵剤，不均一系触媒，センサー，プロトン伝導体，DDSキャリアといった様々な応用に向けた研究が行われている。最近筆者らは，MOFのナノ細孔が高分子の認識場として高いポテンシャルを持つことを発見した。適切な条件を満たすと，高分子鎖は溶液中からでも自発的にMOFのナノ細孔へ入り込み吸着される。その際，高分子鎖に存在するわずかな構造の違いが識別され，高分子の選別が起こる。この原理により，これまでに末端官能基の識別や隠れた構造異性の認識だけでなく，モノマー配列の認識やタンパク質の高次構造の認識が実現されている。また，この吸着現象を基盤とする液体クロマトグラフィー（MOFカラムクロマトグラフィー）の開発も進めており，これにより高難度の高分子分離が簡単かつグラムスケールで実施可能となる。MOFは構成要素となる金属種や有機配位子をデザインすることで細孔構造および細孔内環境を自在に調整できる。この特長により，MOFを所望の高分子に対してカスタマイズすることで戦略的に分離することができる。本章では，MOFを用いた新しい高分子構造認識および分離技術について，その分離原理を解説するとともに，筆者らの最近の研究成果を紹介する。

2　MOFへの高分子の導入

2.1　ナノ細孔への高分子の導入

　一般的な高分子は長い鎖状の構造をしており，常にもつれて絡まりあったコンフォメーションをとることで形態エントロピーを最大化させている。したがって，高分子鎖が引き伸ばされ，一本鎖が入る程度の径しかないナノ細孔へ取り込まれることは通常起こり難いと予想される。しかし，このような現象も条件さえ整えば実際に生じることが幾つかの系で見出されている。例えば尿素結晶がつくる細孔[7]やシクロデキストリン（CD）[8,9]への高分子の包接は古くから知られている。2010年にMOFの一次元ナノ細孔内へポリエチレングリコール（PEG）が浸入する現象が報告された[10]。高温で溶融状態のPEGをMOF（$[Cu_2(bdc)_2(ted)]_n$, bdc = 1,4-benzenedicarboxylate, ted = triethylenediamine）と接触させることで，PEG鎖はサブナノサイズのMOFの細孔へと末端から滑り込むように浸入し，数本ずつ隔離された状態で取り込まれる（図1）。この例では無溶媒条件下でPEG融液を直接MOFへ浸透させている。後の検討から，この現象の背景にはMOF内に固定される際のエントロピー損失を補うだけのエンタルピー利得が存在し，結果的に系は自発的な発熱過程をたどることが示されている[4]。すなわち，MOFと高分子の相互作用が十分に大きい場合には，高分子鎖は自発的にコンフォメーションを変化させながらナノ細孔へ浸入することができる。なお，図1に例示した系における具体的な相互作用は，主にPEGとMOFの間のvan der Waals力と静電相互作用によるものと考えられている[11]。無論，MOFの設計次第でその他の相互作用も活用できる。構造設計性に富んだMOFを利用すれば，狙った高分子に対して細孔径や細孔壁との相互作用を戦略的に調整することができ，したがってMOFは

第25章　MOFによる高分子の構造認識および分離

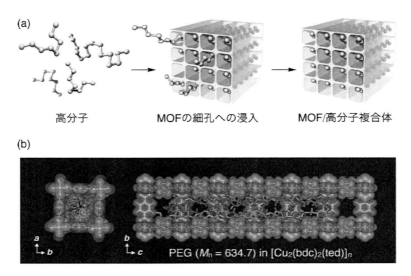

図1　MOFへの高分子の導入
(a) MOFへの高分子浸入プロセスの模式図。高分子鎖は末端からMOFの細孔へ順次浸入する。(b) 分子動力学シミュレーションによって示されたMOF（$[Cu_2(bdc)_2(ted)]_n$）内のPEG（分子量634.7）の構造。4本のPEG鎖が引き伸ばされた状態でMOFの一次元状細孔内に捕捉される。Reproduced from ref. 10 with permission from Springer Nature.

高分子の識別・分離のための格好の認識場として機能する。

2.2　溶液からのナノ細孔への高分子吸着

　溶液中から固体表面への高分子吸着現象は，産業ニーズとの強い繋がりから様々な吸着剤について研究が行われてきた。しかし，その多くは金属の開放表面やメソ～マクロポーラス材料が対象であった。一方で，1 nm以下のサブナノサイズの細孔へ高分子が吸着する現象については報告が極めて少なく，1996年のFAUおよびMFIゼオライトへのPEG吸着が先駆的な例である[12]。2005年には，同様にゼオライトへのポリエチレンおよびポリプロピレンの吸着についても報告されている[13]。しかしこれらの研究は，利用可能な高分子や吸着剤が限定的であることや分析の難しさから，その後に大きな発展を見せることはなかった。

　筆者らは2021年にMOFのサブナノ細孔へ溶液中からPEGが浸入し吸着されることを発見した[14]。図1で例示したMOFと同様の一次元細孔を有する$[Zn_2(bdc)_2(ted)]_n$（細孔径0.75 nm）および$[Zn_2(ndc)_2(ted)]_n$（ndc = 1,4-naphthalenedicarboxylate）（細孔径0.54 nm）に対して分子量2000のPEGの吸着実験を行ったところ，エタノールを溶媒に用いた場合にそれぞれ約0.5 g/g，0.4 g/gもの顕著な吸着を示した（図2）。固体二次元NMR測定等を用いた種々の解析から実際にPEGがMOF細孔内へ吸着されていることが明らかになっている[14]。観測されたPEG吸着量はそれぞれのMOFの最大吸着容量に匹敵しており，このことからPEG鎖はMOF

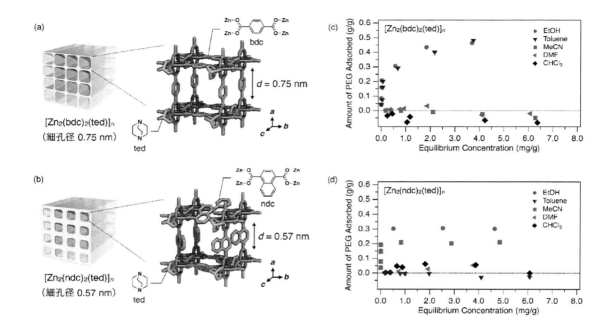

図2 溶液中からのMOFへの高分子吸着
(a) $[Zn_2(bdc)_2(ted)]_n$ および (b) $[Zn_2(ndc)_2(ted)]_n$ の構造。それぞれは同じ骨格構造を有するが細孔のサイズが異なる。(c) $[Zn_2(bdc)_2(ted)]_n$ および (d) $[Zn_2(ndc)_2(ted)]_n$ に対する PEG（分子量2000）の吸着等温線（40℃）。吸着挙動は顕著な溶媒依存性を示す。Reproduced from ref. 14 with permission from the Royal Society of Chemistry.

細孔内に予め存在する溶媒分子を押し出して浸入していることが示唆された。また，吸着量は溶媒の種類に大きく依存することも明らかとなった。前述の溶融PEGの直接導入とは異なり，溶液からのMOFへの高分子吸着では高分子の溶媒和やMOF内の溶媒分子の存在を考慮に入れる必要がある。すなわち，高分子-溶媒分子，高分子-MOF，MOF-溶媒分子の相互作用が同時に働き，これらのバランスが溶液中の吸着平衡を決定する。したがって，わずかな相互作用の違いが平衡を動かし，精密な分離が実現できる可能性がある。

MOF細孔への吸着平衡定数は高分子の分子量（長さ）に比例して大きくなることがわかっている[14]。これは一分子あたりのMOF細孔壁との相互作用面積が増加するためであると理解できる。MOFの化学構造や細孔サイズの他に，MOFへの高分子吸着を支配するもう一つ重要な因子として吸着速度（細孔内拡散速度）がある。吸着速度は分子量が大きいものほど，あるいはMOFの細孔径が小さいほど遅くなる。結果として吸着は高分子の構造およびMOFの細孔構造に大きく依存し，ひいては高分子の精密な分離を可能にする重要な因子となる。このわずかな平衡定数や吸着速度の違いをクロマトグラフィーの原理で増幅し，汎用的かつ高精度な高分子分離を実現させたのが後述のMOFカラムクロマトグラフィーである[3,4]。

第25章 MOFによる高分子の構造認識および分離

3 MOFカラムクロマトグラフィー

　MOFカラムクロマトグラフィーは，MOF粒子を固定相として用いた液体クロマトグラフィーである。MOFは分離したい化合物に応じて様々な種類を選択することができる。MOFを固定相としたクロマトグラフィーはこれまでにも多くの報告があるが，全て小分子化合物を対象としており，既存のクロマトグラフィー技術の範囲を超える成果は得られていなかった。しかし，MOFへの高分子吸着原理の発見に伴い，その用途は大きく拡大した。

　上述のPEG吸着系を例に紹介する。$[Zn_2(ndc)_2(ted)]_n$の粉末（粒径3〜10 μm）を充填したステンレスカラムを用いて，高速液体クロマトグラフ（HPLC）によりPEGを分析したところ，MOFへの吸着に基づく有意な保持時間が観測された（図3）。MOFカラム上での保持の強さはMOFへの吸着の強さに対応しており，PEGの分子量が大きくなるにつれ強くなる[14, 15]。カラムを流通する際，移動相に溶解しているPEGはMOF固定相との界面で吸着/脱着を繰り返し，その吸着平衡の偏りによって保持時間が決定する。結果，MOF細孔へ入りやすいサイズや構造を持つ分子，細孔壁と相互作用の強い分子の保持時間が長くなる。もちろん，ここには前述の溶媒（溶離液）の種類や，温度の効果も大きく関与する。$[Zn_2(ndc)_2(ted)]_n$を固定相としたPEGの分離では，吸着が比較的弱くなるDMFを溶離液として用いることで適度な保持の強さを実現できる。また，温度を上げると平衡は脱着側へ傾き，保持時間が短くなる傾向を示す[14]。すなわち，ここでの保持メカニズムは一般的な吸着モードのカラムと類似している。

　従来の一般的なクロマトグラフィーでは，固定相を頻繁に変えたり必要に応じて自ら設計したりする利用法は想定されないが，MOFカラムは固定相を積極的に設計・合成し，オンデマンド

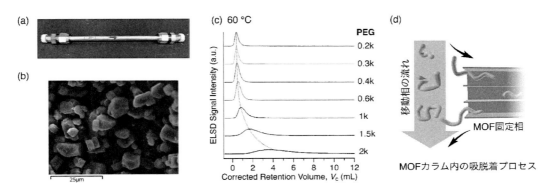

図3　MOFカラムとMOFカラムクロマトグラフィーによる分析
(a) MOF（$[Zn_2(ndc)_2(ted)]_n$）を充填したカラムの外観（内径4 mm，長さ150 mm）。(b)カラムに充填した$[Zn_2(ndc)_2(ted)]_n$微粒子の走査型電子顕微鏡像。(c) 60℃においてMOFカラムで分析したPEG（分子量200〜2000）のクロマトグラム。(d) MOF固定相界面における高分子の吸脱着プロセスの模式図。カラム内を移動する間に高分子鎖はMOF固定相との間で吸脱着を繰り返し，相互作用の強いものの保持時間が長くなる。Reproduced from ref. 14 with permission from the Royal Society of Chemistry.

金属有機構造体（MOF）研究の動向と用途展開

に目的物を分離するための戦略的ツールとなる。MOF は合成時に異なる金属種や有機配位子を混合して用いることで固溶体とすることも可能であり，細孔サイズなどの物理的特徴だけでなく，細孔内環境や相互作用の強さも微調整ができる[15]。わずかな相互作用の違いも大きな保持時間の差として取り出すことができるクロマトグラフィーのメリットと，MOF 固定相の無限の拡張性を掛け合わせることで，次世代の高分子分離技術が実現できる。

次に，実際に MOF および MOF カラムクロマトグラフィーを利用した高分子の構造認識と分離の例について紹介する。

4 高分子の構造認識と分離

4.1 末端基構造の識別

末端のみに特殊な官能基を有する高分子は，ゲルやエラストマーの原料からタンパク質の修飾剤に至るまで，幅広い分野で利用されている重要な化合物である。しかし，高分子末端の化学修飾は一般に反応率が低く，合成過程で未修飾の高分子が不純物として混入してしまうため，これを除去する必要がある。高分子の末端は一本の高分子鎖に二箇所しか存在せず，鎖長が長くなるほどその化学的・物理的影響も小さくなるため，既存の技術では末端基に存在する小さな構造の違いを見極めて分離することは原理的に困難となる。このような背景の中，2018 年に前述の無溶媒条件における MOF への直接導入法により高分子の末端官能基が識別できることが示された[16]。嵩高いトリチル基を末端に有する PEG は細孔径 0.57 nm の $[Zn_2(ndc)_2(ted)]_n$ へ浸入できないのに対し，水酸基末端の PEG は容易に浸入し吸着される。結果として，両 PEG を分離することが可能になる。

2020 年に筆者らは，この MOF への高分子浸入速度が末端官能基のわずかな構造の差異にも大きく依存することを見出した（図4）[17]。PEG 鎖は MOF の表面から細孔内へ浸入する際，必ず末端から浸入する。したがって，その時の入りやすさが細孔内への拡散の律速となり，結果として大きな浸入速度の差に繋がると考えている。続いて筆者らはその効果を MOF カラムクロマトグラフィーによって大きく増幅させることに成功し，これが MOF カラムによる高分子分離技術の最初の例となった[17]。前述の $[Zn_2(ndc)_2(ted)]_n$ の粉末を固定相として充填したカラムを用いて種々の末端官能基を有する PEG（分子量 2000）を分析したところ，末端官能基の種類に応じて異なる保持時間が観測され，それらがクロマトグラフィーで識別・分離可能であることが示された（図4）。MOF の細孔径よりも大きなトリチル基（PEG-Tr）やピレン（PEG-Py）を末端に持つ PEG は同カラムに保持を示さない一方で，水酸基（PEG-H）やメトキシ基（PEG-Me）のような細孔径よりも小さな末端を持つ PEG は有意なカラム保持時間を示す。興味深いことに，末端官能基の置換位置のみが異なる二種のナフタレン置換 PEG（PEG-1Nph と PEG-2Nph）についても明確な保持の差が見られた。両者は全く同一の分子量（すなわち同一の分子サイズ）を有するため，例えば高分子分離で汎用的に用いられているサイズ排除クロマトグラフィー（SEC）

第 25 章　MOF による高分子の構造認識および分離

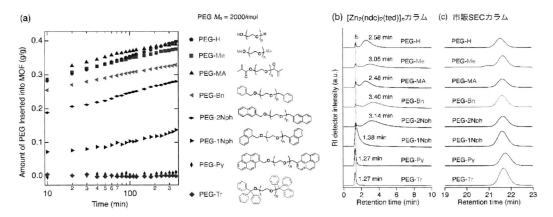

図 4　MOF による高分子の末端基構造の識別

(a) MOF（[$Zn_2(ndc)_2(ted)$]$_n$）への種々の末端修飾 PEG の浸入量の時間変化。細孔サイズよりも大きな末端基を有する PEG-Tr や PEG-Py は全く浸入しない。(b) MOF カラム（[$Zn_2(ndc)_2(ted)$]$_n$）による末端修飾 PEG の分析結果。細孔に浸入しにくい PEG は保持時間が短くなる。(c) 市販のサイズ排除クロマトグラフィー (SEC) カラムによる分析結果。SEC ではこれらの末端修飾 PEG の違いを識別するのは難しい。Reproduced with permission from ref. 17. Copyright 2020 American Chemical Society.

では分離することができない（図 4）。しかし，MOF 細孔への入りやすさという点で両者は厳密に区別され，結果として MOF カラム上では保持時間に大きな差が現れる。なお，両者の混合物からの分離も同様に可能であることが示されている[17]。

4.2　高分子の形の識別

高分子には典型的な線状以外にも様々な「形（かたち）」を持つものがある。例えば環状高分子もその一つである。環状高分子には末端が存在しないため，それに起因したユニークな物性に興味が持たれている。一般に環状高分子は線状高分子の末端を連結させ環化することで合成されるが，その反応を定量的に進行させることは難しく，生成物が常に線状と環状の混合物となってしまうという問題がある。結果として，その分離精製工程が環状高分子合成の大きな課題となっていた。線状と環状の高分子の分離にはこれまで効果的な方法が無く，両者のわずかな流体力学的サイズ（環状の方がわずかに分子の広がりが小さい）の違いや，結晶性・溶解性の違いを利用して何とか分離しているのが現状である。

2021 年に筆者らは，MOF 細孔への浸入原理を利用することで線状と環状高分子の厳密な識別が可能であることを見出した[18]。前述のとおり，線状 PEG は MOF（[$Zn_2(ndc)_2(ted)$]$_n$）の細孔へ末端から浸入できるのに対し，末端が無い環状高分子は必ず構造を歪めて二本鎖状態で入らなければならないため，余分なエネルギーを要する。結果として両者の MOF 細孔への浸入速度に決定的な差が生じ，環状 PEG はほぼ浸入することができない（図 5）。実際に，線状/環状 PEG の混合物を MOF 粉末と混合し，加熱して浸入・拡散を促すことで線状 PEG のみを選択的

金属有機構造体（MOF）研究の動向と用途展開

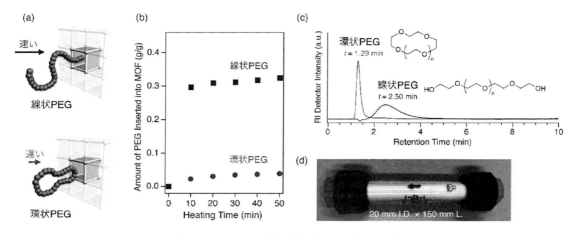

図5　MOFによる線状/環状高分子の識別と分離

(a)線状高分子と環状高分子の MOF 細孔への入り方の違い。(b) MOF（[Zn_2(ndc)$_2$(ted)]$_n$）への線状/環状 PEG の浸入量の時間変化。環状 PEG は線状 PEG に比べ著しく遅い。(c) MOF カラム（[Zn_2(ndc)$_2$(ted)]$_n$）による線状/環状 PEG（分子量 2000）の分析結果。(d) MOF（[Zn_2(ndc)$_2$(ted)]$_n$）を充填した分取用カラムの外観（内径 20 mm，長さ 150 mm）。Reproduced with permission from ref. 18. Copyright 2021 Wiley-VCH.

に吸着除去することに成功した。MOF 内の線状 PEG は，適切な溶媒を用いて MOF から脱着させ回収することができる。この吸着・回収サイクルは繰り返し行うことも可能である。

MOF カラムクロマトグラフィーを用いることで，上記のバッチ式吸着・回収プロセスも不要となり，スケーリングの幅も格段と広がる。分子量 2000 の線状 PEG と環状 PEG をそれぞれ MOF カラムで分析すると，両者には大きな保持時間の差が確認された（図5）[18]。線状 PEG は前述の通り有意な保持を示す一方，環状 PEG は細孔との相互作用が弱く，結果としてほとんど保持を示さない。MOF カラムを大きくすることで，両 PEG の混合物からそれぞれをグラムスケールで分取することも可能である。内径 20 mm，長さ 150 mm の MOF 充填カラム（図5）を用い，汎用の分取用フラッシュクロマトグラフ装置により PEG の環化反応粗生成物から環状体のみを 99％以上の純度で得ることに成功している[18]。

4.3　高分子の微細な構造変異の識別

MOF カラムクロマトグラフィーは高分子の末端官能基や形の識別だけでなく，主鎖中に存在する微細な構造変異の識別も可能であることがわかっている[19]。筆者らは，オルト（o-），メタ（m-），パラ（p-）位に二本の PEG（分子量 1000）が結合したキシレン誘導体高分子化合物（o-PEG, m-PEG, p-PEG）を用い，MOF カラムによる分離実験を行った（図6）。これらの高分子は，総分子量 2000 の PEG 主鎖中のわずか一箇所に構造異性が存在する，いわゆる高分子の異性体とも言える化合物である。通常，このような高分子構造中の微細な違いは議論されないが，それはそもそも識別や認識，分離が不可能であったことにも起因する。これらのモデル異性体高

第25章　MOFによる高分子の構造認識および分離

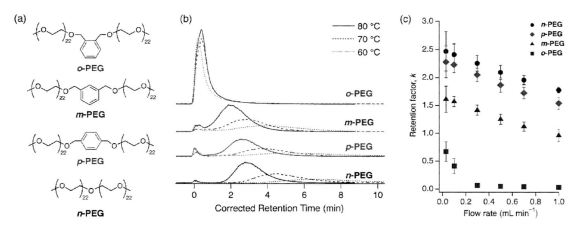

図6　MOFカラムによる主鎖中の構造変異の識別
(a)実験に用いた置換位置の異なるキシレン部位を中央に持つPEG（o-PEG, m-PEG, p-PEG）および無置換PEG（n-PEG）。(b)MOFカラム（[Zn$_2$(ndc)$_2$(ted)]$_n$）によるo-PEG, m-PEG, p-PEGおよびn-PEGの分析結果（流速：1 mL/min）。m-PEG, p-PEGおよびn-PEGは低温で保持が強くなるが、o-PEGはどの温度でも保持がみられない。(c)各PEGの保持係数（k）とカラム流速の関係。Reproduced from ref. 19 with permission from the Royal Society of Chemistry.

分子をMOF（[Zn$_2$(ndc)$_2$(ted)]）カラムで分析すると，それぞれは全く同一の分子量，化学組成を持つにもかかわらず，異なる保持時間を示すことが明らかとなった（図6）。p-PEGは無置換のPEG（n-PEG）とほぼ同じ保持時間を示したのに対し，m-PEGの保持時間はそれに比べ短く，特にo-PEGは全く保持を示さなかった。この保持強度の違いは，MOF細孔への浸入速度の違いによるものと考えている。o-PEGはキシレン部位が嵩高くなるため，細孔に入る際のエネルギー障壁が大きくなり，吸着が遅くなる。結果としてカラムを通る際に吸着平衡に達することなく，非平衡状態で溶出に至る。実際に，保持係数（k）は顕著な流速依存性を示し，流速が遅い領域ではo-PEGも保持を示すことがわかっている（図6）[19]。このように，MOFカラムでは相互作用の違いだけでなく，吸着速度の違いを利用したに非平衡プロセスによる分離も可能であることがわかってきた。

4.4　高分子のモノマー配列の識別

RNAやDNA同様，合成高分子にもモノマーの配列は存在する。しかし，合成高分子のモノマー配列を一本鎖レベルで認識する技術はまだ確立していない。NMRや質量分析法を駆使することでモノマー配列を明らかにしようとする試み（モノマーシーケンシング）は以前から続けられているが，原理的に一本鎖の情報にアクセスすることはできない。最近筆者らは，MOFを利用することで合成高分子のモノマー配列認識が可能であることを示した[20]。

これまでにMOFを利用した数々の研究が行われているが，実はMOFが本来有している金属原子や有機配位子の配列構造が機能的に利用された例は極めて少ない。これまで紹介したMOF

金属有機構造体（MOF）研究の動向と用途展開

による高分子認識についても，専ら細孔サイズによる高分子の選別が主要な認識原理となっていた。筆者らは，MOF 細孔内に周期的に配列した配位不飽和金属サイト（open metal site：OMS）を利用することで，合成高分子のモノマー配列を認識し，構造特異的な高分子の選別が可能であると考えた。

[Fe$_3$(μ_3-O)(H$_2$O)$_2$(bdc)$_3$Cl]$_n$（通称 MIL-88B）は，約 1.8 nm の直径の一次元状細孔内に Fe の OMS 配列を有する MOF である（図7）。この OMS にはピリジンやピリジン誘導体の窒素が配位することが知られており，そのような分子をゲストとして細孔内に包接する[21]。その際，結晶構造が小細孔（narrow pore：np）構造から大細孔（open pore：op）構造へと変化することが知られている。筆者らは，ポリビニルピリジン（PVP）を DMF 中で MIL-88B とともに加熱し，細孔内へ導入することを試みた。結果，MIL-88B は np 構造から op 構造へと変化し，PVP は MIL-88B の細孔内へ導入されることがわかった。その導入量は 0.5 g/g であり，これは MIL-88B の一次元状細孔あたり一本の PVP が取り込まれた時の量に対応する。また X 線光電子分光法（XPS）等を用いた種々の解析から，細孔内では PVP のビニルピリジンユニットが OMS に配位した状態で捕捉されていることも示された。すなわち本系では，高分子と MOF の間の配位相互作用が吸着の駆動力（すなわちエントロピー損失を上回るだけのエンタルピーの起原）となっている。実際，PVP と類似した構造をもつポリスチレンの導入を試みたところ，MIL-88B は全く構造を変化させず，一切導入も起こらなかった。これはポリスチレンが OMS に配位可能な構造をもたないためであると理解できる。すなわち，本 MOF は配位相互作用を介して高分子

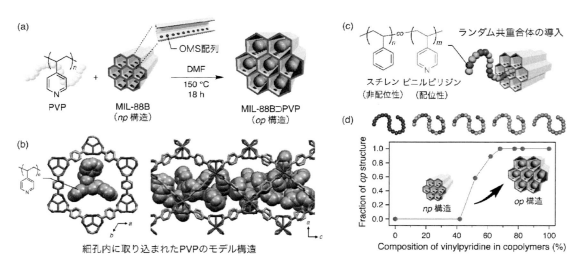

図7　MOF によるモノマー配列の識別
(a) MOF（MIL-88B）への PVP 導入プロセスの模式図。PVP が導入されると MOF は np 構造から op 構造へと変形する。(c)配位相互作用を介して MIL-88B 内に取り込まれた PVP のモデル構造。(c)スチレンとビニルピリジンからなるランダム共重合体の構造。(d)共重合体のモノマー組成と MOF 構造変化率のプロット。ビニルピリジンユニットの連続配列を認識し，組成が 50% を超える共重合体を選択的に取り込む。

第 25 章　MOF による高分子の構造認識および分離

のモノマーの種類を識別していることがわかった。

続いて，配位性のビニルピリジンモノマーと非配位性のスチレンモノマーを共重合し，両モノマーが混在した高分子（ランダム共重合体）を合成し，その導入試験を行った。両モノマーの組成を変えたいくつかのランダム共重合体について検討したところ，興味深いことに同 MOF はビニルピリジンユニットの組成が 50％以下の共重合体を全く取り込まず，それ以上の組成のものを識別して構造を変化させ，細孔内へ優先的に取り込むことが明らかとなった（図7）[20]。詳細な解析から，MIL-88B は少なくとも 3 ユニット分の配列を認識しており，ランダム共重合体中に存在するビニルピリジンユニットの連続配列が OMS の並びに対応した場合に MOF 細孔内への吸着が起こると考えられている。現在はまだ局所的なモノマー配列の認識にとどまった成果ではあるものの，MOF を利用したモノマー配列認識のメカニズムは冒頭で述べた mRNA の塩基配列認識にも類似しており，夢のモノマーシーケンシングに向けた高いポテンシャルを秘めていると考えている。

4.5　タンパク質の高次構造の識別

MOF による高分子の構造認識原理は生体高分子にも適用できる。タンパク質を主成分とするバイオ医薬品は近年開発が急速に進み，ワクチンや難病治療薬のための重要な創薬モダリティとなっている。しかし，タンパク質は極めてデリケートであり，製造工程や保存条件の変化などで容易に本来のフォールディング構造を失い，変性してしまう。したがって，変性したタンパク質を除去する技術の開発が必要とされている。最近筆者らは，MOF のナノ細孔を用いてタンパク質の折り畳み（フォールディング）構造を識別し，変性したタンパク質のみを MOF へ選択的に吸着させ除去できることを見出した（図8）[22]。

$[Cr_3(bdc)_3(H_2O)_2OF]_n$（通称，MIL-101）はカゴ状の三次元細孔を有する MOF である[23]。そ

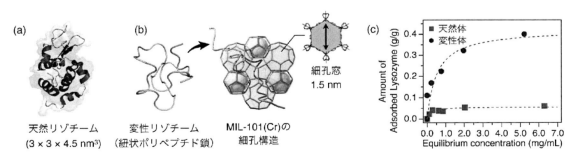

図 8　MOF によるタンパク質の高次構造の識別
(a)天然（フォールディング）状態および(b)変性（アンフォールディング）状態のリゾチームの模式図。アンフォールディングしたリゾチームのみが MOF（MIL-101）の細孔へ末端から浸入し，選択的に取り込まれる。(c)天然および変性リゾチームの吸着等温線（25℃）。Reproduced with permission from ref. 22. Copyright 2020 American Chemical Society.

のカゴ状細孔には約 1.5 nm の窓があり，その窓を介してカゴ同士が連結した構造をもつ（図 8）。筆者らは，典型的な球状タンパク質であるリゾチームを用いて MIL-101 への導入実験を行った。フォールディングした天然構造のリゾチームの寸法は約 $3 \times 3 \times 4.5$ nm^3 であり，MIL-101 への細孔内には入ることができない。一方で，一本のポリペプチド鎖へとアンフォールディングしたリゾチームは，約 1.5 nm の細孔窓を末端からくぐり抜け MOF 内部へと浸入し，強く吸着されることがわかった[22]。この原理を用いることで，天然状態と変性状態のリゾチームの混合物へ MOF を加えるだけで後者のみを除去できることを見出した。実際に変成体が 80％混入した溶液を本 MOF で処理することで，溶液の天然体純度を 99％以上にまで向上させることに成功した。ここでは MOF の内部細孔および細孔窓のサイズの選定が選択性を高めるポイントとなる。巨大な細孔サイズを有する MOF も年々報告数が増えており，最近ではタンパク質だけでなく核酸の分離にも MOF が応用され始めている[24]。構造の識別原理は極めて単純であるが，様々な生体高分子へ普遍的に利用できるアプローチであると考えている。なお，本研究で用いた MIL-101 を構成する Cr は三価であり，本 MOF の生体への毒性も低いことがわかっている[25]。

5　おわりに

　本章では MOF を用いた高分子の構造認識および新しい分離技術について，研究背景から開発の経緯，メカニズム，そして筆者らの最近の取り組みについて概説した。無論，ナノ細孔を用いた高分子の認識には必ずしも MOF が必要というわけではなく，この構造認識の原理は他の多孔性材料についても有効である。とはいえ，群を抜いて高い MOF の構造設計性は本目的において極めて強力な要素となることは明らかである。

　一方で，高分子の MOF 細孔への吸着メカニズムはまだ完全に明らかになっておらず，その解明は今後の分離対象および選択性の幅を広げる上でも喫緊の課題である。実用性の面でも課題は多く残されている。例えば MOF カラムクロマトグラフィーでは溶出ピークのブロードニングやテーリングが顕著であり，条件や固定相の最適化により分離能を上げることが当面の課題となる。また生体高分子への応用については MOF の緩衝液中における安定性や溶出金属イオンの懸念が開発のボトルネックになっている。こういった問題は MOF が配位化合物である限り避けるのは難しい。しかし MOF 以外にも目を向ければ，例えば最近急速に研究が進んでいる共有結合性有機構造体（Covalent Organic Framework：COF）や水素結合有機構造体（Hydrogen-bonded Organic Framework：HOF）等に解決策を見出すことができるはずである。これまで識別できなかった巨大な高分子の小さな構造の違いを識別できる本技術は，従来の高分子の在り方を一変させる。これら新興の多孔性材料が相補的に機能し合うことで，将来の高分子化学に大きな変革が起こると期待している。

第 25 章　MOF による高分子の構造認識および分離

謝辞

　本研究は日本学術振興会科学研究費助成事業，公益財団法人小笠原敏晶記念財団一般研究助成，東京大学克研究奨励金，UTEC-東京大学 FSI Research Grant Program の支援を受けて行われたものである。また，ここで紹介した研究成果は植村卓史教授（東京大学）をはじめ，多くの共同研究者のご協力により得られたものであり，この場で関連の皆様に深く感謝を申し上げる。

文　　　献

1) H. Staudinger, *Berichte Dtsch. Chem. Ges.*, **53**, 1073-1085（1920）
2) H. Frey, T. Johann, *Polym. Chem.*, **11**, 8-14（2020）
3) N. Hosono & T. Uemura, *Matter.*, **3**, 652-663（2020）
4) N. Hosono & T. Uemura, *Acc. Chem. Res.*, **54**, 3593-3603（2021）
5) S. Dai *et al.*, *Bull. Chem. Soc. Jpn.*, **94**, 2623-2636（2021）
6) P. Z. Moghadam *et al.*, *Chem. Mater.*, **29**, 2618-2625（2017）
7) K. D. M. Harris & P. Jonsen, *Chem. Phys. Lett.*, **154**, 593-598（1989）
8) A. Harada & M. Kamachi, *Macromolecules*, **23**, 2821-2823（1990）
9) A. Harada, J. Li, M. Kamachi *et al.*, *Nature*, **356**, 325-327（1992）
10) T. Uemura *et al.*, *Nat. Commun.*, **1**, 83（2010）
11) T. Uemura *et al.*, *J. Phys. Chem. C*, **119**, 21504-21514（2015）
12) C. Buttersack *et al.*, *Langmuir*, **12**, 3101-3106（1996）
13) X. Wang *et al.*, *Macromolecules*, **38**, 10341-10345（2005）
14) N. Oe *et al.*, *Chem. Sci.*, **12**, 12576-12586（2021）
15) K. Kioka *et al.*, *ACS Nano*, **16**, 6771-6780（2022）
16) B. Le Ouay *et al.*, *Nat. Commun.*, **9**, 3635（2018）
17) N. Mizutani *et al.*, *J. Am. Chem. Soc.*, **142**, 3701-3705（2020）
18) T. Sawayama *et al.*, *Angew. Chem. Int. Ed.*, **60**, 11830-11834（2021）
19) N. Hosono *et al.*, *Chem. Commun.*, **60**, 13690-13693（2024）
20) B. Manna *et al.*, *Chem.*, **9**, 2817-2829（2023）
21) Y.-S. Wei *et al.*, *Nat. Commun.*, **6**, 8348（2015）
22) H. Taketomi *et al.*, *J. Am. Chem. Soc.*, **146**, 16369-16374（2024）
23) G. Férey *et al.*, *Science*, **309**, 2040-2042（2005）
24) G. Hu *et al.*, *J. Am. Chem. Soc.*, **145**, 13181-13194（2023）
25) C.-H. Liu *et al.*, *Regul. Toxicol. Pharmacol.*, **107**, 104426（2019）

第26章　意図的な欠損をもたせたMOFの PFAS吸着特性

今野大輝*

1　はじめに

　有機フッ素化合物（Perfluoroalkyl substances, PFAS）は，耐熱性，耐薬品性，耐候性，撥水性，撥油性，潤滑性，絶縁性といった重要な特性をもつ有用な化学物質である（図1）。例えばこれまでに産業用途では半導体製造におけるフォトレジスト（PAG）や泡消火剤に含まれる水溶性フォーム（AFFF），民生用途では撥水撥油繊維やフライパンの表面処理剤など多岐に渡って使用されてきた[1〜3]。しかしながらPFASは化学的安定性が非常に高いことから環境中では分解されにくく，河川や地下水などに長期間残存することが確認されている[4,5]。また野生動物や人間の生体内においても高濃度で存在することが報告されており[6〜8]，発がん性や免疫力低下などの健康被害が指摘されている。このような状況を受け，現在ではPFASの一種であるペルフ

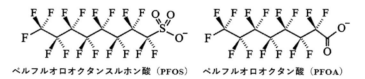

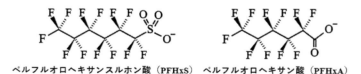

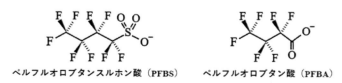

図1　有機フッ素化合物の一例

---

*　Hiroki KONNO　東邦大学　理学部　生命圏環境科学科　准教授

第 26 章　意図的な欠損をもたせた MOF の PFAS 吸着特性

ルオロオクタン酸（PFOA）及びその塩が POPs 条約の付属書 A に，ペルフルオロオクタンスルホン酸（PFOS）及びその塩が同条約付属書 B に掲載され，国際的に製造・使用・輸出入が制限または禁止されている。日本では令和 2 年 4 月より水道水質に関する基準における位置づけが「要検討項目」から「水質管理目標設定項目」に変更となり，PFOS と PFOA の合算値が 50 ng/L 以下とする暫定目標値が適応され，PFAS に対する規制が強化された。一方で，国内において PFAS の製造・使用実績がある施設周辺や PFAS を主成分とする泡消火剤を保有・使用する施設の周辺水域では，この暫定目標を超過した濃度が多く検出され，令和 4 年度に行われた環境省の調査では 1258 地点のうち 111 地点で暫定目標値を超過する地点が確認されている。現在では従来活性炭による処理が行われているものの，活性炭は PFAS に対して満足できる吸着容量や吸着速度を示さないことから[9~11]，より高効率な吸着剤の登場が期待されている。

　一方，金属と有機配位子（リンカー）の規則的な配列構造によって構成される金属有機構造体（Metal-Organic Frameworks, MOF）は，活性炭，ゼオライト，イオン交換樹脂などの従来材に代替し得る次世代の多孔性材料として注目されている[12,13]。この MOF は分子オーダーで細孔構造や物理化学的特性を設計することが可能であるため，例えばガス分離，分子貯蔵，固体触媒への応用が盛んに研究されている[14~16]。近年では液相吸着剤を想定した MOF の研究も増加傾向にあるが，その中でもジルコニウム系 MOF は化学的安定性が高く，他の MOF と比較して加水分解性も低いことから水質浄化向けの液相吸着剤としての期待が高まっている[17~20]。さらに，ジルコニウム系 MOF はその結晶中に欠損が生じても骨格構造を安定に保つことが知られており，この欠損が様々な分子に対する吸着性能に影響を与えることが明らかとなっている[21,22]。今回はジルコニウム系 MOF の中でも一般的なテレフタレート錯体である UiO-66 に焦点を当て，その PFAS 吸着作用を検証した結果と，意図的に生じさせた欠損が吸着性能に与える効果について解説する。

2　UiO-66 合成の方法

　UiO-66 は合成溶媒への添加剤の種類や量によって欠損形態や欠損量を制御できることが知られている。そこで今回は，UiO-66 結晶のソルボサーマル合成における有機溶媒（N,N- ジメチルホルムアミド）に対する塩酸添加の有無によって，リンカー欠損（Linker Defect）が支配的な UiO-66-LD と，クラスター欠損（Cluster Defect）が支配的な UiO-66-CD を合成した[23,24]（図 2）。比較として，欠損をもたない（Defect Free）UiO-66（UiO-66-DF）も既報に基づいて合成した[25]。得られた結晶試料の特性評価は，走査型顕微鏡（JSM-IT200, 日本電子），フーリエ変換赤外分光光度計（FT/IR-4600ST, 日本分光），粉末 X 線回折装置（MiniFlex 600, リガク），熱重量・示差熱同時測定装置（DTG-60H, 島津製作所），窒素ガス吸着量測定装置（BELSORP-miniX, マイクロトラックベル）を用いて実施した。

271

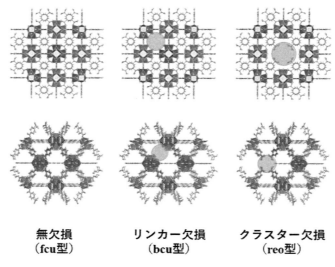

無欠損 　　　　リンカー欠損 　　　クラスター欠損
（fcu型）　　　　（bcu型）　　　　　（reo型）

図2　UiO-66の結晶構造と欠損のイメージ
（上：100面，下：110面）

3　PFAS吸着実験の方法

PFOSとPFOAに対するUiO-66の吸着特性評価は，ローテーター（ACR-100，アズワン）を用いた遠沈管によるバッチ式で行い，液体クロマトグラフィー質量分析計（LCMS-2050，島津製作所）によって吸着実験前後の水溶液濃度を測定することで吸着量を算出した。なお今回は基礎的知見の獲得を目的として，高濃度領域におけるPFAS吸着性能を評価した。具体的にはPFAS初期濃度 C_0 = 50-500 mg/L，吸着剤投入量 $M_{ads.}$ = 500.0 or 1000 mg/L，水溶液量 V = 10.0 or 100.0 mL，水溶液温度 T = 室温とした。なお任意の経過時間ごとに水溶液サンプルを回収してPFAS濃度を測定し，各吸着時間 t における吸着量 q_t を算出することで，吸着量経時変化を確認した。

4　合成したUiO-66の材料特性評価

合成したUiO-66結晶の分析結果を図3に示す。SEMによる形態観察では，合成したUiO-66の粒子形状に大きな違いはなく，塩酸を添加せずに合成したUiO-66-CDと比較して，塩酸を添加して合成したUiO-66-DFとUiO-66-LDは粒子径が若干小さい結果となった。UiO-66は合成時に塩酸を添加すると粒子径が小さくなることが報告されており[23]，今回合成した試料においても同様の結果となった。IRスペクトルでは，ジルコニウムオキソクラスターのZr-O結合に起因する吸収（476, 556, 657, 742 cm^{-1}）とテレフタル酸に起因する吸収（1391, 1588 cm^{-1}）を確認することができた[26]。X線回折パターンではいずれもUiO-66に固有のピークを示したが，UiO-

第 26 章　意図的な欠損をもたせた MOF の PFAS 吸着特性

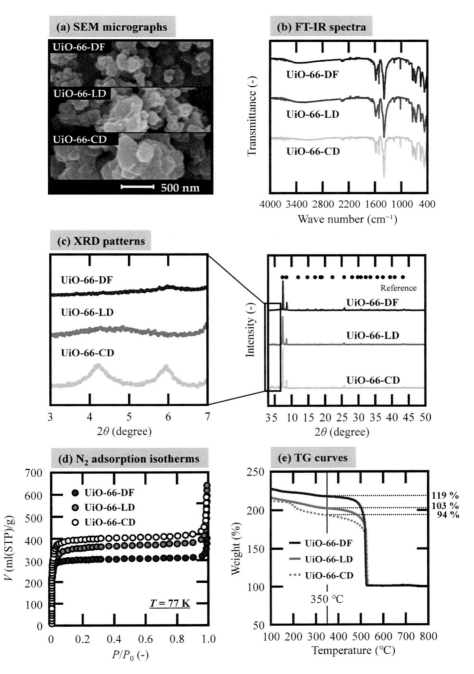

図3　UiO-66-DF，UiO-66-LD，UiO-66-CD の材料特性評価
(a) SEM 画像，(b) FT-IR スペクトル，(c) X 線回折パターン (d) N_2 吸着等温線，(e) TG 曲線

金属有機構造体（MOF）研究の動向と用途展開

66-CD ではおよそ 4° と 6° 付近に reo 型の骨格構造に由来するピークを確認された。この reo 型の UiO-66 はクラスター欠損が支配的に生じた際に発現することが知られているため[27]，クラスター欠損が支配的な UiO-66 が得られたと判断した。さらに TG 曲線より，合成した UiO-66 は高い熱安定性を示した一方で，400℃付近で始まるリンカー減少率が UiO-66-DF では119％となり，無欠損を想定した理論的なリンカーの崩壊による重量減少率（120％）と同程度になった[25]。一方で，欠損を生じさせた UiO-66-LD と UiO-66-CD ではそれぞれのリンカー減少率が103％，94％と理論値よりも低くなっていることが確認された。これは UiO-66-LD 構造中のリンカー（テレフタル酸）の量が少ないことに起因しており，リンカー欠損をもつことを裏付けている。一方で UiO-66-CD の場合は，結晶構造中のジルコニウムが不足していることに起因すると考えられ，クラスター欠損が生じていると結論付けられる。さらに N_2 吸着等温線を BET 法で解析したところ，今回合成した UiO-66-DF は $S_{BET} = 1247 \ m^2/g$ となり，欠損のない UiO-66 と同等の比表面積（$S_{BET} = 1241 \ m^2/g$）であった[24]。それに対して意図的に欠損を生じさせた UiO-66 の比表面積は，UiO-66-DF よりも高い比表面積（UiO-66-LD：$S_{BET} = 1443 \ m^2/g$, UiO-66-CD：$S_{BET} = 1595 \ m^2/g$）となり，結晶中に十分量の欠損が生じたことを示す結果が得られた（BET 比表面積は単位質量あたりの比表面積で表記されるため，単位骨格あたりの質量が欠損によって小さくなることで，見かけ上の BET 比表面積が大きくなる）[24, 25]。以上の結果から，欠損のない UiO-66-DF，リンカー欠損が支配的な UiO-66-LD，そしてクラスター欠損が支配的な UiO-66-CD を合成できたと判断し，PFOS と PFOA に対する吸着剤として使用した。

5　合成した UiO-66 の PFAS 吸着特性評価

　様々な吸着剤の PFOS と PFOA に対する吸着容量を図4と図5に示す。従来吸着剤である活性炭（上水用 A と浄水器用 B），ゼオライト（Si/Al = 39 の MFI 型と Si/Al = 5.5 の FAU 型），陰イオン交換樹脂（IRA402BLCl，オルガノ）や，無欠損の UiO-66-DF と比較すると，UiO-66-LD は PFOA に対して高い吸着容量を示し，UiO-66-CD は PFOS と PFOA の両者に対して高い吸着容量を示す結果となった。PFAS に対して多孔質固体の吸着剤が発揮する吸着作用は主に，PFAS の末端官能基（スルホ基やカルボキシ基）に対する静電的相互作用あるいは C−F 鎖に対する疎水性相互作用である。例えばリンカー欠損の場合はその欠損によって露出した Zr（正に帯電）によって静電的相互作用が働いたものの，リンカーが不足した部分では疎水性が低下しているものと推察される[28]。分子の疎水性度を示すオクタノール/水分配係数は PFOA（Log K_{ow} = 5.11）と PFOS（Log K_{ow} = 5.43）で異なることから，その結果としておそらく UiO-66-LD は PFOA に対してのみ十分な吸着作用を発揮したものと考えられる。一方でクラスター欠損の場合は，疎水性リンカーが骨格内で失われておらず，十分な疎水性相互作用が発揮されたことから，PFOS と PFOA のいずれに対しても高い吸着容量を発揮したと考えられる。

　また UiO-66-LD と UiO-66-CD の PFOS と PFOA に対する吸着量経時変化を確認し，それら

274

第 26 章　意図的な欠損をもたせた MOF の PFAS 吸着特性

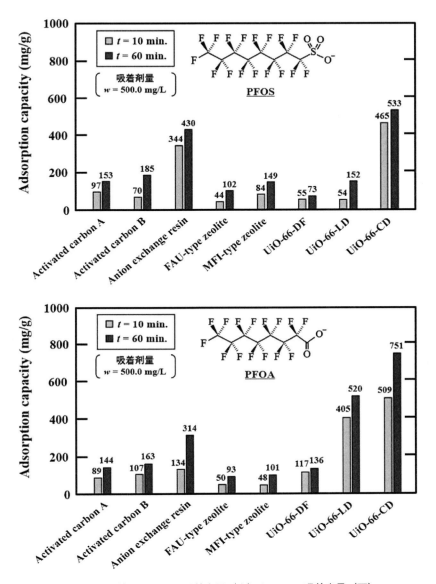

図 4　各吸着剤の PFOS 吸着容量（上）と PFOA 吸着容量（下）
実験条件：$C_0 = 500.0$ mg/L, $V = 10$ mL, $t = 10$ min., 60 min., $T =$ 室温, $w = 500.0$ mg/L

の実験データから速度解析を行った。擬二次反応モデルに適合させた結果を図 6 に，その速度解析パラメーターを表 1 に示す。PFOS と PFOA の吸着量経時変化を確認すると，UiO-66-LD と UiO-66-CD はいずれも 60〜90 分程度で吸着平衡に達していることから，欠損形態に依らず吸着速度は十分であることが確認された。また擬二次反応モデルから算出した速度定数をみても，UiO-66-LD と UiO-66-CD は同等程度であったことから欠損形態の違いが PFAS 吸着速度に及

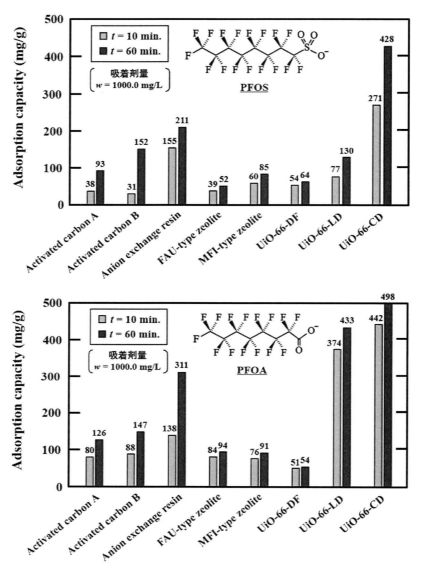

図5 各吸着剤のPFOS吸着容量(上)とPFOA吸着容量(下)
実験条件:C_0 = 500.0 mg/L, V = 10 mL, t = 10 min., 60 min., T = 室温, w = 1000.0 mg/L

ぽす影響は小さいことが明らかとなった。さらにUiO-66-LDとUiO-66-CDのPFOSとPFOAに対する吸着等温線と，その吸着等温線を元に*Langmuir*吸着モデルにフィッティングした結果を図7と表2に示す。UiO-66-LD，UiO-66-CDのPFOSとPFOAに対する吸着等温線はいずれも*Langmuir*吸着モデルに適合する結果となった。*Langmuir*吸着モデルは均一表面への単分子層吸着を想定したモデルであり[29]，UiO-66のようなミクロ孔を持つ多孔性材料の場合には細

第26章　意図的な欠損をもたせた MOF の PFAS 吸着特性

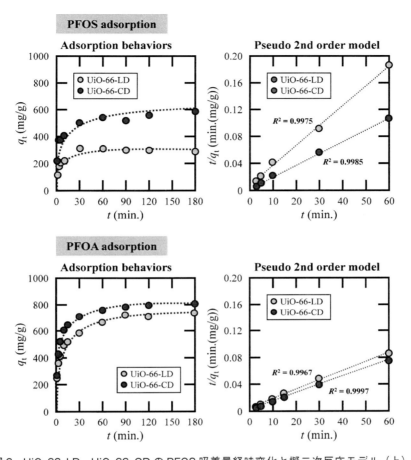

図6　UiO-66-LD, UiO-66-CD の PFOS 吸着量経時変化と擬二次反応モデル（上），および PFOA 吸着量経時変化と擬二次反応モデル（下）
実験条件：$C_0 = 500.0$ mg/L，$V = 10$ mL，$t = 10$ min., 60 min., $T = $ 室温，$w = 500.0$ mg/L

表1　UiO-66 の PFOS, PFOA 吸着経時変化から求めた擬二次反応パラメータ

吸着質	吸着剤	q_{max} (mg/g)	k_2 (g(min. mg)$^{-1}$)	R^2
PFOS	UiO-66-LD	333	10.1×10^{-4}	0.9975
	UiO-66-CD	556	7.04×10^{-4}	0.9985
PFOA	UiO-66-LD	714	3.50×10^{-4}	0.9967
	UiO-66-CD	833	4.00×10^{-4}	0.9997

孔内での多分子層吸着は起こりにくいことから，細孔内吸着が進行していると簡易的に判断することができる。したがって UiO-66 に意図的な欠損を生じさせた場合であっても，UiO-66 の細孔内を PFAS 分子の吸着サイトとして十分に活用できていることが明らかとなった。以上のことから，今回のような意図的な欠損を生じさせた UiO-66 は PFAS 吸着剤として高いポテンシャルを有することが明らかとなった。

金属有機構造体（MOF）研究の動向と用途展開

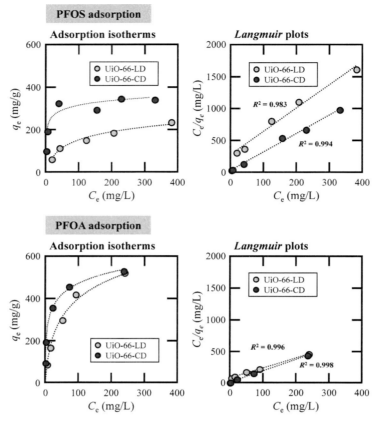

図7 UiO-66-LD，UiO-66-CD の PFOS 吸着等温線と Langmuir プロット（上），および PFOA 吸着等温線と Langmuir プロット（下）
実験条件：$C_0 = 50.0–500.0$ mg/L，$V = 10$ mL，$t = 60$ min.，$T =$ 室温，$w = 500.0$ mg/L

表2 UiO-66 の PFOS，PFOA 吸着等温線から求めた Langmuir パラメータ

吸着質	吸着剤	K_L (L/g)	α_L (L/mg)	q_{max} (mg/g)	R^2
PFOS	UiO-66-LD	3.66	0.0140	270	0.983
	UiO-66-CD	37.7	0.109	345	0.994
PFOA	UiO-66-LD	14.4	0.0230	625	0.996
	UiO-66-CD	70.4	0.127	556	0.998

6　まとめと展望

　本章では新たな PFAS 吸着剤として MOF の一種である UiO-66 を取り上げ，その欠損形態が PFAS 吸着性能に与える効果を検証した。具体的には UiO-66 にリンカー欠損を生じさせることで PFOA に対する吸着性能を，UiO-66 にクラスター欠損を生じさせることで PFOS と PFOA の両方に対する吸着性能を向上できることを明らかにし，PFAS 吸着剤としての高いポテンシャ

第 26 章　意図的な欠損をもたせた MOF の PFAS 吸着特性

ルを見出すことができた。その一方で，今後は産業応用に向けた実学的な検討も必要となる。具体的には MOF 合成におけるコストダウンやスケールアップ，吸着剤として繰り返し利用するための脱着再生の手法，流通カラム式での吸着性能評価など，これから取り組むべき課題は多く存在する。しかしながら世界各国を見渡すと，MOF の商業化を目指したスタートアップ企業は既に数多く存在しており，MOF の実用化に向けた取り組みが本格化している。PFAS をはじめとする液相吸着剤としての知見は未だ不十分とはいえ，今回紹介した UiO-66 以外にも多くの MOF が PFAS 吸着剤として検討されていることを鑑みると[30]，新たな PFAS 処理プロセスの実現に向けた MOF への期待は高まるばかりである。

謝辞

　本研究の一部は，JSPS 科研費（基盤研究（B）23K28287，挑戦的研究（萌芽）24K22367），公益財団法人 JKA，公益財団法人フジシール財団，公益財団法人岩谷直治記念財団の助成を受けて実施されたものです。ここに記し，深く感謝申し上げます。

文　　　献

1) H. A. Kaboré, S. V. Duy, G. Munoz, L. Méité, M. Desrosiers, J. Liu, T. K. Sory, S. Sauvé, *Sci. Total Environ.*, **616-617**, 1089-1100 (2018)

2) C. F. Kwiatkowski, D. Q. Andrews, L. S. Birnbaum, T. A. Bruton, J. C. DeWitt, D. R. U. Knappe, M. V. Maffini, M. F. Miller, K. E. Pelch, A. Reade, A. Soehl, X. Trier, M. Venier, C. C. Wagner, Z. Wang, A. Blum, *Environ. Sci. Technol. Lett.*, **7**, 532-543 (2020)

3) R. Li, G, Munoz, Y. Liu, S. Sauvé, S. Ghoshal, J. Liu, *J. Hazard. Mater.*, **362**, 140-147 (2019)

4) M. K. So, S. Taniyasu, N. Yamashita, J. P. Giesy, J. Zheng, Z. Fang, S. H. Im, P. K. S. Lam, *Environ. Sci. Technol.*, **38**, 4056-4063 (2004)

5) O. S. Arvaniti, A. S. Stasinakis, *Sci. Total, Environ.*, **524**, 81-92 (2015)

6) R. Renner, *Environ. Sci. Technol.*, **35**, 154A-160A (2001)

7) M. Houde, A. O. D. Silva, D. C. G. Muir, R. J. Letcher, *Environ. Sci. Technol.*, **45**, 7962-7973 (2011)

8) S. Saikat, I. Kreis, B. Davies, S. Bridgman, R. Kamanyire, *Environ. Sci.: Processes Impacts*, **15**, 329-335 (2013)

9) O. Valeria, R. Sierra-Alvarez, *Chemosphere*, **72**, 1588-1593 (2008)

10) S. Takagi, F. Adachi, K. Miyano, Y. Koizumi, H. Tanaka, I. Watanabe, S. Tanabe, K. Kannan, *Water Res.*, **45**, 3925-3932 (2011)

11) Z. Du, S. Deng, Y. Bei, Q. Huang, B. Wang, J. Huang, G. Yu, *J. Hazard. Mater.*, **274**, 443-454 (2014)

12) O. M. Yaghi, M. O'Keeffe, N. W. Ockwig, H. K. Chae, M. Eddaoudi, J. Kim, *Nature*, **423**, 705-714 (2003)

13) S. Kitagawa, R. Kitaura, S. Noro, *Angew. Chemie Int. Ed.*, **43**, 2334-2375 (2004)

14) A. U. Czaja, N. Yrukhan, U. Müller, *Chem. Soc. Rev.*, **38**, 1284-1293 (2009)

15) G. J. Kubas, *Chem. Rev.*, **107**, 4152-4205 (2007)

16) K. S. Walton, A. R. Millward, D. Dubbeldam, H. Frost, J. J. Low, O. M. Yaghi, R. Q. Snurr, *J. Am. Chem. Soc.*, **130**, 406-407 (2008)

17) H. Konno, A. Tsukada, *Colloids and Surfaces A: Physicochem. Eng. Asp.*, **651**, 129749 (2022)

18) S. Iwaya, H. Konno, *Chem. Eng. J. Adv.*, **16**, 100581 (2023)

19) A. Tsukada, H. Konno, *Colloids and Surfaces A: Physicochem. Eng. Asp.*, **686**, 133330 (2024)

20) M. Someya, S. Iwaya, H. Konno, *Colloids and Surfaces A: Physicochem. Eng. Asp.*, **686**, 135418 (2024)

21) Y. Feng, Q. Chen, M. Jiang, J. Yao, *Ind. Eng. Chem. Res.*, **58**, 17646-17659 (2019)

22) D. Zou, D. Liu, *Mater. Today Chem.*, **12**, 139-165 (2019)

23) M. Endoh, H. Konno, *Chem. Lett.*, **50**, 1592-1596 (2021)

24) G. C. Shearer, S. Chavan, S. Bordiga, S. Svelle, U. Olsbye, K. P. Lillerud, *Chem. Mater.*, **28**, 3749-3761 (2016)

25) G. C. Shearer, S. Chavan, J. Ethiraj, J. G. Vitillo, S. Svelle, U. Olsbye, C. Lamberti, S. Bordiga, K. P. Lillerud, *Chem. Mater.*, **26**, 4068-4071 (2014)

26) M. Houde, A. O. D. Silva, D. C. G. Muir, R. J. Letcher, *Environ. Sci. Technol.*, **45**, 7962-7973 (2011)

27) M. J. Cliffe, W. Wan, X. Zou, P. A. Chater, A. K. Kleppe, M. G. Tucker, H. Wilhelm, N. P. Funnell, F. Coudert, A. L. Goodwin, *Nat. Commun.*, **5**, 4176 (2014)

28) C. A. Clark K. N. Heck, C. D. Powell, M. S. Wong, *ACS Sustainable Chem. Eng.*, **7**, 6619-6628 (2019)

29) I. Langmuir, *J. Am. Chem. Soc.*, **40**, 1361-1403 (1918)

30) R. Li, N. N. Adarsh, H. Lu, M. Wriedt, *Matter*, **5**, 3161-3193 (2022)

金属有機構造体（MOF）研究の動向と用途展開

2025 年 4 月 25 日　第 1 刷発行

発 行 者	金森洋平	(T1283)
発 行 所	株式会社シーエムシー出版	
	東京都千代田区神田錦町 1 − 17 − 1	
	電話 03（3293）2065	
	大阪市中央区内平野町 1 − 3 − 12	
	電話 06（4794）8234	
	https://www.cmcbooks.co.jp/	
編集担当	池田識人／門脇孝子	

〔印刷　倉敷印刷株式会社〕　　　　　　　　　　　© CMC Publishing Co. Ltd., 2025

本書は高額につき，買切商品です。返品はお断りいたします。
落丁・乱丁本はお取替えいたします。

本書の内容の一部あるいは全部を無断で複写（コピー）することは，法律で認
められた場合を除き，著作者および出版社の権利の侵害になります。

ISBN978-4-7813-1864-6　C3058　¥61000E